Mathematische Geschichten für begabte
Grundschülerinnen und Grundschüler

Susanne Schindler-Tschirner •
Werner Schindler

Mathematische Geschichten für begabte Grundschülerinnen und Grundschüler

Graphen, Spiele, Teiler und Beweise

2. Auflage

Susanne Schindler-Tschirner Werner Schindler
Sinzig, Deutschland Sinzig, Deutschland

ISBN 978-3-658-47379-2   ISBN 978-3-658-47380-8 (eBook)
https://doi.org/10.1007/978-3-658-47380-8

Die Deutsche Nationalbibliothek verzeichnet diese Publikation in der Deutschen Nationalbibliografie; detaillierte bibliografische Daten sind im Internet über https://portal.dnb.de abrufbar.

© Der/die Herausgeber bzw. der/die Autor(en), exklusiv lizenziert an Springer Fachmedien Wiesbaden GmbH, ein Teil von Springer Nature 2019, 2025

Das Werk einschließlich aller seiner Teile ist urheberrechtlich geschützt. Jede Verwertung, die nicht ausdrücklich vom Urheberrechtsgesetz zugelassen ist, bedarf der vorherigen Zustimmung des Verlags. Das gilt insbesondere für Vervielfältigungen, Bearbeitungen, Übersetzungen, Mikroverfilmungen und die Einspeicherung und Verarbeitung in elektronischen Systemen.
Die Wiedergabe von allgemein beschreibenden Bezeichnungen, Marken, Unternehmensnamen etc. in diesem Werk bedeutet nicht, dass diese frei durch jede Person benutzt werden dürfen. Die Berechtigung zur Benutzung unterliegt, auch ohne gesonderten Hinweis hierzu, den Regeln des Markenrechts. Die Rechte des/der jeweiligen Zeicheninhaber*in sind zu beachten.
Der Verlag, die Autor*innen und die Herausgeber*innen gehen davon aus, dass die Angaben und Informationen in diesem Werk zum Zeitpunkt der Veröffentlichung vollständig und korrekt sind. Weder der Verlag noch die Autor*innen oder die Herausgeber*innen übernehmen, ausdrücklich oder implizit, Gewähr für den Inhalt des Werkes, etwaige Fehler oder Äußerungen. Der Verlag bleibt im Hinblick auf geografische Zuordnungen und Gebietsbezeichnungen in veröffentlichten Karten und Institutionsadressen neutral.

Springer Spektrum ist ein Imprint der eingetragenen Gesellschaft Springer Fachmedien Wiesbaden GmbH und ist ein Teil von Springer Nature.
Die Anschrift der Gesellschaft ist: Abraham-Lincoln-Str. 46, 65189 Wiesbaden, Germany

Wenn Sie dieses Produkt entsorgen, geben Sie das Papier bitte zum Recycling.

Vorwort

Aufgrund des großen Interesses an den beiden essential-Bänden „Mathematische Geschichten I" und „Mathematische Geschichten II" (Schindler-Tschirner und Schindler, 2019a,b) [58, 59] haben wir uns entschlossen, diese zu überarbeiten und in einem Werk zusammenzufassen. Dieses Buch stellt sowohl inhaltlich als auch thematisch eine deutliche Erweiterung der beiden essential-Bände dar. Wir möchten uns dieser Stelle beim Springer Verlag und insbesondere bei Iris Ruhmann bedanken, die diese zweite Auflage ermöglicht hat.

Die beiden essential-Bände (Schindler-Tschirner und Schindler, 2019a,b) [58, 59] sind in der Zwischenzeit auch in englischer Sprache erschienen (Schindler-Tschirner und Schindler, 2021, 2023a) [60, 61]. In den nächsten Jahren sind weitere, ebenfalls stark erweiterte Auflagen geplant, denen jeweils zwei essentials für die Unterstufe, für die Mittelstufe und für die Oberstufe zu Grunde liegen (Schindler-Tschirner und Schindler 2021a,b, 2022a,b, 2023b,c) [62–67].

Die Zielgruppe sind mathematisch begabte Grundschülerinnen und Grundschüler. Wenngleich der Erzählkontext auf diese Altersklasse zugeschnitten ist, können die Aufgaben auch von älteren Schülerinnen und Schülern mit Gewinn bearbeitet werden. Die behandelten mathematischen Methoden und Techniken sind auch für sie interessant und nützlich.

Konzeption und Ausgestaltung der beiden, diesem Band zugrundeliegenden essentials basieren auf den Erfahrungen einer Mathematik-AG für begabte Schülerinnen und Schüler, die der zweite Autor an der Grundschule in Oberwinter (Rheinland-Pfalz) geleitet hat. Daran nahmen zwölf Schülerinnen und Schüler der Klassenstufen 3 und 4 teil. Das waren 10 % aller Schülerinnen und Schüler dieser beiden Klassenstufen. Davon konnten später mindestens[1] drei Schülerinnen und Schüler bei überregionalen Mathematikwettbewerben Preise gewinnen.

---

[1] Die Autoren haben nicht mehr zu allen Teilnehmerinnen und Teilnehmern dieser Mathematik-AG Kontakt.

Selbstverständlich gehen die Autoren nicht davon aus, dass diese Erfolge nur durch die Teilnahme an dieser Mathematik-AG ermöglicht wurden. Vielmehr möchten wir mit diesem Buch einen Beitrag leisten, bereits in der Grundschule Interesse und Freude an der Mathematik zu wecken und mathematische Begabungen zu fördern.

Sinzig, Deutschland Susanne Schindler-Tschirner
im April 2025 Werner Schindler

Inhaltsverzeichnis

1	**Einführung**	1
	1.1 Mathematische Ziele	2
	1.2 Mathematische Inhalte	5
	1.3 Didaktische Anmerkungen	7
	1.4 Der Erzählrahmen	9

Teil I Aufgaben

2	**Die Vorgeschichte: Wie alles begann**	13
3	**Das erste Abenteuer: Bunte Mathematik**	17
4	**Schon wieder Aufgaben ohne Lösung**	21
5	**Gefährliches Spiel gegen einen Drachen**	25
6	**Revanche: Ein neues Spiel gegen den Drachen**	27
7	**Vom Netz zum Würfel**	29
8	**Noch mehr Würfel**	33
9	**Worträtsel und Graphen**	37
10	**Noch mehr Worträtsel und Graphen**	41
11	**Summieren leicht gemacht**	45
12	**Bezahlprobleme am Kiosk**	49
13	**Die erste Begegnung mit Zwerg Dividus**	53
14	**Zwerg Minimus ist gar nicht nett**	55
15	**Ein Besuch bei Zwerg Symmetricus**	59
16	**Alles gleich macht der Mai**	63
17	**Zwerg Modulus greift ein**	65
18	**Noch mehr Rechnen mit Resten**	69
19	**Immer wieder Primzahlen!**	73

20	Ist es denn die Möglichkeit?	79
21	Das Finale: Alles schon mal dagewesen	83

Teil II Musterlösungen

22	Musterlösung zu Kap. 2	91
23	Musterlösung zu Kap. 3	95
24	Musterlösung zu Kap. 4	101
25	Musterlösung zu Kap. 5	105
26	Musterlösung zu Kap. 6	109
27	Musterlösung zu Kap. 7	111
28	Musterlösung zu Kap. 8	117
29	Musterlösung zu Kap. 9	121
30	Musterlösung zu Kap. 10	125
31	Musterlösung zu Kap. 11	131
32	Musterlösung zu Kap. 12	137
33	Musterlösung zu Kap. 13	141
34	Musterlösung zu Kap. 14	145
35	Musterlösung zu Kap. 15	151
36	Musterlösung zu Kap. 16	157
37	Musterlösung zu Kap. 17	161
38	Musterlösung zu Kap. 18	165
39	Musterlösung zu Kap. 19	169
40	Musterlösung zu Kap. 20	175
41	Musterlösung zu Kap. 21	179

Literaturverzeichnis 189

Sachverzeichnis 193

Einführung 1

Dieses Buch ist die stark erweiterte zweite Auflage der beiden essential-Bände „Mathematische Geschichten I" und „Mathematische Geschichten II" (Schindler-Tschirner und Schindler, 2019a,b) [58, 59]. Es enthält sorgfältig ausgearbeitete Lerneinheiten für mathematisch begabte Schülerinnen und Schüler in der Grundschule. Die ausführlichen Musterlösungen mit ihren konkreten didaktischen Anregungen und Hinweisen sind auf die Umsetzung in Arbeitsgemeinschaften zugeschnitten, können jedoch auch von Eltern als Leitfaden genutzt werden, wenn sie das Buch gemeinsam mit ihren Kindern bearbeiten.

Die bewährte Struktur der essential-Bände wurde beibehalten. Die Aufgaben sind in Teil I gesammelt, während Teil II detailliert ausgearbeitete Musterlösungen mit didaktischen Hinweisen, mathematischen Zielen und weiterführenden Perspektiven enthält.

Die Protagonisten Anna und Bernd gehen in die dritte Klasse. In ihrer Aufnahmeprüfung in den CBJMM, den Club der begeisterten jungen Mathematikerinnen und Mathematiker, lernen sie Mathematik von einer ganz neuen Seite kennen. Die Aufgaben sind in einen Erzählkontext eingebettet, was den Titel „Mathematische Geschichten" motiviert.

Dieses Buch richtet sich an Leiterinnen und Leiter[1] von Arbeitsgemeinschaften und Förder- bzw. Projektkursen für mathematisch begabte Schülerinnen und Schüler der dritten und vierten Klassenstufe, an Lehrkräfte, die einen differenzierten Mathematikunterricht anbieten, sowie an engagierte Eltern, die ihre Kinder außerschulisch fördern möchten. Im Aufgabenteil wird der Leser direkt mit „du" angesprochen, während im Musterlösungsteil die formelle „Sie"-Form verwendet wird.

---

[1] Um umständliche Formulierungen zu vermeiden, wird im Folgenden meist nur die maskuline Form verwendet. Dies betrifft Begriffe wie Lehrer, Kursleiter, Schüler etc. Gemeint sind jedoch immer alle Geschlechter.

© Der/die Autor(en), exklusiv lizenziert an Springer Fachmedien Wiesbaden GmbH, ein Teil von Springer Nature 2025
S. Schindler-Tschirner, W. Schindler, *Mathematische Geschichten für begabte Grundschülerinnen und Grundschüler*,
https://doi.org/10.1007/978-3-658-47380-8_1

1.1 Mathematische Ziele

Dieses Buch zielt darauf ab, sowohl Freude an der Mathematik zu wecken als auch das Verständnis zu fördern, dass Mathematik mehr ist als das Erlernen mehr oder minder komplexer „Kochrezepte". Es unterscheidet sich deutlich von reinen Aufgabensammlungen, die zwar häufig herausfordernde und keineswegs einfache mathematische Rätselaufgaben enthalten, aus unserer Sicht jedoch das gezielte Erlernen und Anwenden neuer mathematischer Techniken vernachlässigen. Mathematisch begabte Grundschüler brauchen mehr als nur schwierigere Aufgaben als im Mathematikunterricht, und es genügt auch nicht, ihre Rechenfertigkeiten zu verbessern. Stattdessen brauchen Sie ausreichend Gelegenheit, mathematisch kreativ zu denken, Probleme zu lösen und über ihr Mathematiklehrbuch hinaus zu lernen. Dieses Buch kann losgelöst vom Mathematikunterricht verwendet werden. Es setzt kein spezielles Mathematiklehrbuch für die Grundschule voraus.

Die Förderung mathematisch begabter Grundschulkinder spielt seit vielen Jahrzehnten in der Grundschulpädagogik eine wichtige Rolle. Dieses Buch geht nicht systematisch auf allgemeine didaktische Ansätze und Theorien zur Begabtenförderung ein, enthält jedoch im Literaturverzeichnis eine Auswahl relevanter Publikationen für interessierte Leser.

Leistungsstarke Schüler lösen typische Schulbuchaufgaben meist mühelos. Wie bereits angemerkt, sehen es die Autoren nicht als sinnvoll an, nur kompliziertere Aufgaben als im Schulalltag zu behandeln. Stattdessen bietet dieses Buch Aufgaben, die im normalen Mathematikunterricht nur selten zu finden sind und die dazu beitragen, das mathematische Denken der Kinder zu fördern. Dies bietet Herausforderungen und steigert die Motivation und die Freude am Lernen. Bereits (Krutetskii 1976) [38], S. 345, betonte die Bedeutung von Interesse und Freude am Lernen als motivierende Kraft für die Entwicklung mathematischer Fähigkeiten: „It is expressed in a selectively positive attitude toward mathematics, the presence of deep and valid interests in the appropriate area, a striving and a need to study it, and an ardent enthusiasm for it. This kind of inclination, as a need for mathematical activity, is the strongest motivating force in the development of abilities."

Die Wichtigkeit der Förderung mathematisch begabter Schüler wird in der Fachliteratur stark betont. Die Herausforderung einer qualitativ hochwertigen Begabtenförderung liegt darin, durch zielgerichtete Maßnahmen leistungsstarke Schülerinnen und Schüler angemessen zu unterstützen und herauszufordern. Es geht darum, ihr Potenzial zu erkennen und gleichzeitig Wege aufzuzeigen, wie dieses Potenzial in Leistung, Motivation und Innovation transformiert werden kann. Nur durch adäquate, systematische Förderung kann Begabung sich voll entfalten. Leppmeier (2019, IX) [40] drückt dies folgendermaßen aus: „Mit meinem Buch möchte ich Begeisterung für die Förderung mathematischer Begabungen wecken. Mathematische Begabung ist viel zu wertvoll, um sie auf schulmeisterliche Denkweisen zu beschränken; sie ist vielmehr ein kostbares Geschenk, das in jeder Hinsicht Aufmerksamkeit und uneingeschränkte Entfaltungsmöglichkeiten verdient." Eine detaillierte Darstellung der Merkmale mathematischer Begabungen

1.1 Mathematische Ziele

über verschiedene Jahrgangsstufen hinweg bietet Zehnder (2022, S. 134–139; siehe u. a. Tabelle 3.2 auf S. 136) [82].

Der Präsident des Deutschen Lehrerverbandes Stefan Düll sagt in seinem Artikel „Mehr Mut zur Leistung" (Düll 2024) [18]: „... Darüber hinaus darf allerdings eine andere Gruppe nicht übersehen werden: die Schülerinnen und Schüler, die weit überdurchschnittlich abschneiden. Gerade in sehr leistungsheterogenen Schulklassen fokussieren sich Lehrkräfte auf die Förderung der Leistungsschwächeren, die Begabten laufen einfach mit, weil sie in den meisten Fällen ‚keinen Ärger' machen und kaum Aufmerksamkeit einfordern. Aber auch sie benötigen eine bestimmte Form der Förderung, um ihre Begabungen im Schulalltag weiterzuentwickeln. Das Verhalten der Lehrkräfte in dieser Situation ist verständlich, denn auch ihnen stehen nur begrenzte Zeit und Energie zur Verfügung."

Angesichts der Ergebnisse von Studien wie TIMSS (Trends in International Mathematics and Science Study, Schwippert et al. 2020) [68] und PISA mehren sich die Stimmen, die eine angemessene Förderung begabter Kinder fordern. Die Herausforderungen, solche Maßnahmen im regulären Schulbetrieb umzusetzen, sind jedoch erheblich und resultieren oft aus weniger günstigen Rahmenbedingungen, wie großen Klassen und einer hohen Arbeitsbelastung der Lehrenden.

Dieses Buch richtet sich an leistungsstarke Schülerinnen und Schüler. Die Aufgaben sollen das strukturelle mathematische Denken fördern und die Freude am Problemlösen wecken und steigern. Es erfordert viel mathematische Phantasie und Kreativität, die durch regelmäßige Auseinandersetzung mit mathematischen Problemen gefördert werden. Das Erkennen bekannter Strukturen und das Übertragen bekannter Konzepte sind von zentraler Bedeutung. Gezielte Unterstützung durch den Kursleiter ist unverzichtbar. Eine detaillierte Beschreibung der mathematischen Inhalte findet sich in Abschn. 1.2. Auch begabte Schülerinnen und Schüler werden hier kaum Aufgaben finden, die sie ohne weiteres lösen können, was für sie in dieser Hinsicht eine neue Erfahrung darstellt.

Für weitergehenden Erfolg in der Mathematik ist es unverzichtbar, eigene Ideen zu entwickeln, auszuprobieren und zu modifizieren. Von erheblicher Bedeutung ist dabei die Fähigkeit, bereits Erlerntes in einer modifizierten Form wiederzuerkennen („Wo habt ihr das schon einmal gesehen?"). Unverzichtbar ist auch eine gewisse Frustrationstoleranz, das heißt, erfolglose Lösungsansätze „zu verkraften" und immer wieder neue Ideen zu entwickeln und zu verfolgen. Hinzu kommen weitere „Softskills" wie Geduld, Ausdauer, Zähigkeit, Neugier und Konzentrationsfähigkeit. Neben den mathematischen Fähigkeiten werden diese Eigenschaften durch die Arbeit mit den Aufgaben in diesem Buch trainiert; siehe hierzu auch die Abschnitte 13.3 und 13.6 in (Käpnick 2014) [34]. In dieser Hinsicht liefert dieses Buch sogar erste Erfahrungen, die, blickt man sehr weit in die Zukunft, auch für den Oberstufenunterricht und ein etwaiges späteres Studium der Mathematik, der Informatik oder der Natur- und Ingenieurwissenschaften hilfreich sind.

Neben der Lösung der Aufgaben liegt der Schwerpunkt vor allem auf den eingeführten und angewendeten mathematischen Methoden und Techniken. Diese kommen auch bei Mathematikwettbewerben für jüngere und ältere Schüler häufig zum

Einsatz, wie beispielsweise bei der jährlichen Mathematikolympiade (Mathematik-Olympiaden e.V. 1996–2024) [42–44] oder dem Känguru-Wettbewerb (Noack et al. 2014, Unger et al. 2020, Unger et al. 2024) [47, 78, 79], bei denen eine Teilnahme ab der Klassenstufe 3 möglich ist. Erwähnenswert ist der Känguruwettbewerb auch wegen seiner ungewöhnlichen Multiple-Choice-Aufgabenstruktur und weil er für viele Schüler den Einstieg in Mathematikwettbewerbe darstellt. Mittlerweile gibt es sogar einen internationalen Grundschul-Mathematikwettbewerb, die (Fizmat Elementary Math Olympiad) [21], kurz FEMO, mit separaten Aufgaben für die Klassenstufen 1 bis 5. Die Aufgaben werden in verschiedenen Sprachen (u. a. in Deutsch und in Englisch) angeboten. Für begabte Grundschüler können auch ausgewählte Aufgaben aus der Fürther Mathematik-Olympiade (Verein Fürther Mathematik-Olympiade e.V. 2013, Jainta et al. 2018 u. 2020, Andrews et. al. 2023) [3, 31–33, 80] interessant sein, wenngleich eine Teilnahme am Wettbewerb nur für die Klassenstufen 5 bis 8 vorgesehen ist.

Für den interessierten Leser enthält das Literaturverzeichnis eine Reihe weiterer Bücher mit Aufgaben und Lösungen aus nationalen und internationalen Mathematikwettbewerben sowie Aufgabensammlungen, die sich jedoch meist an ältere Schüler richten. Die Aufgabensammlungen (Schiemann und Wöstenfeld 2014) [55, 56] enthalten eine Auswahl der interessantesten Aufgaben aus dem jährlichen Schülerwettbewerb „Mathe im Advent", der von der Deutschen Mathematiker-Vereinigung ins Leben gerufen wurde. Die Zeitschrift „Monoid", herausgegeben von der Universität Mainz (Institut für Mathematik der Johannes-Gutenberg Universität Mainz 1981–2025) [30], erscheint vier Mal im Jahr. Neben Aufsätzen (die sich an ältere Schüler richten) enthält die Zeitschrift Wettbewerbsaufgaben für die Klassenstufen 5–8 („Neue Mathespielereien") und 9–13 („Neue Aufgaben"), die die Schüler zu Hause bearbeiten und deren Lösungen sie an die Redaktion schicken können. Einige Aufgaben aus den „Neuen Mathespielereien" können mit den Methoden aus diesem Buch bearbeitet werden und die Lösungen ggf. auch eingesandt werden, was Erfolgserlebnisse liefert. Hervorheben möchten wir auch mehrere Bücher von Beutelspacher (2005, 2020) [10, 11] und Enzensberger (2018) [20], die Mathematik auf unterhaltsame Weise mit Belletristik verbinden und zum Schmökern einladen, wenngleich sie für Grundschüler noch etwas zu schwierig sein könnten.

Es entspricht der Erfahrung der beiden Autoren, dass es ab der Mittelstufe bei überregionalen Mathematikwettbewerben normalerweise zu einer Häufung von Teilnehmern aus wenigen Schulen kommt. Häufig wird dort interessierten Schülern eine gezielte Förderung durch Mathematik-AGs oder andere Maßnahmen angeboten.

Als ehemalige Stipendiaten der Studienstiftung des deutschen Volkes ist beiden Autoren Begabtenförderung ein besonderes Anliegen. Mit diesem Buch möchten wir einen Beitrag zur Begabtenförderung in der Grundschule leisten. Neben den mathematischen Inhalten möchten wir bei den Schülerinnen und Schülern Freude an der Mathematik wecken und zu mathematischen Entdeckungen ermuntern.

1.2 Mathematische Inhalte

Anna und Bernd möchten unbedingt in den CBJMM eintreten. In Kap. 2 („Die Vorgeschichte: Wie alles begann") lernen Anna und Bernd Carl Friedrich kennen, den Vorsitzenden des CBJMM. Weil Anna und Bernd gemäß Clubsatzung noch zu jung sind, müssen sie eine Aufnahmeprüfung bestehen.

Dieses Buch enthält insgesamt 20 Aufgabenkapitel (Kap. 2–21) und 20 Kapitel mit den zugehörigen Musterlösungen (Kap. 22–41). Kap. 2 beschreibt die Vorgeschichte. Weil sie sich in Konzeption und Erzählkontext von den anderen Aufgabenkapiteln unterscheiden, nehmen Kap. 2 und das zugehörige Musterlösungskapitel (Kap. 22) eine Sonderrolle ein. Die Aufgaben, die Anna und Bernd im Rahmen der Aufnahmeprüfung lösen müssen, findet man in Kap. 3–21. Dort lernen die Schüler neue mathematische Techniken kennen und anzuwenden.

Kap. 2 behandelt Kryptogramme, die die Schüler vielleicht schon aus Rätsel- oder Knobelheften kennen. Zwar lernen die Schüler keine neuen mathematischen Techniken kennen, aber auch dieses Kapitel übt das logische Schließen. Der Schwierigkeitsgrad für die Schüler sollte nicht unterschätzt werden.

In den Aufgabenkapiteln werden die Schüler hingeführt, die Lösungen möglichst selbstständig (wohl aber mit gezielten Hilfen des Kursleiters!) zu erarbeiten. Die Lösung der gestellten Aufgaben erfordert ein hohes Maß an mathematischer Phantasie und Kreativität, die durch die Beschäftigung mit mathematischen Problemen weiter gefördert werden. In Kap. 3–10 wird nicht „gerechnet", was für die Kinder die erste Überraschung darstellt. So machen die Schüler sehr schnell die Erfahrung, dass Mathematik mehr als nur Rechnen ist.

Die Aufgabenkapitel 3, 4, 5, 6, 9, 10, 11, 12, 13, 14, 17 und 18 waren bereits in den beiden essential-Bänden (Schindler-Tschirner und Schindler, 2019a,b) [58, 59] enthalten. Deren Titel wurden beibehalten. Die Kap. 4, 10, 11 und 12 wurden mit neuen Aufgaben erweitert, während die übrigen Bestandskapitel höchstens geringfügige Änderungen erfahren haben. Die Aufgabenkapitel 2, 7, 8, 15, 16, 19, 20 und 21 sind neu hinzugekommen.

Kap. 3 behandelt Wegeprobleme, von denen einige keine Lösungen besitzen. Um dies zu beweisen, müssen aus einem Stadtplan zunächst die relevanten Informationen extrahiert und durch einen (ungerichteten) Graphen modelliert werden. Mit einem Färbebeweis wird schließlich gezeigt, dass tatsächlich keine Lösungen existieren können. Graphen und natürlich erst recht das Führen eines streng logischen mathematischen Beweises ist für die Kinder Neuland; „schwere Kost" sozusagen, vermittelt aber auch erste Einsichten, worauf es in der Mathematik ankommt. In Kap. 4 werden zunächst die Wegeprobleme aus Kap. 3 aufgegriffen, jedoch mit einem geringfügig veränderten Stadtplan. Damit bricht nicht nur der Beweis aus Kap. 3 zusammen, sondern es wird auch dessen Aussage falsch. Die Schüler lernen, dass auch kleine Veränderungen in den Voraussetzungen erhebliche Auswirkungen haben können. Der Rest von Kap. 4 befasst sich mit Überdeckungsaufgaben. Die Schüler lernen weitere Färbebeweistechniken kennen, mit denen bewiesen wird, dass einige der gestellten Aufgaben keine Lösung besitzt. In Kap. 5 wird ein mathematisches Spiel systematisch analysiert. Die Schüler lernen, wie man ein Spiel auf einfachere Varianten zurückführen und so die Gewinnstrategie bestimmen kann. In Kap. 6 wird ein ähnliches Spiel analysiert. Damit wird die Vorgehensweise aus Kap. 5 noch einmal eingeübt und deren Verständnis vertieft. In Kap. 7 und 8 lernen die Schüler Hexominos und Würfelnetze kennen. Beide Kapitel enthalten unterschiedliche Aufgaben zu Würfelnetzen und Spielwürfeln. Ein Ziel dieser Kapitel besteht darin, das räumliche Vorstellungsvermögen der Schüler zu fördern. Auch hier wird wieder geübt, Lösungen zu beschreiben. Kap. 9 behandelt ein Realweltproblem, nämlich ein Worträtsel. Es stellt sich die Frage, wie häufig ein Wort in einer Wabenstruktur auftritt. Es erfolgt zunächst eine Modellierung durch einen gerichteten Graphen, und danach wird die Aufgabe schrittweise vereinfacht, bis die Lösung erreicht ist. Als Ergebnis kommen konkrete Zahlen heraus, womit die Kinder natürlich vertraut sind. Das Vorgehen ist methodisch jedoch nicht ganz einfach. Deshalb knüpft Kap. 10 unmittelbar an Kap. 9 an, was den Schülern die Gelegenheit gibt, das Gelernte noch weiter einzuüben und zu vertiefen. Außerdem sollte dies zusätzliche Erfolgserlebnisse bescheren.

„Richtig gerechnet" wird erst in Kap. 11. Dort motiviert ein Realweltproblem, nämlich die Konstruktion unterschiedlich großer Siegerpodeste auf einem Zaubererkongress, die Notwendigkeit, Summen der Form $1 + 2 + \ldots + n$ effizient zu berechnen. Nach einigen Beispielaufgaben und Vorüberlegungen wird die Gaußsche Summenformel zunächst vermutet, dann bewiesen und mehrfach angewandt. In Kap. 12 werden zwei Rekursionsformeln hergeleitet, um Bezahlaufgaben zu lösen. Erneut werden schwierige mathematische Probleme schrittweise auf einfachere Probleme zurückgeführt, die man dann relativ einfach lösen kann. Kap. 13 und 14 führen Primzahlen und die Primfaktorzerlegung ein. Die Schüler zerlegen Zahlen in ihre Primfaktoren und lernen, wie man aus der Primfaktorzerlegung einer natürlichen Zahl die Anzahl ihrer Teiler berechnen kann, ohne die Teiler explizit bestimmen zu müssen. Hierzu sind auch grundlegende kombinatorische Überlegungen erforderlich, die ebenfalls erarbeitet werden. Kap. 15 und 16 greifen erneut mathematische Spiele auf. Allerdings sind die mathematischen Techniken anspruchsvoller als in Kap. 5 und 6. Die Schüler lernen u. a. Bedeutung und Nutzen von Symmetrien im Kontext von mathematischen Spielen kennen. Kap. 17 behandelt Fragestellungen mit Uhrzeiten und Wochentagen. Die Schüler erkennen schnell, dass die Tagesstunden und die Tage in der Woche periodisch sind (mit Periode 24 bzw. mit Periode 7). Dies motiviert das Rechnen mit Resten. Die Modulo-Rechnung wird eingeführt und in vielen Aufgaben angewandt. In Kap. 18 lernen die Schüler Rechenregeln für die Modulo-Rechnung und wenden diese auf Beispielaufgaben an. Der Wert dieser Rechenregeln wird auch an einer Aufgabe in Kap. 17 motiviert, die jetzt viel einfacher und schneller gelöst werden kann. Zum Ende von Kap. 18 lernen die Schüler Teilbarkeitsregeln für die Zahlen 3 und 9 kennen, und es wird die Neunerprobe angesprochen, ein Relikt aus der Zeit vor der Einführung der Taschenrechner.

Kap. 19 führt die Schüler in die Welt der Algorithmen ein. Dies betrifft die Frage, wie man effizient entscheiden kann, ob eine Zahl n eine Primzahl ist und, allgemeiner, wie man die Primfaktorzerlegung einer (nicht ganz kleinen) Zahl effizient berechnen kann. Dabei wird auch untersucht, wie aufwändig die vorgestellten Algorithmen sind. Kap. 20 führt die Schüler noch etwas tiefer in die Kombinatorik ein. Dabei wird das Vorgehen aus Kap. 12 wieder aufgegriffen und eine Rekursionsformel hergeleitet. In Kap. 21 wird kein neuer Stoff eingeführt. Stattdessen werden die mathematischen Techniken aus den vorangegangenen Kapiteln durch Übungsaufgaben wiederholt und vertieft. In Tab. II.1 sind die mathematischen Techniken zusammengestellt, die in den einzelnen Kapiteln angesprochen werden.

1.3 Didaktische Anmerkungen

Teil II enthält detaillierte Musterlösungen, ergänzt durch didaktische Anregungen und Vorschläge für die Umsetzung in Arbeitsgemeinschaften (AGs), in Förderprojekten, in Begabten-AGs oder für eine individuelle Förderung. Die vorgestellten Lösungswege sind so gestaltet, dass sie auch für Nicht-Mathematiker verständlich sind. Diese Musterlösungen sind primär für Kursleiter gedacht, nicht direkt für die Kinder. In den Abschnitten „Mathematische Ziele und Ausblicke" werden die mathematischen Ziele der einzelnen Kapitel adressiert. Gelegentlich wird beispielhaft angesprochen, wo die erlernten mathematischen Techniken in der Mathematik und Informatik Anwendung finden, und gelegentlich wird auch auf die Folgebände für höhere Klassenstufen Bezug genommen.

Die Teilnehmerinnen und Teilnehmer der AG sollten selbstständig über die Aufgaben nachdenken, wenn notwendig, unterstützt durch Hilfestellungen durch den Kursleiter. In einem interaktiven Ansatz sollen die Kinder dann ihre Ideen und Lösungsansätze in der Gruppe teilen und präsentieren, was ihr Verständnis vertieft und wichtige Fähigkeiten wie die klare Darstellung eigener Überlegungen und mathematisches Argumentieren fördert.

Die Teilnehmerinnen und Teilnehmer einer Begabten-AG sollten sorgfältig ausgewählt werden. Das ist sehr wichtig, da eine dauerhafte Überforderung und/oder (gefühlte) Erfolglosigkeit zu nachhaltiger Frustration führen kann, die der Einstellung zur Mathematik bestimmt nicht förderlich sind. Das wäre das Gegenteil dessen, was wir erreichen möchten. In der oben angesprochenen Mathematik-AG wurden die Teilnehmer von den Klassenlehrerinnen der Jahrgangsstufen 3 und 4 vorgeschlagen. In dieser Mathematik-AG waren die Viertklässler im Durchschnitt spürbar leistungsstärker als die Drittklässler, was vermutlich auf eine höhere intellektuelle Reife zurückzuführen ist. An dieser Stelle sei nochmals darauf hingewiesen, dass selbst von sehr leistungsstarken Schülern keineswegs erwartet wird, dass sie alle Aufgaben selbstständig lösen können. Dies sollte den Schülern auf jeden Fall von Anfang an klar kommuniziert werden. So benötigen auch unsere Protagonisten Anna und Bernd, die zweifellos eine hohe mahematische Begabung aufweisen, gelegentlich einen Lösungshinweis, und selbst sie können nicht alle Aufgaben lösen. Schwierige Aufgaben können gut in kleinen Gruppen bearbeitet werden. Dies erhöht sowohl die Teamfähigkeit als auch die soziale Kompetenz.

Die Kap. 3 bis 21 beschreiben die Aufnahmeprüfung von Anna und Bernd. Jedes Kapitel enthält eine Vielzahl von Aufgaben, deren Schwierigkeitsgrad und Anspruchsniveau normalerweise ansteigen. Die Kap. 2 und 21 fallen in dieser Hinsicht aus diesem Schema heraus. Kap. 2 spielt zeitlich vor der Aufnahmeprüfung von Anna und Bernd in den CBJMM und führt in den Erzählkontext ein. Kap. 21 enthält ein Potpourri vieler Aufgabentypen, die in den Kap. 3 bis 20 behandelt wurden. Die einzelnen Kapitel dürften in der Regel zwei oder drei Kurstreffen erfordern, wenn man von etwa 60 Minuten ausgeht. Kap. 21 ist aufwändiger.

Die Schüler sollten versuchen, die einzelnen Aufgaben möglichst eigenständig (gegebenenfalls mit Hilfestellung) zu lösen. Schüler mit geringerer Leistungsfähigkeit sollten sich zunächst einfacheren Aufgaben widmen, die auch gut in Kleingruppen bearbeitet werden können. Dies kann der Kursleiter durch die individuelle Zuweisung von Aufgaben steuern. Eine realistische Einschätzung der Leistungsfähigkeit der Kursteilnehmer ist dabei sehr wichtig, um eine dauerhafte Überforderung zu vermeiden. Es ist nicht einfach, wenn nicht gar unmöglich, Aufgaben zu entwickeln, die optimal auf die Bedürfnisse jeder Mathematik-AG, jedes Förderkurses oder gar jedes Teilnehmers zugeschnitten sind. Es liegt im Ermessen des Kursleiters, Aufgaben wegzulassen, eigene Aufgaben hinzuzufügen und den Schülern Aufgaben individuell zuzuweisen. So kann der Kursleiter den Schwierigkeitsgrad der Leistungsfähigkeit der Kursteilnehmer anpassen. Hierauf wird in den Musterlösungen öfters explizit hingewiesen. Der Kursleiter sollte darauf achten, dass die Schüler in ihrem eigenen Tempo vorankommen, um Über- und Unterforderung zu vermeiden und sicherzustellen, dass jeder sein volles Potenzial entfalten kann.

Ein Wiederholen bzw. kurzes Einführen der erforderlichen Grundlagen anhand einfacher Übungsaufgaben durch den Kursleiter kann hilfreich sein. Verständnisprobleme bei den Aufgabenstellungen sollten ernst genommen und nicht unterschätzt werden, insbesondere da jüngere Schüler beteiligt sind. Arbeitet der Kursleiter mit Aufgabenblättern, sollten diese gemeinsam gelesen oder von einem leistungsstarken Schüler vorgelesen werden. Sofern notwendig, sollte die Aufgabenstellung zunächst geklärt werden. Da an der AG junge Schüler teilnehmen, ist dieser Schritt sehr wichtig. Allerdings sollte immer nur diejenige Aufgabe vorgelesen und besprochen werden, die als Nächstes zur Bearbeitung ansteht. Alle Aufgaben auf einmal vorzustellen, könnte bei den Teilnehmern rasch zu Entmutigung und Resignation führen.

Das Erfassen und Verstehen der Lösungen durch die Schüler sollte auf jeden Fall vorrangig gegenüber dem Lösen sämtlicher Aufgaben im Kurs sein. Der Kursleiter sollte die Schüler auch beim Verfolgen alternativer Lösungsansätze unterstützen, die nicht in den Musterlösungen erklärt werden, da für viele mathematische Probleme verschiedene Lösungswege existieren. Die Schüler sollten ermutigt werden, eigene Ideen auszuprobieren. So können in der Mathematik auch erfolglose Lösungsansätze nützliche Erkenntnisse liefern, wenn sie beispielsweise zu einem tieferen Verständnis der Problemstellung führen.

Alle Schüler sollten regelmäßig die Gelegenheit erhalten, ihre Lösungsansätze bzw. Lösungen vor den anderen Teilnehmern zu präsentieren. Auf diese Weise wird nicht nur die eigene Lösungsstrategie erneut reflektiert, sondern auch so wichtige Kompetenzen wie eine klare Darstellung der eigenen Überlegungen und mathematisches Argumentieren geübt; vgl. auch (Nolte 2006) [48], S. 94. Ebenso kann das nachvollziehbare schriftliche Darstellen einer Lösung geübt werden. Eine erste Lösungsbeschreibung kann im zweiten Schritt (gemeinsam) sorgfältig durchgegangen, präzisiert und gestrafft werden, bis nur noch die relevanten Schritte in der richtigen Reihenfolge nachvollziehbar beschrieben werden. In verschiedenen Mathematikwettbewerben für höhere Klassenstufen wird die Fähigkeit erwartet, die eigenen Lösungswege nachvollziehbar, klar strukturiert und lückenlos darstellen zu können.

1.4 Der Erzählrahmen

Anna und Bernd gehen in die dritte Klasse. Ihr Lieblingsfach ist Mathematik, und darin sind sie auch ziemlich gut. Sie möchten unbedingt in den Club der begeisterten jungen Mathematikerinnen und Mathematiker, oder kurz, in den CBJMM, eintreten. Leider darf man laut Clubsatzung erst in den CBJMM eintreten, wenn man mindestens die fünfte Klasse besucht. Ausnahmen hat es bislang nicht gegeben.

Aber Anna und Bernd sind sehr hartnäckig. Da sie die Jubiläumsaufgabe zum 10-jährigen Bestehen des CBJMM erfolgreich gelöst haben, räumt ihnen der Clubvorsitzende Carl Friedrich nach einigem Zögern eine Chance ein. Anna und Bernd dürfen in den CBJMM eintreten, falls sie eine Aufnahmeprüfung bestehen. Allerdings glaubt Carl Friedrich nicht daran, dass ihnen das gelingen könnte. Dies wird in Kap. 2 thematisiert.

In ihrer Aufnahmeprüfung müssen Anna und Bernd dem Zauberlehrling Clemens, dem Clubmaskottchen des CBJMM, helfen, 18 mathematische Abenteuer zu bestehen (Kap. 3–20), damit dieser eine Reihe von nützlichen Zauberutensilien gewinnen kann, die für einen erfolgreichen Zauberer unverzichtbar sind. Carl Friedrich ermahnt Anna und Bernd, beim Lösen der Aufgaben zusammenzuarbeiten. In Kap. 21 müssen sie noch einmal zeigen, dass sie den gelernten Stoff wirklich verstanden haben.

Abb. 1.1 illustriert das Zusammenspiel der zwei Ebenen, von Anna und Bernd (ihre Schule und der Mathematik-Club CBJMM) und von Clemens (die Zauberwelt). Es werden die Zusammenhänge der auftretenden Akteure (in blau) verdeutlicht. Die wichtigsten Elemente dieses Buches (in grün), also die mathematischen Abenteuer, aber auch die zusammenfassenden Reflexionen „Anna, Bernd, Clemens, die Schülerinnen und Schüler", werden in Bezug gesetzt. Besondere Rollen übernehmen zum einen der CBJMM sowie die Schülerinnen und Schüler, die dieses Buch bearbeiten.

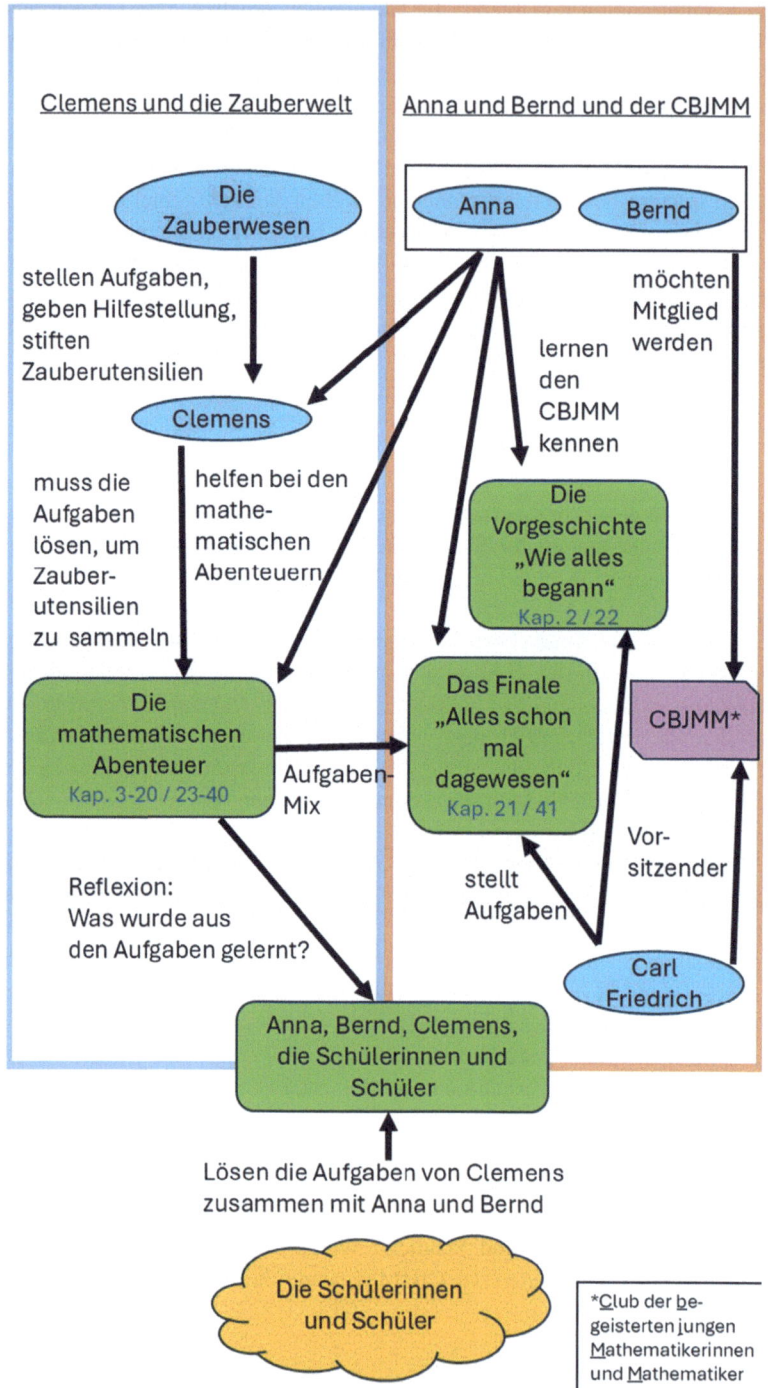

Abb. 1.1 Das Schaubild zeigt die Zusammenhänge zwischen den Akteuren, den Elementen dieses Buches und den Schülerinnen und Schülern

Teil I
Aufgaben

Strukturbeschreibung

Nach der „Vorgeschichte" (Kap. 2) beschreiben die nächsten 19 Aufgabenkapitel die Aufnahmeprüfung von Anna und Bernd in den CBJMM, den Club der begeisterten jungen Mathematikerinnen und Mathematiker. In den Aufgabenkapiteln Kap. 3 bis Kap. 20 helfen Anna und Bernd dem Zauberlehrling Clemens, mathematische Abenteuer zu bestehen. Es werden neue mathematische Begriffe und Techniken eingeführt und an Aufgaben praktisch geübt. Dazu gehört auch eine Vielzahl von Beweisen. Das letzte Kapitel (Kap. 21) enthält Aufgabentypen, die Anna und Bernd in den 18 vorangegangenen Aufgabenkapiteln gelernt haben. Die Erzählung, die aufeinander aufbauenden Aufgabenstellungen und natürlich der Kursleiter leiten die Schüler auf den richtigen Lösungsweg.

Jedes Kapitel endet mit einem Abschnitt „Anna, Bernd, Clemens, die Schülerinnen und Schüler", der die aktuelle Situation aus Sicht von Anna, Bernd, Clemens, den Schülerinnen und Schülern beschreibt. Am Ende tritt das Kapitel aus dem Erzählrahmen heraus („Was ich in diesem Kapitel gelernt habe"). Diese Beschreibung erfolgt nicht in Fachtermini wie in Tab. II.1, sondern in schülergerechter Sprache.

Die Vorgeschichte: Wie alles begann 2

Zu Beginn ihres dritten Schuljahrs treffen sich Anna und Bernd zufällig in der Eingangshalle ihrer Schule, in der seit heute ein auffälliges Plakat hängt (Abb. 2.1). Ihr Lieblingsfach ist Mathematik, und darin sind auch beide ziemlich gut.

„In zwei Wochen feiert der CBJMM sein 10-jähriges Jubiläum", stellt Bernd fest. „CBJMM steht übrigens für ‚Club der begeisterten jungen Mathematikerinnen und Mathematiker'. Die Feier findet am Bernhard-Riemann-Gymnasium[1] statt. Das sind nur ein paar hundert Meter von hier." „Das wird bestimmt ein schöner Nachmittag mit buntem Programm, Bernd. Da gehe ich auf jeden Fall hin. Und vielleicht kann ich ja sogar die CBJMM-Jubiläumsaufgabe lösen. Dann bekomme ich einen Preis." „Die CBJMM-Jubiläumsaufgabe ist nicht einfach", stellt Bernd fest. „Ehrlich gesagt, glaube ich nicht, dass du sie lösen kannst."

„Einfach wird das sicher nicht", sagt Anna, „aber ich werde es auf jeden Fall versuchen." „Ich natürlich auch!", antwortet Bernd wie aus der Pistole geschossen. Schließlich möchte er Anna auf keinen Fall kampflos das Feld überlassen. „Man muss jeden Buchstaben so durch eine Ziffer ersetzen, dass alle Rechnungen stimmen." „Das nennt man übrigens ein Kryptogramm", bemerkt Anna wissend. Das hatte sie erst letzte Woche in einem Heft mit mathematischen Knobelaufgaben gelesen. Aber das muss Bernd ja nicht wissen. „Hier sind zwei Aufgaben, wobei die erste Aufgabe ziemlich einfach ist. Kannst du die lösen, Bernd? Eine ähnliche Aufgabe habe ich übrigens neulich in einem mathematischen Rätselheft gesehen und auch gelöst", bemerkt Anna stolz.

a) In der Additionsaufgabe (2.1) stehen die Buchstaben A, B, C und D für unterschiedliche Ziffern zwischen 0 und 9. Welche Ziffern sind dies?

---

[1] Bernhard Riemann (1826–1866) war ein bedeutender deutscher Mathematiker.

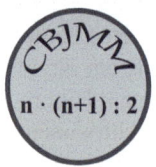

Abb. 2.1 Plakat zur Jubiläumsfeier des CBJMM

2 Die Vorgeschichte: Wie alles begann   15

$$\begin{array}{r} \text{BBA} \\ + \ \text{BB} \\ \hline \text{CAB} \end{array} \qquad (2.1)$$

b) In der Additionsaufgabe (2.2) stehen die Buchstaben A, B, C und D für unterschiedliche Ziffern zwischen 0 und 9. Im Ergebnis ist die Hunderterziffer bekannt. Welche Werte können A, B, C und D annehmen?
Hinweis: Hier gibt es mehrere Lösungen. Bestimme alle Lösungen.

$$\begin{array}{r} \text{ABB} \\ + \ \text{ABB} \\ \hline \text{3CD} \end{array} \qquad (2.2)$$

Bernd konnte nicht nur beide Kryptogramme lösen, sondern hat sich auch selbst eine Aufgabe ausgedacht, die nun Anna lösen soll.

c) In der Multiplikationsaufgabe (2.3) stehen die Buchstaben B, I und N für unterschiedliche Ziffern zwischen 0 und 9, wobei die erste Ziffer (Führungsziffer) ungleich 0 ist. Bestimme alle Lösungen.

$$\text{IN} \cdot \text{IN} = \text{BIN} \qquad (2.3)$$

Nachdem Anna Aufgabe c) gelöst hat, erinnert Bernd: „Zurück zur CBJMM-Jubiläumsaufgabe Die ist doch noch viel schwieriger." „Wohl wahr!", stimmt Anna ein wenig mutlos zu. Da kommt zufällig Carl Friedrich vorbei, der Vorsitzende des CBJMM. „Ich gebe euch beiden einen Tipp: Versucht die zugehörigen Ziffern nacheinander zu bestimmen. Am besten, ihr fangt mit dem Buchstaben E an, und danach solltet ihr euch mit B und A befassen." „Danke", sagen Anna und Bernd fast gleichzeitig. Allerdings ist Carl Friedrich absolut sicher, dass Grundschüler die CBJMM-Jubiläumsaufgabe nicht lösen können. Und Carl Friedrich ergänzt: „Auf dem Plakat seht ihr übrigens unser Clubwappen. Das dürfen nur die Mitglieder des CBJMM tragen."

d) (CBJMM-Jubiläumsaufgabe) Für welche Ziffer steht der Buchstabe E?
e) (CBJMM-Jubiläumsaufgabe) Für welche Ziffern stehen die Buchstaben A und B?
f) (CBJMM-Jubiläumsaufgabe) Für welche Ziffern stehen die Buchstaben D und F?
g) (CBJMM-Jubiläumsaufgabe) Für welche Ziffern stehen die Buchstaben C und H?
h) (CBJMM-Jubiläumsaufgabe) Löse das Kryptogramm.

Bald ist der Tag der Jubiläumsfeier gekommen. Anna und Bernd warten gespannt auf die Festrede von Carl Friedrich, weil er auch die Preisverleihung vornehmen wird. Zunächst verrät Carl Friedrich die Lösung der CBJMM-Jubiläumsaufgabe, und sagt dann: „Insgesamt wurden 11 richtige Lösungen abgegeben. Jeder dieser

Einsender bekommt einen Club-Kalender des CBJMM für das nächste Jahr. Besonders hervorheben möchte ich, dass auch eine Schülerin und ein Schüler unserer Grundschule das Kryptogramm lösen konnten. Bravo, Anna und Bernd!"

Nach seiner Rede gehen Anna und Bernd zu Carl Friedrich, und Bernd sagt etwas schüchtern: „Ich möchte gerne in den CBJMM eintreten!" „Ich auch", ergänzt Anna sofort. „In welche Klasse geht ihr denn?" „Wir sind gerade in die dritte Klasse gekommen", antwortet Bernd für beide. Carl Friedrich erklärt, dass man laut Clubsatzung erst in den CBJMM eintreten darf, wenn man mindestens die fünfte Klasse besucht. Und Ausnahmen hat es bislang nicht gegeben. Allerdings sind Anna und Bernd sehr hartnäckig, so dass ihnen der Clubvorsitzende Carl Friedrich ein Angebot macht: „Na gut, weil ihr die Jubiläumsaufgabe gelöst habt, gebe ich euch die Chance, schon jetzt in den CBJMM einzutreten. Dafür müsst ihr aber zuerst beweisen, dass ihr diese Sonderbehandlung auch verdient. Ihr müsst unserem Clubmaskottchen, dem Zauberlehrling Clemens, dabei helfen, mathematische Abenteuer zu bestehen. Um ein richtiger Zauberer werden zu können, muss Clemens sich durch das Lösen von schwierigen Mathematikaufgaben eine Reihe von Zauberutensilien verdienen, z. B. einen Zauberstab oder ein Quäntchen Drachensalbe." Und Carl Friedrich fügt noch hinzu: „Damit eins klar ist: Ihr werdet zusammen aufgenommen oder gar nicht. Ihr müsst also lernen, mathematische Probleme gemeinsam zu lösen. Am Freitagnachmittag um drei Uhr geht es los. Kommt in den Clubraum des CBJMM. In den nächsten Wochen werden euch verschiedene Mentoren vom CBJMM betreuen."

Dann lächelt Carl Friedrich ein wenig und geht weg. Er kann sich absolut nicht vorstellen, dass Anna und Bernd die Aufnahmeprüfung bestehen werden. Ob er sich da nicht irrt? Jedenfalls sind Anna und Bernd fest entschlossen, die Aufnahmeprüfung in den CBJMM zu bestehen.

Das erste Abenteuer: Bunte Mathematik 3

Zauberlehrling Clemens wohnt in Rechtwinkelshausen. Clemens möchte im dortigen Zauberladen einen Zauberstab kaufen. „So einfach geht das nicht", brummt Mercator Magicus, der Besitzer des Zauberladens. „Einen Zauberstab bekommt nämlich nur der, der zuvor knifflige Mathematikaufgaben gelöst hat. Wo wohnst du, Clemens?" „Im Winkelsweg 13", antwortet Clemens. „Schön, da fallen mir gleich ein paar sehr interessante mathematische Probleme ein", erwidert Mercator Magicus, kramt aus einer Schublade einen Stadtplan von Rechtwinkelshausen hervor und zeichnet das Wohnhaus von Clemens und den Zauberladen ein. Man muss wissen, dass die Straßen in Rechtwinkelshausen nur in Ost-West-Richtung oder in Nord-Süd-Richtung verlaufen und sich rechtwinklig schneiden. Die Verbindung zwischen zwei Straßenkreuzungen nennen wir ein Straßenstück. Von jeder Straßenkreuzung aus kann Clemens zu jeder benachbarten Straßenkreuzung gehen. Abb. 3.1 zeigt einen kleinen Ausschnitt aus Rechtwinkelshausen. Es geht nämlich in alle Richtungen so weiter.

„Ich möchte von dir wissen, wie du von zu Hause zu meinem Zauberladen kommen kannst." „Aber das ist doch ganz leicht", triumphiert Clemens. „Schließlich habe ich doch hergefunden." „Ganz so einfach bekommt man aber keinen Zauberstab", brummt Mercator Magicus. „Du sollst Wege mit vorgegebener Länge finden." Clemens fährt mit seinem rechten Zeigefinger auf dem Stadtplan entlang und findet schnell einige Wege. Das genügt Mercator Magicus aber nicht. Clemens soll die Wege aufschreiben.

a) Überlege dir, wie du Wege aufschreiben kannst.

Nachdem Clemens die erste Hürde überwunden hat, stellt ihm Mercator Magicus vier Aufgaben.

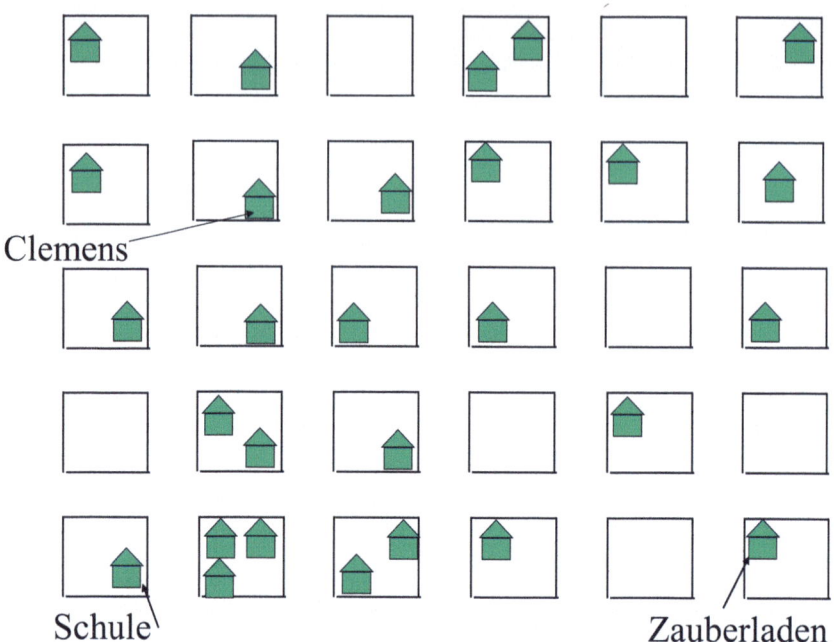

Abb. 3.1 Stadtplan von Rechtwinkelshausen (kleiner Ausschnitt)

b) Suche Wege von deinem (Clemens) Haus zum Zauberladen, die 5 Straßenstücke lang sind. Schreibe diese Wege auf.
c) Suche Wege von deinem (Clemens) Haus zum Zauberladen, die 6 Straßenstücke lang sind. Schreibe diese Wege auf.
d) Suche Wege von deinem (Clemens) Haus zum Zauberladen, die 7 Straßenstücke lang sind. Schreibe diese Wege auf.
e) Suche Wege von deinem (Clemens) Haus zum Zauberladen, die 8 Straßenstücke lang sind. Schreibe diese Wege auf.

Clemens findet schnell einige Wege der Länge 5 und 7. Allerdings kommt er bei den Aufgaben c) und e) nicht voran. Er findet einfach keine passenden Wege. Für einen kurzen Moment hatte er gedacht, dass er einen Weg mit 8 Straßenstücken gefunden hätte, aber leider hatte er sich einfach nur verzählt. Clemens ist total enttäuscht. Muss er ohne Zauberstab nach Hause gehen? „Das ist gemein! Es gibt bestimmt gar keine Wege mit 6 oder 8 Straßenstücken", murmelt er missmutig und will schon den Zauberladen verlassen. „Halt", ermahnt ihn Mercator Magicus. „In der Mathematik darf man nicht so schnell aufgeben. Diese beiden Aufgaben sind auch gar nicht einfach", sagt Mercator Magicus. „Daher helfe ich dir ein wenig. Vielleicht gibt es ja wirklich keine Wege mit 6 oder 8 Straßenstücken. Wenn es wirklich so ist, musst du das beweisen. Damit hättest du dann die beiden Aufgaben gelöst." Allerdings weiß Clemens nicht, was ein Beweis ist. „Du musst zeigen,

3 Das erste Abenteuer: Bunte Mathematik

dass es keine Lösung geben kann. Das hast du noch nicht getan. Du hast einfach nur keine Wege gefunden. Vereinfache zunächst den Stadtplan und entferne das Unwesentliche, damit du das Wesentliche erkennst", erklärt Mercator Magicus.

f) Könnt Ihr Clemens dabei helfen? Was kann vom Stadtplan (Abb. 3.1) weggelassen werden, und was ist für die Aufgaben c) und e) wirklich wichtig?

„Die Häuschen auf dem Stadtplan sind für die Lösung bestimmt nicht wichtig", sagt Clemens. „Die lasse ich auf jeden Fall weg." Nach einer Weile zeigt er den vereinfachten Stadtplan Mercator Magicus. „Du machst Fortschritte", lobt Mercator Magicus. „Weißt du, was ein Graph ist?" „Nein, das haben wir in der Schule nicht gelernt. Ich habe bestimmt immer gut aufgepasst!", fügt Clemens eilig hinzu. „Das glaube ich dir", lacht Mercator Magicus.

Mercator Magicus erklärt Ein *ungerichteter Graph* besteht aus *Ecken* und *Kanten*, die einzelne Ecken verbinden. Abb. 3.2 zeigt ein Beispiel. Dort siehst du kleine Kreise, die durch Kanten verbunden sind. Die kleinen Kreise nennt man übrigens Ecken. Die Kanten kannst du dir als Straßen vorstellen, die man in beide Richtungen befahren kann, um zu den angrenzenden Ecken zu gelangen.

g) Vereinfache den Stadtplan noch einmal und stelle ihn als ungerichteten Graph dar. Dabei sind die Straßenmittelpunkte die Ecken und die Straßen die Kanten.

Nachdem Clemens diese Aufgabe erledigt hat, gibt Mercator Magicus einen letzten Tipp: „Wenn du die Ecken in dem Graph geeignet bunt anmalst, kannst du beweisen, dass es tatsächlich keine Wege mit 6 oder 8 Straßenstücken gibt." Nach einigem Überlegen fragt Clemens: „Wie soll ich denn die Ecken färben? Ich habe keine Idee!" „Na gut", lächelt Magister Magicus: „Wähle zwei Farben aus und färbe die Ecken schachbrettartig. Das ist aber mein letzter Tipp."

h) Helft Clemens zu beweisen, dass es keine Wege von seinem Haus bis zum Zauberladen mit 6 oder 8 Straßenstücken gibt.

Abb. 3.2 ungerichteter Graph (Beispiel)

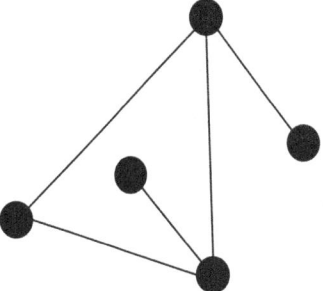

Clemens hat nun die Lösung gefunden. „Beweisen ist ja eine tolle Sache! Aber jetzt möchte ich gerne einen Zauberstab haben." „Noch nicht. Erst musst du noch zwei weitere Aufgaben lösen. Wenn du den Lösungsweg wirklich verstanden hast, ist das aber nicht mehr schwierig."

i) Gibt es einen Weg, der 99 Straßenstücke lang ist?
j) Gibt es einen Weg, der 2026 Straßenstücke lang ist?

Anna, Bernd, Clemens, die Schülerinnen und Schüler
Clemens ist glücklich und stolz, dass er das erste mathematische Abenteuer erfolgreich bestanden hat und jetzt einen eigenen Zauberstab besitzt. Und wie geht es Anna und Bernd? Anna meint: „Das war ganz schön schwierig! Zum Glück konnten wir die Hinweise des Zauberladenbesitzers nach einigem Nachdenken und Probieren ausnutzen. Beweisen ist ja eine tolle Sache, und von Graphen habe ich auch noch nichts gehört. Ich bin schon jetzt auf das nächste Abenteuer gespannt." „Ich auch", sagt Bernd.

> **Was ich in diesem Kapitel gelernt habe**
>
> - Mathematik ist nicht nur Rechnen.
> - Ich weiß jetzt, was ein ungerichteter Graph ist.
> - Graphen können uns helfen, Sachaufgaben zu lösen.
> - Nicht jede Aufgabe hat eine Lösung.
> - In der Mathematik sind Beweise wichtig.
> - Durch geschicktes Färben kann man einen Beweis führen.

Schon wieder Aufgaben ohne Lösung 4

Clemens geht schon wieder am Zauberladen vorbei und schaut neugierig in das Schaufenster. Dort sieht er ein Zaubertuch, mit dem man Gegenstände unsichtbar machen kann. „Das muss ich unbedingt haben", denkt Clemens sofort. „Aber dafür muss ich bestimmt erst einmal ein paar Aufgaben lösen. Das schaffe ich bestimmt." Clemens drückt die Türklinke der schweren Glastür zum Zauberladen herunter.

Mercator Magicus kommt hinter einer Art Tresen hervor und lacht: „So, so, das Zaubertuch möchtest du haben! Eine gute Wahl. Das Zaubertuch ist begehrt. Mal sehen, welche Aufgaben dafür zu lösen sind. Zunächst befassen wir uns noch einmal mit deinem letzten mathematischen Abenteuer."

„Aus wie vielen Straßenstücken bestehen die kürzesten Wege von dir zu Hause zum Zauberladen, Clemens?", eröffnet Mercator die heutigen Aufgaben. „Das ist aber einfach! Das sind natürlich 5 Straßenstücke, z. B. ist rrruu ein solcher Weg", triumphiert Clemens, wohl wissend, dass noch deutlich schwierigere Aufgaben auf ihn warten. „Das ist richtig", bemerkt Mercator Magicus. „Weißt du auch, wie viele Wege das sind?"

a) Wie viele kürzeste Wege von Clemens Haus zum Zauberladen gibt es? Schreibe alle Wege auf.
   Tipp: Gehe systematisch vor, um zu vermeiden, dass du Wege vergisst.
b) In Abb. 3.1 ist neben Clemens Haus und dem Zauberladen auch Clemens Schule eingezeichnet. Wie viele kürzeste Wege gibt es, auf denen Clemens (von zu Hause) zur Schule gehen kann? Aus wie vielen Straßenstücken bestehen die kürzesten Wege?
c) Zu welchen Anzahlen an Straßenstücken gibt es Wege von Clemens Haus zur Schule?

„Wie ich sehe, hast Du das letzte mathematische Abenteuer gut verstanden, Clemens!" Und nachdem Mercator Magicus einige Papierstapel hervorgeholt hat, zieht

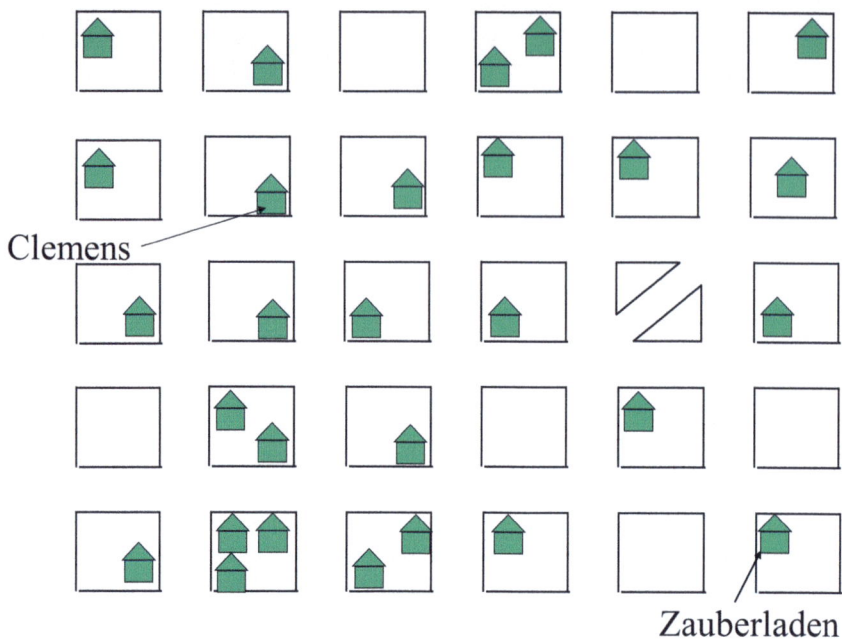

Abb. 4.1 geringfügig geänderter Stadtplan von Rechtwinkelshausen (kleiner Ausschnitt)

er ein Blatt Papier heraus und erklärt: „Stell dir vor, dass in Rechtwinkelshausen eine zusätzliche Straße gebaut wird, die diagonal verläuft. Dann wäre der Ortsname Rechtwinkelshausen eigentlich nicht mehr gerechtfertigt, aber das tut im Moment nichts zur Sache. Abb. 4.1 zeigt den geänderten Stadtplan. Da siehst du, was ich meine. Durch einen Häuserblock (5. von links, 3. von oben) verläuft diagonal eine zusätzliche Straße."

d) Verändert die zusätzliche Straße die Lösung des ersten mathematischen Abenteuers? Insbesondere: Gibt es Wege von Clemens Haus zum Zauberladen in 5, 6, 7, 8, 99 oder 2026 Schritten?

Clemens findet bald die Lösung und streckt seine Hand stolz dem Zaubertuch entgegen. „Halt!", sagt Mercator Magicus. „Das war nur zum Aufwärmen. Ein Zaubertuch ist etwas ganz Besonderes. Da musst du noch mehr Aufgaben lösen." Kurz nach Clemens hatte Elf Frollo den Zauberladen betreten und der Unterhaltung zwischen Clemens und Mercator Magicus schweigend zugehört. Frollo interessiert sich nicht nur für Zauberei, sondern auch für Mathematik, und zwar vor allem für Färbebeweise. Mercator Magicus schaut Elf Frollo fragend an: „Frollo, du kennst doch sicher ein paar interessante Aufgaben, die man durch geeignete Färbungen beweisen kann, nicht wahr?" „Aber ja, Mercator Magicus! Zur Zeit beschäftige ich mich mit Überdeckungsaufgaben rund um das Schachbrett. Abb. 4.2 zeigt

4 Schon wieder Aufgaben ohne Lösung

Abb. 4.2 Schachbrett mit Beschriftung

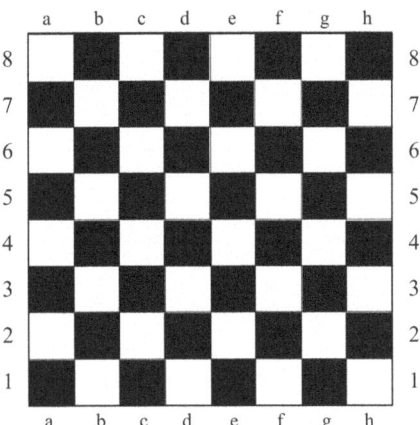

ein Schachbrett mit Beschriftung. Mit einem Zaubertuch kann man genau zwei nebeneinander liegende Felder (waagerecht oder senkrecht) unsichtbar machen. Allerdings dürfen Zaubertücher nicht übereinander liegen, sondern nur nebeneinander, weil sonst bekanntlich ihre Zauberkraft verlorengeht."

e) Clemens soll 31 Zaubertücher so auf das Schachbrett legen, dass nur die Felder a1 und b3 sichtbar bleiben oder zeigen (beweisen), dass es keine Lösung gibt.

f) Clemens soll 31 Zaubertücher so auf das Schachbrett legen, dass nur die Felder a1 und h8 sichtbar bleiben oder zeigen (beweisen), dass es keine Lösung gibt.

„Zum Abschluss habe ich noch ein paar ganz besondere Aufgaben mit großen Zaubertüchern, auch 3er-Zaubertücher genannt. Mit 3er-Zaubertüchern kann man nicht nur zwei, sondern sogar drei nebeneinanderliegende Felder unsichtbar machen. Auch die großen Zaubertücher dürfen nicht überlappen. Natürlich kann man damit nicht das ganze Brett überdecken, weil 64 nicht durch 3 teilbar ist. Es bleibt immer ein Feld frei." „Dafür braucht man 21 große Zaubertücher, nicht wahr", sagt Clemens schnell und versucht so, bei Trollo und natürlich bei Mercator Magicus einen guten Eindruck zu machen. „Das ist richtig, Clemens. Aber mit so einfachen Dingen geben wir uns nicht ab."

g) Kann man das gesamte Schachbrett ohne das Feld c6 mit 21 großen Zaubertüchern überdecken? Gib eine Lösung an oder beweise, dass dies nicht möglich ist.

h) Kann man das gesamte Schachbrett ohne das Feld a1 mit 21 großen Zaubertüchern überdecken? Gib eine Lösung an oder beweise, dass dies nicht möglich ist.

Clemens konnte Aufgabe g) schnell lösen, aber jetzt geht es nicht so recht weiter. Clemens wird sichtlich nervös, weil sein Zaubertuch in Gefahr ist. Das hat

Abb. 4.3 Schachbrett ohne das Feld a1 mit ungewöhnlicher Färbung

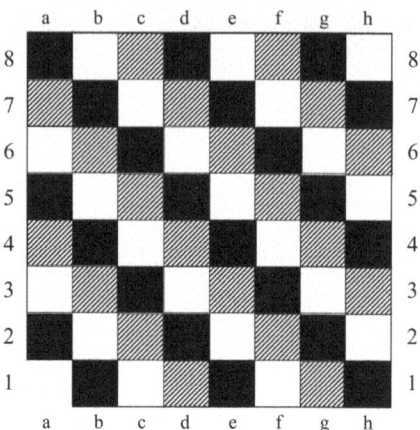

Mercator Magicus bemerkt und sieht den Elf Trollo an: „Diese Aufgabe ist wirklich schwierig! Gib Clemens doch einen Lösungshinweis!" „Das kann ich machen. Clemens, schau dir die Abb. 4.3 genau an. Dort ist ein Schachbrett einmal ganz anders gefärbt als üblich."

i) Nutze Trollos Hinweis, um Aufgabe h) zu lösen.
   Tipp: Zähle in Abb. 4.3 die Anzahl der weißen, der gestreiften und der schwarzen Felder.
j) Gib alle Felder an, für die, wenn man diese Felder weglässt, eine Überdeckung mit 3er-Zaubertüchern gibt.
   Tipp: Nutze die Beweisidee aus Aufgabe i).

Anna, Bernd, Clemens, die Schülerinnen und Schüler

Clemens gehört jetzt neben dem Zauberstab auch ein Zaubertuch. Bernd sagt zu Anna: „Aufgaben, die gar nicht lösbar sind, sind ja was ganz Neues. Zu beweisen, dass keine Lösung existiert, kann schwieriger sein als eine Lösung zu finden, wenn die Aufgabe lösbar ist. Beweisen ist ja echt cool! Das haben wir im Unterricht noch gar nicht gelernt." „Ich hätte nicht gedacht, dass Farben nicht nur im Kunstunterricht, sondern auch in der Mathematik nützlich sein können", ergänzt Anna.

> **Was ich in diesem Kapitel gelernt habe**
>
> - Eine kleine Änderung in der Aufgabenstellung kann große Auswirkung auf die Lösung haben.
> - Ich habe noch mehr Färbebeweise gesehen.
> - Durch geeignetes Färben kann man interessante Aufgaben lösen.

Gefährliches Spiel gegen einen Drachen 5

In der Bibliothek in Rechtwinkelshausen, Abteilung „Geheimnisvolles", entdeckt Clemens ein altes Zauberbuch. Er zieht das Buch aus dem Regal, setzt sich an einen der großen Tische und beginnt zu blättern. Er erfährt von einem magischen Rubin. Der wird aber von einem Feuer speienden Drachen bewacht. Den magischen Rubin bekommt nur der, der den Drachen beim Drachenspiel besiegt. Wer aber beim Drachenspiel verliert, muss dem Drachen 99 Jahre dienen. Von den beiden erfolgreichen mathematischen Abenteuern bestärkt, macht sich Clemens auf den Weg, um das Wagnis einzugehen.

Beim Drachen angekommen, erfährt er die genauen Spielregeln.

Drachenspiel (Spielregeln) Auf dem Tisch liegen 24 Lavastücke. Die beiden Spieler nehmen abwechselnd 1, 2 oder 3 Lavastücke weg. Wem es gelingt, das letzte Lavastück wegzunehmen, hat das Spiel gewonnen.

Clemens darf bestimmen, wer das Spiel beginnt. Was soll er tun? Gibt es eine Strategie, die er verfolgen sollte? Leider hat Clemens keine Idee, wie er vorgehen soll. „Zeit für meinen Mittagsschlaf", brummt der Drache. „Danach spielen wir, und ab morgen habe ich einen neuen Diener. Auf dich wartet eine Menge Arbeit. Mein Vulkan ist ziemlich schmutzig. Den musst du als erstes auf Vordermann bringen. Ich möchte, dass er blitzeblank ist." Clemens ist jetzt doch ziemlich verängstigt. Ob er am Ende doch zuviel riskiert hat? Könnt Ihr ihm helfen? Zum Glück schläft der Drache mindestens eine Stunde. Wir haben also genügend Zeit, das Problem systematisch anzugehen.

a) Spiele mit deinem Tischnachbarn ein paar Partien Drachenspiel, um dich mit dem Drachenspiel vertraut zu machen.
b) Untersuche zunächst einfachere Varianten des Drachenspiels, bei denen zu Beginn nur 1, 2, 3 oder 4 Lavastücke auf dem Tisch liegen. Ist es günstig, das Spiel zu beginnen?
c) Untersuche einfachere Varianten des Drachenspiels, bei denen zu Beginn 5, 6, 7 oder 8 Lavastücke auf dem Tisch liegen.

Wir haben Glück! Der Drache schläft noch immer, und jetzt können wir noch eine weitere kleine Spielvariante analysieren, bevor wir uns an das echte Drachenspiel heranwagen.

d) Untersuche die Variante des Drachenspiels mit 12 Lavastücken. Nutze aus, was du in b) und c) gelernt hast.
e) Wie sieht das aus, wenn zu Beginn 9, 10 oder 11 Lavastücke auf dem Tisch liegen?

Nach diesen Vorarbeiten ist die Zeit gekommen, sich mit dem echte Drachenspiel zu befassen, zumal der Drache bestimmt bald aufwachen wird. Clemens ist jedenfalls schon ziemlich unruhig.

f) Untersuche nun das (echte) Drachenspiel mit 24 Lavastücken.

Clemens hat durch die Aufgaben b)—e) verstanden, worauf es beim Drachenspiel (Aufgabe f)) ankommt. Nachdem der Drache aufgewacht ist, kann das Drachenspiel beginnen. „Fang schon endlich an, Clemens", sagt der Drache listig. „Nein, ich darf bestimmen, wer anfängt. Und das bist du!", antwortet Clemens. Kurz darauf ist alles vorbei. Clemens hat den magischen Rubin gewonnen. Er ist glücklich, aber der Drache ist ziemlich wütend.

Anna, Bernd, Clemens, die Schülerinnen und Schüler
Clemens gehört jetzt auch ein magischer Rubin, aber das war ganz schön knapp. Wäre der Drache nur ein paar Minuten früher aufgewacht, wäre Clemens für die nächsten 99 Jahre wohl Diener des Drachen geworden. Keine schöne Vorstellung! Bernd sagt: „Ich wusste gar nicht, dass Spielen etwas mit Mathematik zu tun hat." „Ja, aber dann macht Spielen nicht nur Spaß, sondern ist auch anstrengend", fügt Anna schmunzelnd hinzu.

Was ich in diesem Kapitel gelernt habe

- Mathematik befasst sich auch mit Spielen.
- Ein mathematisches Spiel hat nichts mit Zeitvertreib zu tun.
- Stattdessen sucht man die optimale Spielstrategie.
- Ich habe gelernt, wie man eine schwierige Aufgabe solange schrittweise in einfachere Aufgaben überführen kann, bis man die Lösung gefunden hat.

Revanche: Ein neues Spiel gegen den Drachen 6

Clemens hat das letzte Abenteuer erfolgreich bestanden, und der magische Rubin gehört nun ihm. Das findet der Drache ganz schlimm und bietet Clemens eine Revanche an: „Das letzte Mal hattest du doch nur Glück gehabt! Wenn du Mut hast, spielst du noch einmal mit mir." Für die Revanche gelten andere Spielregeln.

Superdrachenspiel (Spielregeln) Auf dem Tisch liegen 24 Lavastücke. Die beiden Spieler nehmen abwechselnd 1, 2, 3 oder 4 Lavastücke weg. Wer das letzte Lavastück wegnimmt, hat das Spiel verloren.

Verliert Clemens, muss er zwar nicht dem Drachen 99 Jahre dienen, aber den magischen Rubin wieder zurückgeben. Gewinnt Clemens, bekommt er auch noch ein Quäntchen Drachensalbe, die bekanntlich viele Zaubersprüche deutlich verstärkt. Clemens darf wieder bestimmen, wer das Spiel beginnt. Er überlegt kurz: „Soll ich die Revanche annehmen und meinen Rubin aufs Spiel setzen?" Nach kurzem Zögern willigt Clemens in die Revanche ein. Gespielt wird wieder erst, sobald der Drache aus seinem Mittagsschlaf aufwacht. Bis dahin ist noch mindestens eine Stunde Zeit. Könnt ihr Clemens wieder helfen?

a) Spiele mit deinem Tischnachbarn ein paar Partien Superdrachenspiel, um dich mit dem Superdrachenspiel vertraut zu machen.
b) Untersuche zunächst einfachere Varianten des Superdrachenspiels, bei denen zu Beginn 1, 2, 3, 4 oder 5 Lavastücke auf dem Tisch liegen.
c) Untersuche einfachere Varianten des Superdrachenspiels, bei denen zu Beginn 6, 7, 8, 9 oder 10 Lavastücke auf dem Tisch liegen.

Nachdem die einfachen Varianten analysiert wurden, wird es wieder Ernst.

d) Untersuche nun das richtige Superdrachenspiel mit 24 Lavastücken.

Nachdem der Drache aufgewacht ist, spielt er mit Clemens eine Partie Superdrachenspiel. Auch diese Partie gewinnt Clemens, sehr zum Unmut des Drachens, der zum Abschied wütend zischt: „Lass dich bloß nie wieder hier blicken!"

Zwar hat Clemens das Abenteuer schon erfolgreich bestanden und ein Quäntchen Drachensalbe gewonnen, aber hier sind noch zwei Zusatzaufgaben zum Weiterdenken und Vertiefen.

e) Wer kann beim Superdrachenspiel mit 41 Lavastücken den Gewinn erzwingen? Ist dies der Spieler, der das Spiel beginnt?

f) Wie verhält sich das mit dem Superdrachenspiel mit 43 Lavastücken?

Anna, Bernd, Clemens, die Schülerinnen und Schüler

Clemens hat den Drachen zum zweiten Mal beim Spielen besiegt und damit auch noch ein Quäntchen Drachensalbe gewonnen. Anna und Bernd haben gelernt, dass Regeländerungen große Auswirkungen haben können. Das erinnert an die Aufgabe d) in Kap. 4. Sie sind stolz, dass sie das vierte mathematische Abenteuer schnell und sicher lösen konnten. Sie konnten das Gelernte aus Kap. 5 an die veränderte Aufgabenstellung anpassen.

Was ich in diesem Kapitel gelernt habe

- Eine Regeländerung kann alles auf den Kopf stellen.
- Ich habe noch einmal ein schwierige Aufgabe schrittweise auf einfachere Aufgaben zurückgeführt und gelöst.

Vom Netz zum Würfel 7

Heute besucht Clemens Zwerg Kubus. Zwerg Kubus wohnt in Quaderbach, einem kleinen Dorf in der Nähe von Rechtwinkelshausen. In Quaderbach haben alle Häuser Flachdächer und sehen aus wie Quader. Manche Häuser haben sogar die Form eines Würfels, darunter auch das Haus von Zwerg Kubus. Zwerg Kubus sammelt alle Arten von Würfeln. Clemens sieht einen kleinen Würfel mit geheimnisvollen Symbolen. Sofort möchte er ihn aufheben. Aber was ist das? So sehr er sich auch anstrengt – es gelingt ihm nicht, den Würfel auch nur einen spaltbreit anzuheben. „Ja, ja, das haben vor dir schon viele vergeblich versucht!" sagt Zwerg Kubus. „Deshalb weiß außer mir auch niemand, welches Symbol auf der Unterseite des Würfels ist. Um den Würfel anzuheben, braucht man einen Zauberspruch, den nur ich kenne."

„Wenn du einige Aufgaben zu Würfeln lösen kannst, schenke ich dir einen magischen Würfel. Da kannst du vor dem Wurf bestimmen, welche Seite oben liegen soll." „So ein magischer Würfel wäre schon toll. Dann könnte ich beim Würfeln immer gewinnen", denkt Clemens und sagt: „Hoffentlich schaffe ich das." „Hast du schon mal was von Hexominos und Würfelnetzen gehört, Clemens?", fragt Zwerg Kubus. „Nein. Leider noch nicht!"

Kubus erklärt Ein *Hexomino* ist eine Fläche, die aus 6 gleich großen, zusammenhängenden Quadraten besteht. Die Quadrate sind durch gemeinsame Kanten verbunden. Ein *Würfelnetz* ist ein Hexomino, das man zu einem Würfel zusammenfalten kann. Abb. 7.1 zeigt ein Würfelnetz und ein Hexomino, das kein Würfelnetz ist.

Zwerg Kubus ist ganz in seinem Element und fährt fort: „Würfelnetze sind spezielle Hexominos. Die Würfelnetze sind eine Teilmenge der Menge aller Hexominos."

Abb. 7.1 (a) Hexomino, aber kein Würfelnetz; (b) Würfelnetz; (c) aus (b) gefalteter Würfel

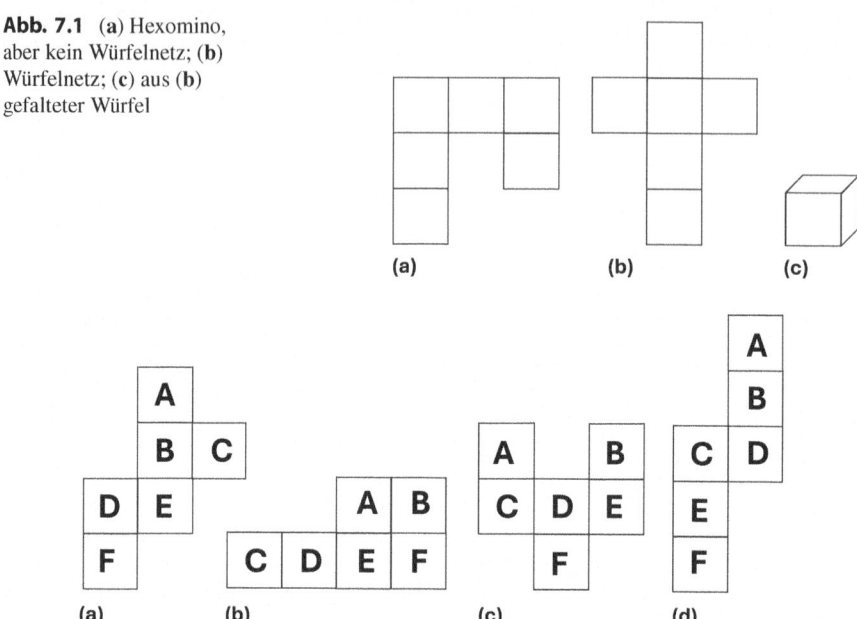

Abb. 7.2 Welche dieser Hexominos sind Würfelnetze?

a) Welche Hexominos in Abb. 7.2 sind Würfelnetze? Beschreibe, wie man aus den Würfelnetzen Würfel falten kann.

„Was sind das eigentlich für Symbole auf dem Poster, das da hinten an der Wand hängt, Kubus?" Zwerg Kubus, der sich sehr für die Geschichte der Astronomie interessiert, erklärt: „Das sind die 12 Sternzeichen. Sternzeichen beschreiben die Figuren von Sternbildern. Auf dem Poster (Abb. 7.3) siehst du alle 12 Sternzeichen mit ihren lateinischen Bezeichnungen."

b) Suche im Internet nach den deutschen Bezeichnungen der Sternzeichen.

„Sternzeichen kommen auch in Horoskopen vor, nicht wahr, Kubus?" „Das stimmt. Ihr Ursprung ist jedoch ein anderer. Wie du weißt, dreht sich die Erde in einem Jahr genau einmal um die Sonne. Von der Erde aus betrachtet, scheint sich die Sonne aber um die Erde zu drehen. Im Altertum hat man die scheinbare jährliche Sonnenbahn so in 12 Teile unterteilt, dass jeweils ein Sternbild zu sehen ist. Das ist der Ursprung der Sternzeichen. Ich fürchte, dass ich mich ein wenig verplaudert habe. Aber jetzt wieder zurück zur Mathematik!", sagt Kubus streng.

c) Welche Hexominos in Abb. 7.4 sind Würfelnetze? Beschreibe, wie man aus den Würfelnetzen Würfel falten kann.

7 Vom Netz zum Würfel

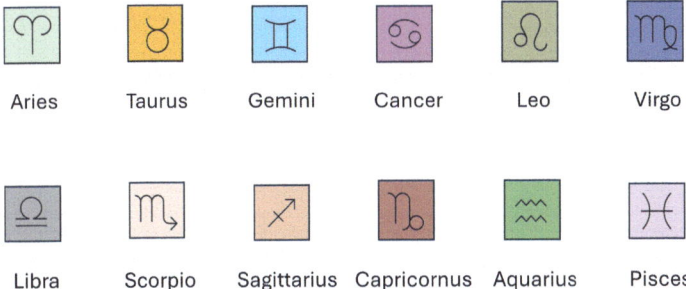

Abb. 7.3 Kubus Poster: Sternzeichen mit Bezeichnungen

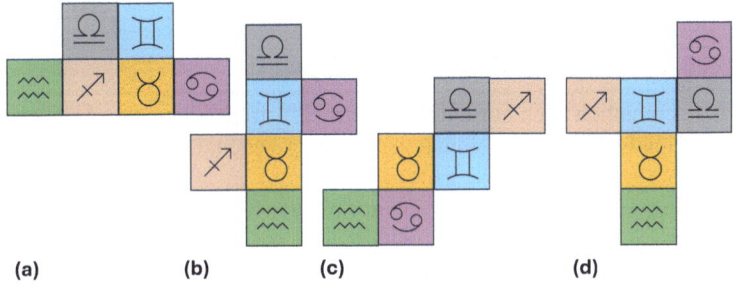

Abb. 7.4 Welche dieser Hexominos sind Würfelnetze?

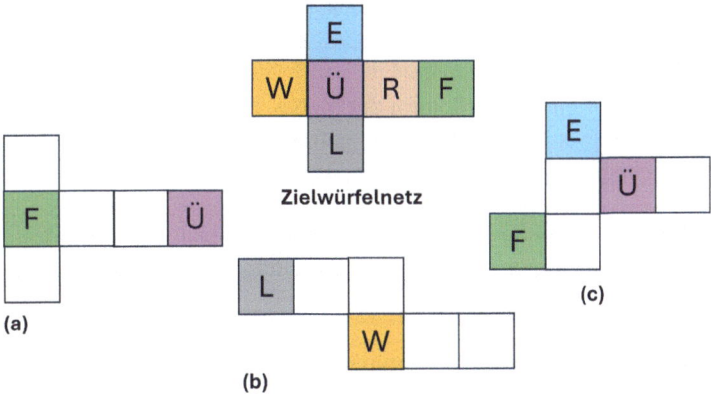

Abb. 7.5 Unvollständig gefärbte Würfelnetze (**a**), (**b**) und (**c**)

d) Faltet man das Zielwürfelnetz in Abb. 7.5, erhält man den Zielwürfel. Ergänze in Abb. 7.5 die Seiten der Würfelnetze (a), (b) und (c) so, dass sie ebenfalls den Zielwürfel ergeben, oder begründe, warum dies nicht möglich ist. Die Ausrichtung der Buchstaben auf den Seiten spielt dabei keine Rolle. (Buchstaben dürfen „auf dem Kopf stehen").

Abb. 7.6 (a) Wo ist der falsche Würfel?, (b) Wie viele Augen sind verdeckt?

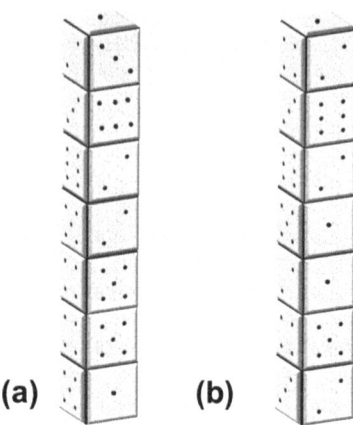

„Hast du eigentlich auch normale Spielwürfel?", fragt Clemens. „Aber natürlich. Hast du dir Spielwürfel schon einmal genauer angesehen, Clemens?"

e) Welche Augenzahlen liegen bei einem Spielwürfel gegenüber? Fällt dir etwas auf?

f) Ein Würfel im Würfelturm in Abb. 7.6(a) ist gefälscht. Welcher Würfel ist das, und wie könnte er korrigiert werden?

Zwerg Kubus bittet Clemens in einen Nebenraum. Auf einem Holztisch befindet sich ein Würfelturm. Und natürlich hat Zwerg Kubus eine Aufgabe dazu parat.

g) Abb. 7.6(b) zeigt einen Würfelturm auf Kubus Holztisch. Wie viele Augen im Würfelturm sind verdeckt? Oder anders gefragt: Wie viele Augen kann man nicht sehen, gleichgültig, von wo aus man auf den Würfelturm blickt?

„Es ist schon spät geworden, Kubus. Ich muss jetzt schnell zum Abendessen nach Hause." „Natürlich. Wenn du morgen Nachmittag wiederkommst, machen wir weiter."

Anna, Bernd, Clemens, die Schülerinnen und Schüler
„Wir haben viele spannende Dinge über Würfel und Würfelnetze gelernt", meint Anna. „Es ist gar nicht so leicht, sich aus einem Würfelnetz den gefalteten Würfel vorzustellen", stimmt Bernd zu.

> **Was ich in diesem Kapitel gelernt habe**

- Ich habe Hexominos und Würfelnetze kennengelernt.
- Nicht aus jedem Hexomino kann man einen Würfel falten.
- Bei Spielwürfeln ist die Summe gegenüberliegender Augenzahlen stets 7.

Noch mehr Würfel 8

Nach dem Mittagessen lässt Clemens den gestrigen Nachmittag bei Zwerg Kubus noch einmal Revue passieren. „Es ist schon interessant, wo überall Mathematik steckt", denkt er. Clemens macht sich zeitig auf den Weg zu Kubus, um den ganzen Nachmittag auszunutzen. Zwerg Kubus begrüßt Clemens freundlich, auch deswegen, weil nur wenige Besucher ein zweites Mal kommen. Die meisten Besucher teilen seine Begeisterung für Würfel nämlich nicht. „Schön, dass du wieder da bist, Clemens. Am besten, wir stürzen uns gleich in die Arbeit, oder besser gesagt, ins Vergnügen!"

a) Abb. 8.1 zeigt drei Würfelnetze. Beantworte für jedes Würfelnetz, welcher Buchstabe gegenüber von „W", gegenüber von „Ü" und gegenüber von „R" liegt.

„Ich denke, dass ich diesen Aufgabentyp verstanden habe", erklärt Clemens auf Nachfrage von Zwerg Kubus. „Gibt es noch andere Aufgaben zu Würfeln, Kubus?" „Die gibt es, Clemens", bestätigt Zwerg Kubus.

b) Abb. 8.2(a) zeigt einen ausgehöhlten Würfel, der mit einer magischen Flüssigkeit gefüllt ist. Diese Flüssigkeit färbt die Seitenflächen nach kürzester Zeit blau ein. Abb. 8.2(b) zeigt das zugehörige Würfelnetz, wobei allerdings erst eine Seitenfläche blau eingefärbt ist. Färbe die übrigen Seitenflächen entsprechend dem Füllstand blau ein.

c) Abb. 8.3 zeigt zwei Würfel. Kann man die Flächen der beiden Würfel mit Ziffern zwischen 0 und 9 so beschriften, dass ein Würfelkalender entsteht? Damit ist gemeint, ob man mit den Würfeln jeden Tag im Monat darstellen kann.
Wenn ja, zeichne und beschrifte Würfelnetze für die beiden Zahlenwürfel. Wenn nein, begründe, warum dies nicht möglich ist.
Hinweis: (i) Der 5. Tag eines Monats wird beispielsweise als 05 dargestellt.
(ii) Dreht man die Oberseite des Würfels um 180°, wird aus der 6 eine 9.

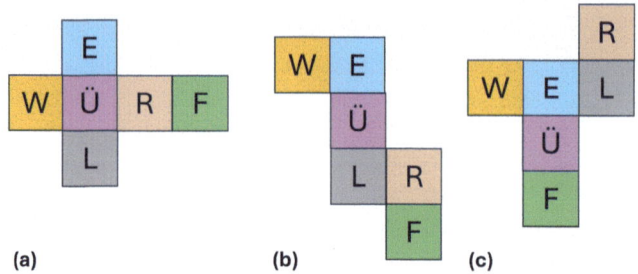

Abb. 8.1 Welche Buchstaben liegen gegenüber?

Abb. 8.2 Welche Seitenflächen von Würfelnetz (b) sind blau?

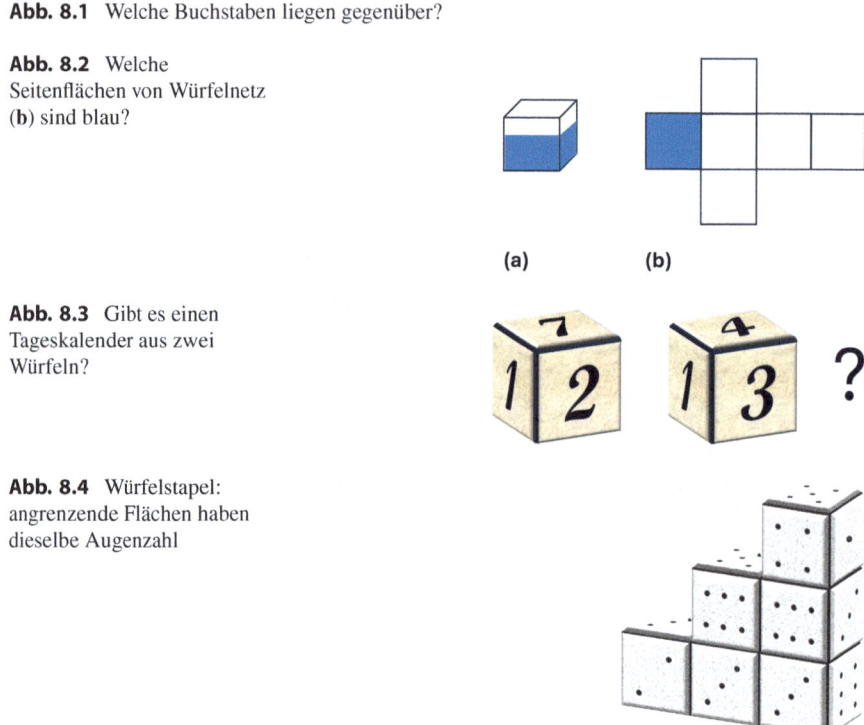

Abb. 8.3 Gibt es einen Tageskalender aus zwei Würfeln?

Abb. 8.4 Würfelstapel: angrenzende Flächen haben dieselbe Augenzahl

„Kennst du noch weitere Aufgaben mit Spielwürfeln, Kubus?"

d) In Abb. 8.4 bilden sechs Spielwürfel einen Turm, der auf einer gläsernen Tischplatte liegt. Viele Würfelflächen sind (wenn man aus der richtigen Richtung schaut) sichtbar, andere sind verdeckt. Da der Tisch aus Glas ist, sind auch die Würfelflächen sichtbar, die auf dem Tisch liegen. Es gilt die Besonderheit, dass angrenzende Würfelflächen dieselbe Augenzahl besitzen.
 (i) Wie groß ist die Summe der Augenzahlen aller verdeckten Würfelflächen?
 (ii) Bestimme die Summe der Augenzahlen aller sichtbaren Würfelflächen.

8 Noch mehr Würfel

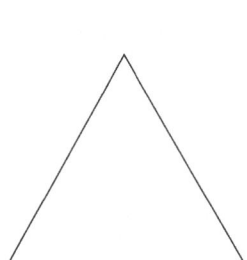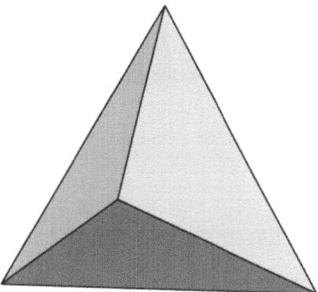

Abb. 8.5 linke Skizze: gleichseitiges Dreieck; rechte Skizze: Tetraeder

Als Clemens sich gerade fragt, was noch kommt oder ob er sich den magischen Würfel gar schon verdient hat, reißt ihn Zwerg Kubus aus seinen Gedanken: „Komm her! Kannst du auch ein Tetraedernetz zeichnen? Weißt du, wie ein Tetraeder aussieht?" „So ungefähr", antwortet Clemens, „aber erklär mir das doch bitte noch einmal ganz genau."

Kubus erklärt Ein Dreieck nennt man *gleichseitig*, wenn alle Seiten gleich lang sind. Ein *Tetraeder* ist ein Körper mit vier Seitenflächen, wobei jede Seitenfläche ein gleichseitiges Dreieck ist. Außerdem sind alle Dreiecksseiten eines Tetraeders gleich lang. Abb. 8.5 zeigt ein gleichseitiges Dreieck und einen Tetraeder.

„Ein Tetraeder ist also eine dreiseitige Pyramide, mit einem gleichseitigen Dreieck als Grundfläche und drei gleichseitigen Dreiecken als Seitenflächen. Ein Tetraeder hat vier Ecken und sechs Kanten", beendet Zwerg Kubus seine Erklärungen zu Tetraedern.

e) Zeichne ein Tetraedernetz.

„Bilden die äußeren Kanten des Tetraedernetzes ein Dreieck?", blickt Clemens Zwerg Kubus fragend an. „Ja, das ist so", bestätigt Kubus.

f) Bildet das Tetraedernetz sogar ein gleichseitiges Dreieck?

„Es waren zwei schöne Nachmittage", schwärmt Zwerg Kubus. „Den magischen Würfel hast du dir redlich verdient." Clemens strahlt, denn auf den magischen Würfel war er schon lange scharf. „Mir hat es auch Spaß gemacht." „Das freut mich, Clemens. Aber du darfst den Würfel nicht verwenden, um beim Spielen zu mogeln. Erstens wäre das sehr unfair, und außerdem verliert der Würfel dann seine Zauberkraft."

Anna, Bernd, Clemens, die Schülerinnen und Schüler
„Die erste Aufgabe war ähnlich wie beim letzten Mal, aber die anderen Aufgaben haben wieder etwas Neues gebracht", bemerkt Bernd. „Insgesamt fand ich die Aufgaben leichter als bei anderen mathematischen Abenteuern." „Das sehe ich genauso, Bernd! Ich hätte nicht gedacht, dass es auch Tetraedernetze gibt", beschließt Anna den Nachmittag.

Was ich in diesem Kapitel gelernt habe

- Ich habe neue Aufgaben zu Würfelnetzen und Spielwürfeln kennengelernt.

Worträtsel und Graphen 9

Am Ortsrand von Rechtwinkelshausen liegt eine geheimnisumwitterte Zauberwiese. Dort wachsen ganz besondere Blumen, aus denen die Bienen ihren Nektar sammeln, um daraus magischen Honig zu gewinnen. In einem der Bienenstöcke lebt die Biene Enigma. Clemens ist auf dem Weg zu dieser Zauberwiese. Dort möchte er Enigma besuchen, um eine Wabe mit magischem Honig zu holen. Schon von weitem hört er das Summen der Bienen. Enigma liebt mathematische Rätsel. Und eines ist klar: Honig bekommt Clemens natürlich nur, wenn er knifflige mathematische Rätsel lösen kann.

Heute sitzt Enigma auf ihrer Lieblingswabe und hat Nektar für genau fünf Zellen. Die Wabe ist in Abb. 9.1 dargestellt. Enigma möchte Zellen von links nach rechts mit Nektar auffüllen, von jedem Buchstaben eine. Außerdem sollen die gefüllten Zellen, die zu benachbarten Buchstaben gehören, jeweils eine gemeinsame Kante besitzen. Die gefüllten Zellen stellen also eine zusammenhängende Kette von Buchstaben dar, die das Wort „HONIG" ergeben. Enigma nennt dies einen zauberhaften „HONIG"-Pfad. Damit wir gleiche Buchstaben unterscheiden können, schreiben wir rechts unten an die Buchstaben kleine Zahlen (Indizes). So können wir unterschiedliche „HONIG"-Pfade eindeutig beschreiben. Abb. 9.2 zeigt Enigmas Lieblingswabe aus Abb. 9.1 mit unterscheidbaren Buchstaben.

a) So bezeichnet $H_1O_1N_1I_1G_1$ den Pfad, der durch die obersten Zellen führt. Gib mindestens fünf weitere HONIG-Pfade an.
b) Auf wie viele Arten kann Enigma „IG" auffüllen, wenn sie nur Nektar für zwei Zellen hat und beim Buchstaben I beginnt? Oder anders gefragt: Wie viele (unterschiedliche) „IG"-Pfade gibt es?
c) Wie viele „NI"-Pfade gibt es, wenn Enigma nur Nektar für zwei Zellen hat und beim Buchstaben N beginnt?
d) Wie viele „NIG"-Pfade gibt es, wenn Enigma nur Nektar für drei Zellen hat und beim Buchstaben N beginnt?

Abb. 9.1 Enigmas Lieblingswabe

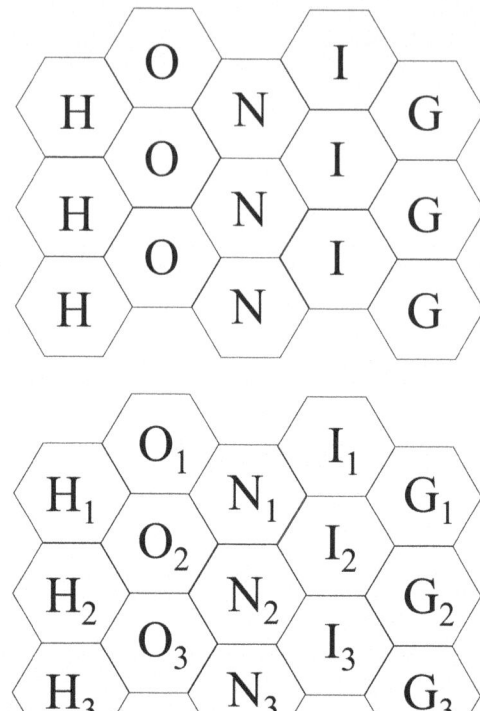

Abb. 9.2 Enigmas Lieblingswabe mit unterscheidbaren Buchstaben

Die Pfade aus zwei und drei Buchstaben hat Clemens alle gefunden. Aber jetzt kommt er ins Grübeln. „Bei fünf Buchstaben kann man leicht einen Pfad übersehen, und schon ist der magische Honig futsch", denkt Clemens. Enigma merkt, dass Clemens nicht recht weiterkommt. Obwohl es um ihren Honig geht, hilft ihm Enigma. „Weißt du noch, was ein ungerichteter Graph ist, Clemens?" „Natürlich, Mercator Magicus hat mir das doch erklärt, und das hat mir im ersten Abenteuer sehr geholfen. Sonst hätte ich den Zauberstab bestimmt nicht bekommen. Aber ich sehe nicht, was mir das hier nutzt."

Enigma erklärt „Schau dir Abb. 9.3 an, Clemens. Dort siehst du denselben Graphen wie in Abb. 3.2, aber jetzt sind Pfeile an den Kanten. Mathematiker nennen dies übrigens einen *gerichteten Graph*", erklärt Enigma. „Bei einem gerichteten Graphen kannst du die Kanten nur in Pfeilrichtung durchlaufen. Das ist so ähnlich wie bei einer Einbahnstraße."

Enigma gibt Clemens noch den Tipp, das Problem übersichtlicher darzustellen. Eigentlich möchte Enigma gar keinen Honig hergeben, aber sie glaubt nicht, dass Clemens ihre Ratschläge nutzen kann. Sie möchte großzügig erscheinen.

Abb. 9.3 gerichteter Graph
(Beispiel)

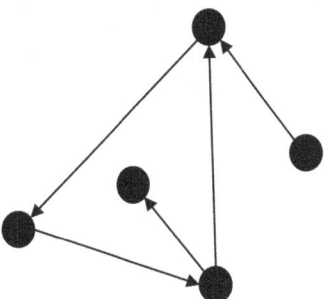

e) Zeichne einen gerichteten Graphen, bei dem die Buchstaben (mit Indizes) die Ecken sind. Verbinde zwei aufeinanderfolgende Buchstaben mit einer gerichteten Kante, falls sich die entsprechenden Zellen in der Wabe berühren. Der Pfeil weist vom vorangehenden Buchstaben zum nachfolgenden Buchstaben.

f) Auf wie viele Arten kann man den „HONI"-Pfad $H_2 O_2 N_1 I_1$ zu einem „HONIG"-Pfad fortsetzen? Finde einen anderen „HONI"-Pfad, der durch I_1 geht. Auf wie viele Arten lässt sich dieser Pfad zu einem „HONIG"-Pfad fortsetzen?

g) Auf wie viele Arten kann man einen „HONI"-Pfad, der in I_2 endet, zu einem „HONIG"-Pfad fortsetzen? Wie sieht das aus, wenn ein „HONI"-Pfad in I_3 endet?

„Jetzt wird es ernst, Clemens. Nur wenn du auch die letzte Aufgabe lösen kannst, bekommst du magischen Honig", ermahnt Enigma. Enigma gibt Clemens noch einen letzten Hinweis: „Nutze die Ergebnisse aus f) und g), um die Aufgabe zu vereinfachen, und setze diese Strategie fort." Clemens weiß nicht so recht, was er jetzt tun soll. Könnt ihr Clemens helfen?

h) Wie viele „HONIG"-Pfade gibt es?

Anna, Bernd, Clemens, die Schülerinnen und Schüler

Clemens hat schon sieben mathematische Abenteuer erfolgreich bewältigt und dabei äußerst nützliche Zauberutensilien erworben Das ist schon eine ganze Menge. Vor allem aber muss Clemens nicht 99 Jahre dem Drachen dienen. Und wie geht es Anna und Bernd? Sie sind doch sehr überrascht, wo überall Mathematik eine Rolle spielt. Sie sind zuversichtlich, dass es mit der Aufnahme in den CBJMM klappen wird.

Was ich in diesem Kapitel gelernt habe

- Ich weiß jetzt, was ein gerichteter Graph ist.
- Wie bei den Spielen wurde ein schwieriges Problem wieder schrittweise vereinfacht, auch wenn dieses Mal eigentlich alles ganz anders war.

Noch mehr Worträtsel und Graphen   10

Mit eurer Hilfe hat Clemens wieder ein mathematisches Abenteuer mit Bravour bestanden. Enigma war doch sehr überrascht, dass er das geschafft hat (damit hat sie nicht gerechnet) und gibt ihm etwas mürrisch die versprochene Wabe mit dem magischen Honig. Sie sagt: „Da hast du großes Glück gehabt! Aber ich habe da noch neuen Aufgaben für dich. Wenn du auch diese Aufgabe lösen kannst, bekommst du auch noch drei Zaubernüsse." „Was kann man eigentlich mit Zaubernüssen anfangen?", fragt Clemens. „Wenn du bei einer mathematischen Aufgabe nicht weiterkommst und eine Zaubernuss fest auf den Boden wirfst, erhältst du einen Tipp. Aber bedenke: Jede Zaubernuss kann man nur einmal verwenden. Danach ist sie verbraucht", warnt Enigma. „Um die Sache spannender zu machen: Wenn du die neuen Aufgaben nicht lösen kannst, musst du mir den Honig zurückgeben. Möchtest du trotzdem die Aufgaben probieren? Tipps gebe ich aber keine mehr." Ganz entschlossen antwortet Clemens sofort: „Natürlich werde ich es versuchen!"

a) Wie viele Möglichkeiten gibt es, das Wort Nektar in Abb. 10.1 als zusammenhängende Kette von Buchstaben („NEKTAR"-Pfade) darzustellen? Verwende, was du in Kap. 9 gelernt hast. Stelle die Wabe zunächst als gerichteten Graphen dar und bestimme dann die Anzahl der „NEKTAR"-Pfade.
b) Wie viele Möglichkeiten gibt es, das Wort Blüten in Abb. 10.2 als zusammenhängende Kette von Buchstaben („BLÜTEN"-Pfade) darzustellen? Gehe vor wie in Aufgabe a).

„Du bist ja viel besser als ich gedacht habe, Clemens", gibt Enigma halb bewundernd, halb verärgert zu. Erwartungsfroh fügt sie aber hinzu: „Jetzt kommt das letzte und schwierigste Rätsel. Ich kenne die Lösung selbst nicht. Außerdem

Abb. 10.1 Enigmas Vorratswabe

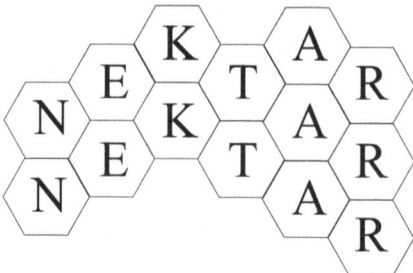

Abb. 10.2 Ein weiteres Worträtsel

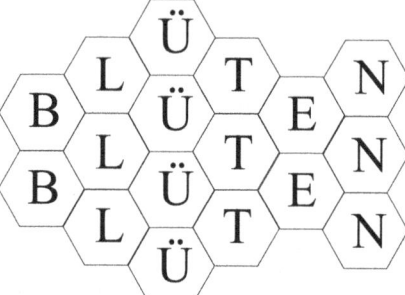

Abb. 10.3 So viele „ROSE"-Pfade!

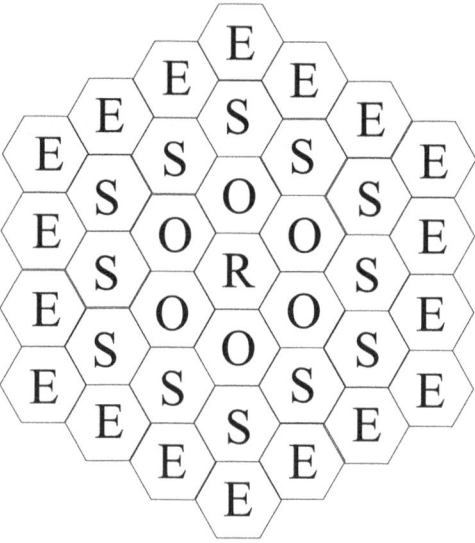

sind Rosen meine Lieblingsblumen und haben mit schon oft Glück gebracht. Wart's nur ab. Der magische Honig gehört bald wieder mir!" Ob sich Enigma da nicht täuscht?

c) Wie viele Möglichkeiten gibt es, das Wort Rose in Abb. 10.3 als zusammenhängende Kette von Buchstaben („ROSE"-Pfade) darzustellen?

d) Denke dir selbst ein Worträtsel aus und löse es.

Anna, Bernd, Clemens, die Schülerinnen und Schüler
Nachdem ihn in Kap. 9 das siebte mathematische Abenteuer doch an seine Grenzen gebracht hat, hat Clemens dieses mathematische Abenteuer relativ entspannt gemeistert. Auch Anna und Bernd sind glücklich. „Das lief ja wie geschmiert", meint Bernd. Und Anna fügt hinzu: „Wir haben halt schon eine Menge gelernt." Clemens hat inzwischen acht mathematische Abenteuer bestanden und dabei äußerst nützliche Zauberutensilien erworben, und zwar einen Zauberstab, ein Zaubertuch, einen magischen Rubin, ein Quäntchen Drachensalbe, einen magischen Würfel, eine Wabe mit magischem Honig und soeben noch drei Zaubernüsse.

Und was ist aus Annas und Bernds Wunsch geworden, Mitglied im CBJMM zu werden? Der Clubvorsitzende Carl Friedrich lobt Anna und Bernd und mahnt: „Anna und Bernd, bisher habt ihr das ganz toll gemacht! Allerdings ist das noch nicht einmal die halbe Miete. Um Mitglieder im CBJMM zu werden, müsst ihr mit Clemens noch viele mathematische Abenteuer bestehen." Anna und Bernd tut das Lob von Carl Friedrich sichtlich gut: „Das hat bisher unglaublich viel Spaß gemacht, und wir haben schon sehr viel gelernt", meint Anna, und Bernd fügt hinzu: „Gemeinsam haben wir Probleme gelöst, die wir alleine bestimmt nicht hinbekommen hätten. Vor unserer Aufnahmeprüfung habe ich gar nicht gewusst, dass man mathematische Aussagen beweisen muss."

Was ich in diesem Kapitel gelernt habe

- Ich habe das Lösungsverfahren aus dem letzten Kapitel an neuen Beispielen geübt und noch besser verstanden.

Summieren leicht gemacht 11

In Rechtwinkelshausen findet demnächst ein Zauberer-Kongress statt, bei dem Zauberer aus aller Welt ihre Zauberkunststücke in verschiedenen Disziplinen vorführen. In jeder Disziplin werden die besten Zauberer geehrt. Die Preise und Auszeichnungen werden auf Podesten verliehen, die aus Zaubersteinen gemauert sind. Anders als bei den olympischen Spielen werden nicht nur die drei besten Zauberer geehrt, sondern viel mehr. Wie viele Zauberer geehrt werden, hängt von der Disziplin ab. Clemens ist glücklich und stolz, dass er bei der Organisation des diesjährigen Zauberkongresses mithelfen darf. Er soll beim Baumarkt Kadabra Zaubersteine für die Siegerpodeste bestellen. Weil Zaubersteine teuer sind, soll er die genaue Anzahl bestellen. Abb. 11.1 zeigt ein Siegerpodest für 5 Zauberer. Dafür braucht man 6 Zaubersteine. Wenn Clemens alles zur Zufriedenheit des berühmten Zaubermeisters Eldach Magnus erledigt, bekommt er ein Zauberseil. Mit einem Zauberspruch kann man ein Zauberseil so verknoten, dass nur ganz große Zauberer diese Knoten wieder lösen können.

a) In der Disziplin „Kunststücke mit Kaninchen" werden die besten 7 Zauberer geehrt. Wie viele Steinreihen braucht man für dieses Siegerpodest?
b) Wie viele Steine benötigt man für ein Podest für 7 Zauberer?
c) In der Disziplin „Tricks mit doppeltem Boden" werden die besten 23 Zauberer geehrt. Wie viele Zaubersteine braucht man für dieses Siegerpodest? Bestimme hierfür zunächst die Anzahl der Steinreihen.
d) In der Disziplin „Nichts ist unmöglich" werden sogar 39 Zauberer geehrt. Wie viele Zaubersteine braucht man für dieses Siegerpodest?

Clemens erkennt ganz schnell, dass er für dieses Podest 20 Steinreihen braucht. Mit anderen Worten: Er muss $1 + 2 + \ldots + 20$ Zaubersteine bestellen, das ist klar. Aber wie viele sind das? So viele Zahlen zusammenzuzählen, das ist wirklich harte Arbeit! Und verrechnen sollte er sich schon gar nicht. Schließlich möchte

Abb. 11.1 Siegerpodest für 5 Zauberer

Abb. 11.2 Seite 345 aus „Zaubersteine – Bestellen leicht gemacht"

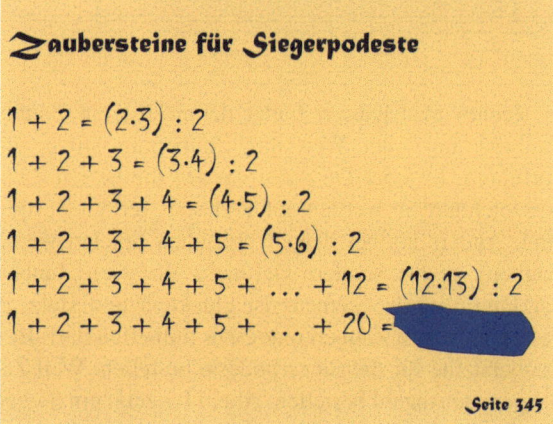

er ja ein Zauberseil haben. Schon Aufgabe c) empfand Clemens als ziemlich anstrengend. Deshalb stellt er diese Bestellung erst einmal zurück und sucht in alten Zauberbüchern, ob man das nicht vielleicht einfacher hinkriegen kann. In dem Buch „Zaubersteine – Bestellen leicht gemacht" findet er folgende vergilbte Seite (siehe Abb. 11.2):

Rechenregel Die Rechnung innerhalb einer Klammer wird zuerst ausgeführt. So berechnet man beispielsweise in der Formel $(3 \cdot 4) : 2$ zuerst $3 \cdot 4 = 12$, und danach $12 : 2 = 6$.

Leider ist ausgerechnet die wichtigste Formel nicht mehr lesbar, weil gemeine Trolle einen dicken Tintenklecks über dem Ergebnis verschmiert haben. Das hat gerade noch gefehlt! Und zu allem Überfluss steht auch noch der Zaubermeister Eldach Magnus hinter ihm. Streng, aber wohlwollend sagt er zu Clemens: „Die Bestellung ist wirklich sehr wichtig. Ich werde mit den Trollen ein ernstes Wort sprechen. Aber jetzt musst du das Problem selbst lösen."

e) Überprüfe die Formeln aus Abb. 11.2 an den Aufgaben b) und c).
f) Was steht wohl unter dem Klecks? Was vermutest du?

11 Summieren leicht gemacht

g) Wie viele Zaubersteine benötigt man, um das Zauberpodest aus Aufgabe d) zu bauen, wenn deine Vermutung richtig ist?

Clemens hat sich die Formeln im Zauberbuch genau angesehen und glaubt, dass er eine allgemeine Gesetzmäßigkeit erkannt hat. Er vermutet, dass für alle Zahlen die folgende Formel gilt:

$$1 + 2 + \ldots + n = n \cdot (n + 1) : 2 \quad \text{(Gaußsche Summenformel)} \quad (11.1)$$

Was heißt das eigentlich genau? Mathematiker verwenden gerne solche Formeln, in denen der Buchstabe n für eine Zahl steht. Wenn wir n zum Beispiel durch 3 oder durch 12 ersetzen, erhalten wir die zweite und die fünfte Formel aus dem Zauberbuch.

h) Wende die Formel (Gl. 11.1) auf b), c) und g) an.

Allerdings hat Clemens schon gelernt, dass das in der Mathematik mit Vermutungen so eine Sache ist.

i) Kannst du Clemens helfen, seine Vermutung zu beweisen?
j) Verwende die Gaußsche Summenformel, um $1 + 2 + \ldots + 30$ zu berechnen.
k) Berechne $1 + 2 + \ldots + 55$.
l) Berechne $1 + 2 + \ldots + 100$.
m) 37 Trolle feiern gemeinsam Silvester. Zu Mitternacht stoßen sie, ganz traditionell, mit Rhabarbersaft auf das neue Jahr an, jeder Troll einmal mit jedem. Wie oft hört man Gläser klingen, wenn man annimmt, dass immer nur zwei Trolle gleichzeitig anstoßen?
Tipp: Für die Aufgabe ist die Reihenfolge gleichgültig, in der die Trolle anstoßen.

„Das hast du gut gemacht, Clemens. Hier sind noch zwei Aufgaben, bei denen du einen zusätzlichen Trick benötigst", sagt der Zaubermeister zu Clemens.

n) Berechne $3 + 4 + \ldots + 39$. Aber Vorsicht! Diese Summe beginnt erst mit 3.
Tipp: Ergänze die Summe links durch „$1 + 2+$" und ziehe 3 hinten wieder ab.
o) Peter trainiert für den alljährlich stattfindenden Rechtwinkelshausener Volkslauf. Da er möglichst gut abschneiden möchte, läuft Peter am ersten Tag 7 Trainingsrunden um den Rechtwinkelshausener Sportplatz und dann an jedem weiteren Tag eine Trainingsrunde mehr als am Tag zuvor. Am letzten Trainingstag läuft er 17 Trainingsrunden. Wie viele Trainingsrunden ist Peter insgesamt gelaufen?

Clemens hat wieder ein mathematisches Abenteuer erfolgreich bestanden. Zum Abschluss sagt er zum Zaubermeister Eldach Magnus: „Das ist ein interessanter Trick! Zuerst addiert man ein paar Zahlen und zieht sie gleich wieder ab. Aber so kann man die Gaußsche Summenformel anwenden." „Merke dir diesen Trick gut. Er ist oft sehr nützlich."

Anna, Bernd, Clemens, die Schülerinnen und Schüler
Clemens ist glücklich, weil er jetzt auch ein Zauberseil besitzt. Anna und Bernd freuen sich, dass endlich mit Zahlen gerechnet wurde. Bernd meint: „Die Formel $1 + 2 + \ldots + n = n \cdot (n + 1) : 2$ ist ja super. Damit kann man ganz schön viel machen. Ich habe gehört, dass der große Mathematiker Carl Friedrich Gauß diese Formel selbstständig entdeckt hat, als er so alt war wie wir." Und Anna fügt hinzu: „Ich hätte nicht gedacht, dass man in unserem Alter schon neue mathematische Formeln entdecken kann. Vielleicht finden wir ja auch einmal eine neue Formel. Das wäre toll!" Der Clubvorsitzende vom CBJMM heißt auch Carl Friedrich. Ob das etwas zu bedeuten hat?

> **Was ich in diesem Kapitel gelernt habe**
>
> - Mit der Gaußschen Summenformel kann man $1+2+\ldots+n$ leicht ausrechnen.
> - Ich habe die Gaußsche Summenformel bewiesen und angewandt.

Bezahlprobleme am Kiosk 12

Clemens möchte von seinem Taschengeld ein paar Süßigkeiten beim Kiosk vom gutmütigen Troll Eberhard kaufen. „Bezahlt wird bei mir aber mit Zauber-Euro (Z€) und Zauber-Cent (ZC)", belehrt ihn Eberhard. Clemens will den Kiosk wieder enttäuscht verlassen, doch Eberhard hält ihn zurück und deutet auf einen Wechselautomaten links von der Theke. „Ich stelle dir noch ein paar Aufgaben. Wenn du sie lösen kannst, schenke ich dir noch ein Päckchen Zauberbrause dazu", sagt Eberhard.

a) Ein schmackhaftes Himbeerbonbon kostet 8 ZC. Gib alle Möglichkeiten an, mit denen Clemens diesen Betrag in 1- und 2-Zauber-Cent-Münzen bezahlen kann. Die Reihenfolge, in der Clemens die Münzen auf die Theke legt, spielt dabei keine Rolle.
b) Eine kleine Tüte Gummielche kostet 13 ZC und ein Schokoriegel 21 ZC. Gib wieder alle Möglichkeiten an, diese Beträge in 1- und 2-Zauber-Cent-Münzen zu bezahlen.
c) Erkennst du eine Gesetzmäßigkeit, mit der du die Anzahl der Bezahlmöglichkeiten berechnen kannst, ohne alle Möglichkeiten aufzuzählen?

Eberhard schlägt Clemens vor, die folgende Schreibweise zu verwenden, um langwierige Formulierungen und einen Haufen Schreibarbeit zu sparen.

Schreibweise Eine unterstrichene Zahl bedeutet eine Münze mit diesem Wert, z. B. bezeichnet ($\underline{2}$-ZC) ein Geldstück zu 2 Zauber-Cent. Es bezeichnet A($n \mid \underline{1},\underline{2}$) die Anzahl der Möglichkeiten, einen Betrag von n ZC in ($\underline{1}$-ZC)- und ($\underline{2}$-ZC)-Münzen zu bezahlen. Beispiel: A($8 \mid \underline{1},\underline{2}$) = 5

Jetzt ist guter Rat teuer, denn Clemens hat keine Idee, wie er Aufgabe c) lösen könnte. Da erinnert er sich an die drei Zaubernüsse, die er von der Biene Enigma gewonnen hat (vgl. Kap. 10). Er nimmt eine Zaubernuss aus seiner Tasche und schleudert sie mit aller Kraft auf den Boden. Nach lautem Getöse und buntem Rauch spricht eine dunkle Stimme: „Unterscheide zwischen geradzahligen und ungeradzahligen Beträgen. Das bringt dich der Lösung näher."

Aus den Aufgaben a) und b) weiß Clemens schon, dass $A(8 \mid \underline{1},\underline{2}) = 5$, $A(13 \mid \underline{1},\underline{2}) = 7$ und $A(21 \mid \underline{1},\underline{2}) = 11$ gelten. In Aufgabe c) werden Berechnungsformeln für $A(n \mid \underline{1},\underline{2})$ gesucht, wobei zwischen geradem und ungeradem n unterschieden werden muss.

d) Wende die gefundenen Formeln auf die Aufgaben a) und b) an.
e) Wende die Formeln auf die Schokolade (72 ZC) und die große Tüte Gummielche (53 ZC) an.
f) Auf wie viele Möglichkeiten kann Clemens den Schokoriegel für 21 ZC bezahlen, wenn er auch (5-ZC)-Münzen verwenden darf?

Eberhard sagt: Es ist an der Zeit, unsere Schreibweise für (<u>1</u>-ZC)- und (<u>2</u>-ZC)-Münzen auf weitere Münzen zu erweitern.

Schreibweise Es bezeichnet $A(n \mid \underline{1},\underline{2},\underline{5})$ die Anzahl der Möglichkeiten, einen Betrag von n ZC in (<u>1</u>-ZC)-, (<u>2</u>-ZC)- und (<u>5</u>-ZC)-Münzen zu bezahlen. Ebenso bezeichnet $A(n \mid \underline{1},\underline{2},\underline{5},\underline{10})$ die Anzahl der Möglichkeiten, einen Betrag von n ZC in (<u>1</u>-ZC)-, (<u>2</u>-ZC), (<u>5</u>-ZC)- und (<u>10</u>-ZC)-Münzen zu bezahlen.

Bezahlaufgaben mit (<u>1</u>-ZC)- und (<u>2</u>-ZC)-Münzen hat Clemens verstanden, aber Aufgabe f) ist deutlich komplizierter. Clemens opfert eine weitere Zaubernuss, und die dunkle Stimme spricht zu ihm: „Nutze aus, was du schon weißt." Clemens weiß mit diesem Hinweis nichts anzufangen und ist traurig, dass er die Zaubernuss umsonst verwendet hat. Da sagt Eberhard zu ihm: „Überlege dir, wie viele Möglichkeiten es gibt, wenn du genau zwei (<u>5</u>-ZC)-Münzen verwendest. Wie sieht es aus, wenn du genau drei (<u>5</u>-ZC)-Münzen verwendest?"

g) Löse die beiden Aufgaben, die Eberhard gerade gestellt hat.

Clemens hat Eberhards Hinweis verstanden. Er schreibt die folgende Formel auf ein Blatt Papier. Dabei bezeichnet, wie ihr schon wisst, $A(21 \mid \underline{1},\underline{2},\underline{5})$ die Anzahl der Möglichkeiten, 21 ZC mit (<u>1</u>-ZC)-, (<u>2</u>-ZC)- und (<u>5</u>-ZC)-Münzen zu bezahlen.

$$A(21 \mid \underline{1},\underline{2},\underline{5}) = A(21 \mid \underline{1},\underline{2}) + A(16 \mid \underline{1},\underline{2}) + A(11 \mid \underline{1},\underline{2}) + A(6 \mid \underline{1},\underline{2}) +$$
$$A(1 \mid \underline{1},\underline{2}) \qquad (12.1)$$

12 Bezahlprobleme am Kiosk

„Sehr gut, Clemens!", lobt Eberhard. Eberhard erklärt: „Das ist ein Beispiel für eine Rekursionsformel. Der unbekannte Wert A(21 | $\underline{1},\underline{2},\underline{5}$) wird als Summe von A(21 | $\underline{1},\underline{2}$), A(16 | $\underline{1},\underline{2}$), A(11 | $\underline{1},\underline{2}$), A(6 | $\underline{1},\underline{2}$) und A(1 | $\underline{1},\underline{2}$) ausgedrückt. Die Summanden sehen zwar ähnlich aus wie A(21 | $\underline{1},\underline{2},\underline{5}$), sind aber einfacher zu berechnen, weil nicht mehr drei verschiedene Münzen berücksichtigt werden müssen, sondern nur noch zwei. Du weißt ja schon, wie viele Bezahlmöglichkeiten es gibt, wenn man nur mit ($\underline{1}$-ZC)- und ($\underline{2}$-ZC)-Münzen bezahlen kann. Manchmal muss man mehrere solche Schritte durchführen."

h) Erkläre die Gl. (12.1) und berechne A(21 | $\underline{1},\underline{2},\underline{5}$).

i) Berechne A(19 | $\underline{1},\underline{2},\underline{5}$).

j) Jetzt dürfen auch ($\underline{10}$-ZC)-Münzen verwendet werden. Kannst du A(21|$\underline{1},\underline{2},\underline{5},\underline{10}$) berechnen? Nutze hierzu Clemens Idee.

„Samstags ist vieles anders", fährt Eberhard fort. „Da kann man nämlich nicht mit ($\underline{1}$-ZC)-Münzen bezahlen." Das hat natürlich Auswirkungen, und es ergeben sich weitere Aufgaben.

k) Welche Beträge kann man mit ($\underline{2}$-ZC)-, ($\underline{5}$-ZC)- und ($\underline{10}$-ZC)-Münzen bezahlen?

l) Wie viele Möglichkeiten gibt es, 21 ZC mit ($\underline{2}$-ZC)- und ($\underline{5}$-ZC)-Münzen zu bezahlen?
Oder anders ausgedrückt: Berechne A(21 | $\underline{2},\underline{5}$).

m) Berechne A(21 | $\underline{2},\underline{5},\underline{10}$).

n) Denke dir selbst eine Bezahlaufgabe aus und löse sie.

Anna, Bernd, Clemens, die Schülerinnen und Schüler
Clemens besitzt nun endlich ein Päckchen Zauberbrause, mit dem er gewöhnliches Leitungswasser in jedes Getränk seiner Wahl verwandeln kann. Anna meint: „So eine Rekursionsformel ist schon eine tolle Sache." Und Bernd ergänzt stolz: „Und wir haben sie selbst hergeleitet!" Außerdem sind Anna und Bernd erstaunt (und auch ein wenig neidisch), wie billig Süßigkeiten in Rechtwinkelshausen sind.

> **Was ich in diesem Kapitel gelernt habe**
> - Ich habe eine Rekursionsformel kennengelernt.
> - Mit einer Rekursionsformel kann man schwierige Probleme auf einfachere Probleme zurückführen und lösen.

Die erste Begegnung mit Zwerg Dividus 13

In Zwergdorf, einem Nachbarort von Rechtwinkelshausen, wohnen Zwerge. Clemens trifft dort auf den Zwerg Dividus. Dieser mag mathematische Rätsel, aber am liebsten teilt er Zahlen. Abb. 13.1 zeigt seine letzte Arbeit.

Und Dividus ist großzügig. „Ich schenke dir eine Tarnkappe, falls du ein paar interessante Aufgaben lösen kannst." „Eine Tarnkappe wäre großartig", sagt Clemens voller Vorfreude. „Allerdings musst du dazu noch Einiges wissen", antwortet Dividus. „Ich gebe dir ein paar Hinweise."

Dividus erklärt Die Zahlen 1, 2, 3, ... nennt man *natürliche Zahlen*. Eine natürliche Zahl m heißt Teiler von n, falls n durch m ohne Rest teilbar ist.

Beispiel 4 ist ein Teiler von 12, und 9 ist ein Teiler von 18, aber 5 ist kein Teiler von 9.

a) Bestimme für alle natürlichen Zahlen von 1 bis 30 die Menge ihrer Teiler.
   Beispiel: Die Zahl 10 besitzt genau vier Teiler, nämlich 1, 2, 5 und 10.
b) Welche dieser Zahlen haben die wenigsten Teiler, und welche die meisten? Gibt es Zahlen, die genau zwei Teiler haben?

Dividus erklärt Natürliche Zahlen, die nur durch 1 und sich selbst teilbar sind, nennt man Primzahlen. Aber merke: Die Zahl 1 ist keine Primzahl!

c) Gib 5 Primzahlen an.
d) Welche der folgenden Zahlen sind Primzahlen: 7, 14, 41, 51, 72, 83, 100?
e) Bestimme alle Primzahlen, die kleiner als 30 sind. Nutze hierfür die Ergebnisse aus a) und b).
f) Stelle die natürlichen Zahlen von 2 bis 15 als Produkt von Primzahlen dar.
   Beispiel: $10 = 2 \cdot 5$, $11 = 11$.

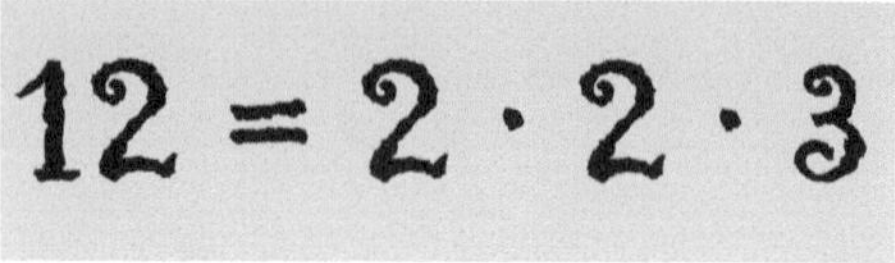

Abb. 13.1 Primfaktorzerlegung der Zahl 12

$$12 = 2 \cdot 2 \cdot 3$$

Dividus erklärt Man kann jede natürlich Zahl n, die größer als 1 ist, als das Produkt von Primzahlen darstellen. Das nennt man die *Primfaktorzerlegung* von n. Die Primfaktorzerlegung ist übrigens eindeutig, wenn man von der Reihenfolge der Primfaktoren absieht.

Dividus stellt fest: „Du hast gerade die Primfaktorzerlegungen der Zahlen 2 bis 15 berechnet, Clemens!"

g) Berechne die Primfaktorzerlegung der natürlichen Zahlen zwischen 16 und 30.

Dividus erklärt Eine natürliche Zahl n heißt *Quadratzahl*, wenn es eine natürliche Zahl m gibt, für die $m \cdot m = n$ gilt.

Beispiel 25 ist eine Quadratzahl, weil $25 = 5 \cdot 5$ ist. 10 ist keine Quadratzahl.

h) Welche der natürlichen Zahlen zwischen 1 und 30 haben eine ungerade Anzahl von Teilern?
i) Hast du eine Vermutung, welche natürlichen Zahlen zwischen 1 und 200 eine ungerade Anzahl von Teilern haben?
j) Versuche, deine Vermutung zu beweisen.

„Der letzte Beweis war gar nicht einfach", stöhnt Clemens, und Zwerg Dividus nickt: „Das stimmt. Die Tarnkappe hast du dir spätestens mit dieser Aufgabe redlich verdient."

Anna, Bernd, Clemens, die Schülerinnen und Schüler
Bernd sagt: „Schon wieder ein Beweis zum Schluss." „Beweisen ist gar nicht einfach, aber wenn man einen Beweis gefunden hat, macht einen das schon stolz", meint Anna.

> **Was ich in diesem Kapitel gelernt habe**
> - Ich weiß, was Primzahlen sind.
> - Ich habe Zahlen in ihre Primfaktoren zerlegt.
> - Ich habe schon wieder einen Beweis gesehen und verstanden.

Zwerg Minimus ist gar nicht nett 14

Nachdem Clemens die Tarnkappe von Zwerg Dividus gewonnen hat, setzt auch Zwerg Minimus (der kleinste Zwerg in ganz Zwergdorf) einen Preis aus, nämlich einen grünen Smaragd mit unglaublichen Zauberkräften. Allerdings ist Zwerg Minimus gar nicht freundlich. Er ist sich nämlich ganz sicher, dass niemand seine Mathe-Rätsel lösen kann, und schon gar nicht ein Kind. Daher überredet er Clemens zu einer riskanten Wette: Wenn Clemens Minimus Aufgaben lösen kann, bekommt er den Smaragd; sonst muss er Minimus seine Tarnkappe geben, die er gerade erst im letzten Abenteuer gewonnen hat. „Ich möchte zuerst die Aufgaben sehen", sagt Clemens, aber Minimus erwidert höhnisch: „Dann könnte ja jeder wetten! Wenn du Angst hast oder einfach keine Ahnung von Mathematik, dann vergessen wir die Wette. Die Aufgaben haben übrigens mit Teilern zu tun." Darüber hat Clemens doch gerade Einiges bei Zwerg Dividus gelernt. Clemens wird übermütig und nimmt die Wette an.

„Na gut, Clemens. Dann sag mir mal, wie viele Teiler die Zahl 42 besitzt." Clemens murmelt leise vor sich hin: „1 ist ein Teiler von 42, 2 ist ein Teiler von 42, 3 ist ein Teiler von 42, 4 ist kein Teiler von 42, ...". „Wird's bald, Clemens? Wie lange soll ich denn noch warten?" „Ich muss doch alle Zahlen zwischen 1 und 42 prüfen, ob sie 42 teilen oder nicht. Das dauert seine Zeit." „Die hast du aber nicht! Wie soll das erst werden, wenn ich dich frage, wie viele Teiler die Zahlen 125 oder 168 besitzen? Das musst du in höchstens 3 Minuten schaffen. Sonst habe ich die Wette gewonnen. Willst du gleich aufgeben?" „Nein, Minimus, nein. Ich brauche doch meine Tarnkappe", fleht Clemens. „Na gut, Clemens, ich gebe dir noch eine Chance. Du hast bis morgen Zeit, dir zu überlegen, wie du meine Aufgaben lösen kannst. Vielleicht kommt dir ja über Nacht eine Eingebung", fügt er noch höhnisch hinzu.

Ziemlich mutlos und tieftraurig macht sich Clemens auf den Weg zu Dividus. Bei Dividus angekommen, erzählt er ihm von seiner Wette. „Ich denke, ich kann dir helfen", sagt Dividus. „Aber du musst mir versprechen, nicht mehr zu wetten."

„Das mache ich", sagt Clemens kleinlaut, „hilf mir nur aus der Patsche." „So einfach ist das aber nicht. Ich darf dir die Lösungsmethode nicht verraten. Das verstößt gegen den Ehrenkodex der Zwerge, denn schließlich hast du ja gegen einen Zwerg gewettet. Und außerdem musst du dich schon selbst anstrengen, wenn du den grünen Smaragd haben willst. Ein paar Tipps kann ich dir aber schon geben. Schließlich hat dich Minimus zu dieser Wette überredet." „Zerlege die Zahlen 42 in ihre Primfaktoren, Clemens." Clemens rechnet auf der kleinen Schiefertafel, die Dividus immer bei sich hat: $42 = 2 \cdot 21 = 2 \cdot 3 \cdot 7$. „Sehr gut! Wie du weißt, ist $2 \cdot 3 \cdot 7$ die Primfaktorzerlegung von 42. Und zur Übung sind hier noch ein paar weitere Aufgaben":

a) Zerlege 63 in Primzahlen.
b) Zerlege 125 in Primzahlen.

Dividus erklärt Für jede natürliche Zahl n gilt die Schreibweise $n^1 = n, n^2 = n \cdot n$, $n^3 = n \cdot n \cdot n, \ldots$. Damit kann man die Primfaktorzerlegung übersichtlicher aufschreiben. Dies nennt man *Potenzen*. Die große Zahl heißt *Basis* und die kleine hochgestellte Zahl ist der *Exponent*. Außerdem ist $n^0 = 1$ für alle natürlichen Zahlen n.

Beispiel $2^0 = 1, 2^1 = 2, 2^2 = 2 \cdot 2 = 4, 2^3 = 2 \cdot 2 \cdot 2 = 8, \ldots$ und $5^0 = 1$, $12^1 = 12, 23^2 = 23 \cdot 23$.
Es ist „23^2" eine Potenz von 23. Dabei ist „23" die Basis und „2" der Exponent.

c) Verwende die Potenzschreibweise für die Primfaktorzerlegungen von 63 und 125.

Dividus gibt noch einen Hinweis: „Clemens, zerlege die Zahl 12 in ihre Primfaktoren, und schreibe alle Teiler von 12 auf die Tafel. Fällt dir etwas auf?" Clemens schreibt

$$12 = 2^2 \cdot 3, \quad \text{Teiler von } 12 = \{1, 2, 3, 4, 6, 12\} \tag{14.1}$$

„Zerlege jetzt alle Teiler von 12, die größer als 1 sind, selbst in Primfaktoren."

$$\text{Teiler von } 12 = \{1, 2, 3, 2^2, 2 \cdot 3, 2^2 \cdot 3\} \tag{14.2}$$

Clemens denkt angestrengt nach, aber er erkennt immer noch keine Gesetzmäßigkeit.

d) Kannst du ihm helfen? Zerlege 20 in seine Primfaktoren. Schreibe alle Teiler von 20 auf und zerlege diese (außer der 1) in Primfaktoren. Wie viele Teiler sind das?
e) Zerlege 35 in seine Primfaktoren. Schreibe alle Teiler von 35 auf und zerlege diese (außer der 1) in Primfaktoren. Wie viele Teiler sind das?

f) Die modebewusste Maus Karl Nager besitzt drei Hemden, und zwar ein blaues, ein gelbes und ein rotes Hemd. Außerdem hat Karl eine gestreifte und eine gepunktete Hose. Wie viele unterschiedliche Kombinationen aus Hemd und Hose gibt es?
g) Weiterhin besitzt Karl Nager vier Paar Socken, und zwar ein schwarzes Paar, ein weißes Paar, ein schwarz-weiß kariertes Paar und ein lila Paar. Auf wie viele verschiedene Arten kann sich Karl Nager anziehen, d. h. Hemd, Hose und Socken auswählen?

„Was hat denn das mit den Teilern zu tun?", fragt Clemens genervt. „Auch wenn das bestimmt total interessant ist, habe ich jetzt dafür keine Zeit, Dividus." „Habe Vertrauen zu mir. Mehr kann ich dir wegen des Ehrenkodex der Zwerge nicht helfen", antwortet Dividus. Da fällt Clemens ein, dass er noch eine letzte Zaubernuss besitzt. Er wirft sie zu Boden, und die schon wohlbekannte dunkle Stimme spricht: „Auch das scheinbar Überflüssige kann manchmal nützlich sein. Stelle alle Teiler von 12 als Produkte von Potenzen von 2 und 3 dar, auch wenn 2^0 oder 3^0 auftreten." Noch etwas zittrig, schreibt Clemens

$$\text{Teiler von } 12 = \{2^0 \cdot 3^0, 2^1 \cdot 3^0, 2^0 \cdot 3^1, 2^2 \cdot 3^0, 2^1 \cdot 3^1, 2^2 \cdot 3^1\} \tag{14.3}$$

h) Zurück zu den Teilern: Erkennst du jetzt eine Regel? Wie werden die Teiler gebildet? Kannst du ausrechnen, wie viele Teiler 12 besitzt?
i) Versuche, die Anzahl der Teiler von 55 aus der Zerlegung in Primfaktoren auszurechnen, ohne die Teiler selbst zu bestimmen.

Nach einer unruhigen Nacht geht Clemens zu Zwerg Minimus. Siegessicher und mit schadenfrohem Grinsen gibt Minimus Clemens ein Blatt mit den folgenden sechs Aufgaben:

j) Wie viele Teiler hat die Zahl 100?
k) Wie viele Teiler hat die Zahl 99?
l) Wie viele Teiler hat die Zahl 128?
m) Wie viele Teiler hat die Zahl 168?
n) Wie viele Teiler hat die Zahl 525? Tipp: $525 = 3^1 \cdot 5^2 \cdot 7^1$.
o) Wie viele Teiler hat die Zahl 529? Tipp: $529 = 23^2$.

Jetzt gilt es! Clemens hat die Hinweise von Dividus und der dunklen Stimme nur ungefähr verstanden. Ihr müsst ihm jetzt helfen!

Anna, Bernd, Clemens, die Schülerinnen und Schüler
Das war ein sehr langes, anstrengendes Abenteuer. Clemens ist ziemlich erschöpft, genauso wie Anna und Bernd. Anna und Bernd sind erstaunt, wie viele neue mathematische Techniken sie schon gelernt haben. „Ob in den nächsten Abenteuern noch mehr neue Mathematik dazu kommt?", fragt sich Bernd.

Was ich in diesem Kapitel gelernt habe

- Ich habe wieder Zahlen in Primfaktoren zerlegt.
- Ich weiß jetzt, wie ich aus der Primfaktorzerlegung die Anzahl der Teiler berechnen kann.

Ein Besuch bei Zwerg Symmetricus 15

Von Zwerg Symmetricus ist bekannt, dass er ein passionierter Gärtner ist, leidenschaftlich gerne Blumen züchtet und von mathematischen Spielen völlig begeistert ist. Zwerg Symmetricus besitzt Zaubersamen, aus dem rasend schnell wunderschöne Sonnenblumen wachsen. „Das wäre genau das Richtige für mich", denkt Clemens, der an einem Wettbewerb für angehende Zauberer teilnehmen möchte, der bald stattfindet. Allerdings kann man den Zaubersamen nicht kaufen. Man bekommt ihn nur, wenn man mathematische Spiele erfolgreich analysieren kann. „Mit mathematischen Spielen kenne ich mich ja schon aus", denkt er weiter, „und Zwerg Symmetricus ist ja auch viel netter als der Drache. Jedenfalls muss ich ihm nicht 99 Jahre dienen, wenn ich die Aufgabe nicht lösen kann". Also macht er sich auf den Weg, um Zwerg Symmetricus in Quadratbach, einem Vorort von Rechtwinkelhausen, zu besuchen. Kaum angekommen, begrüßt ihn Zwerg Symmetricus freundlich und erklärt ihm bei einem Glas Zitronenlimonade das Bohnenspiel.

Bohnenspiel (Spielregeln) Das Bohnenspiel ist ein Spiel für zwei Spieler. Zu Beginn des Spiels werden in drei flache Schalen Bohnen gelegt, und zwar 5 Bohnen in Schale A, 3 Bohnen in Schale B und 2 Bohnen in Schale C. Die Spieler wählen abwechselnd eine nichtleere Schale aus und nehmen eine oder mehrere (eventuell sogar alle) Bohnen heraus. Wer die letzte Bohne wegnimmt, hat das Spiel gewonnen. Abb. 15.1 zeigt die Belegung der Schalen vor Spielbeginn.

„Die Frage ist natürlich, welcher Spieler den Gewinn erzwingen kann und wie das geht. Aber diese Fragestellungen kennst du ja schon, Clemens. Die Lösung ist nicht ganz einfach, deshalb helfe ich dir ein bisschen. Allerdings muss ich erst einmal meine Gänseblümchen gießen, damit sie nicht vertrocknen. Du kannst ja schon einmal über die Aufgabe nachdenken."

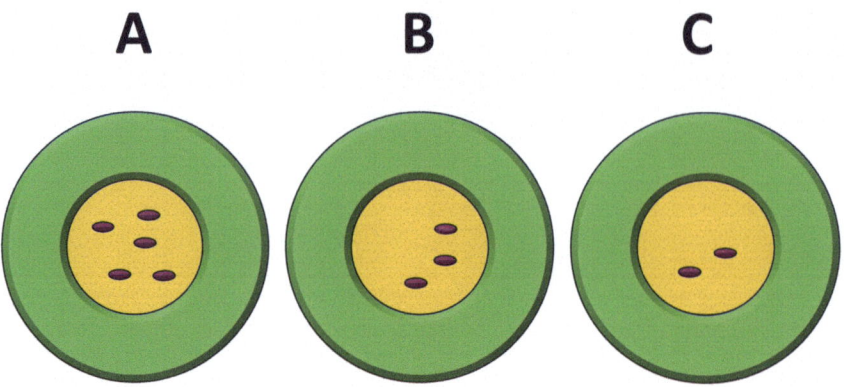

Abb. 15.1 Bohnenspiel: vor dem ersten Zug

a) Spiele mit deinem Tischnachbarn ein paar Partien Bohnenspiel, um dich mit den Spielregeln vertraut zu machen.

„Hast du schon eine Idee, wie du die Aufgabe lösen kannst, Clemens?" „Ich werde versuchen, genau wie beim Drachenspiel und Superdrachenspiel das Problem schrittweise auf einfachere Spiele zurückzuführen. Also: Wie sieht das aus, wenn nur noch insgesamt eine Bohne, zwei Bohnen, drei Bohnen und so weiter in den drei Schalen liegen", fährt Clemens fort. „Hast du da nicht etwas übersehen, Clemens?" Nach kurzem Nachdenken seufzt Clemens: „Stimmt! Das ist hier nicht so einfach wie beim Drachenspiel. Wenn zum Beispiel insgesamt 4 Bohnen in den drei Schalen liegen, kann es sein, dass alle 4 Bohnen in einer Schale liegen oder aber 3 Bohnen in einer Schale sind und 1 Bohne in einer anderen. Oder es liegen in zwei Schalen jeweils 2 Bohnen. Außerdem wäre es auch möglich, dass in einer Schale 2 Bohnen liegen und in den beiden anderen jeweils nur eine Bohne ist! Aber wenigstens ist es für die Bewertung egal, in welchen Schalen die Bohnen liegen. Es ändert sich nichts, wenn man die Belegung der einzelnen Schalen vertauscht." „Das hast du gut erkannt, Clemens! Das Rückführen auf Spiele mit weniger Bohnen ist trotzdem die richtige Idee, aber weil es hier viele Möglichkeiten gibt, ist es nützlich, ein paar Vorüberlegungen anzustellen. In den Aufgaben b) bis e) werden vier Varianten des Bohnenspiels mit weniger Bohnen untersucht. Diese können beim Bohnenspiel als Zwischenstände auftreten. Als Spieler 1 bezeichnen wir immer den Spieler, der beginnt", erklärt Zwerg Symmetricus.

b) Spielvariante 1: Es befinden sich jeweils 2 Bohnen in den Schalen B und C, während die Schale A leer ist. Welcher Spieler kann den Gewinn erzwingen?
c) Spielvariante 2: Es befinden sich jeweils n Bohnen in den Schalen A und B, während die Schale C leer ist. Dabei ist n eine Zahl zwischen 1 und 3. Welcher Spieler kann den Gewinn erzwingen?

d) Spielvariante 3: Es befinden sich 4 Bohnen in Schale A und jeweils 2 Bohnen in den Schalen B und C. Welcher Spieler kann den Gewinn erzwingen?

„Bevor es weitergeht, solltest du Ergebnisse aus den Aufgaben b)–d) in eigenen Worten zusammenfassen", schlägt Zwerg Symmetricus vor. Nach kurzem Nachdenken erklärt Clemens, was er schon über das Bohnenspiel weiß: „Ist eine Schale leer und liegen in den beiden anderen Schalen die gleiche Anzahl an Bohnen, ist das für den Spieler ungünstig, der am Zug ist. Das weiß ich aus Aufgabe c). Liegen in zwei Schalen dieselbe Anzahl an Bohnen und ist die dritte Schale nicht leer, kann der Spieler den Gewinn erzwingen, der am Zug ist. Er macht einfach die dritte Schale leer, und Spieler 2 befindet sich dann in einer Verlustposition!" „Sehr gut, Clemens. Den Rest schaffst du auch noch."

e) Spielvariante 4: Es befinden sich 1 Bohne in Schale A, 3 Bohnen in Schale B und 2 Bohnen in Schale C. Welcher Spieler kann den Gewinn erzwingen?
f) Welcher Spieler kann beim Bohnenspiel den Gewinn erzwingen? Wie geht das?

„Das hast du sehr gut gemacht, Clemens. Den Zaubersamen hast du dir redlich verdient. Hilfst du mir noch, meine Möhren zu ernten, bevor du gehst?" Clemens ist sehr froh und hilft gerne. Am Möhrenbeet angekommen, sagt Zwerg Symmetricus plötzlich: „Hierzu fällt mir auch ein Spiel ein. Es ist viel einfacher als das Bohnenspiel, aber bei seiner Lösung lernst du einen wichtigen Trick."

Möhrenspiel (Spielregeln) Das Möhrenspiel ist ein Spiel für zwei Spieler. Zu Beginn des Spiels stehen 13 Möhren nebeneinander in einer Reihe. Die Spieler ernten abwechselnd eine oder zwei nebeneinanderstehende Möhren. Wer die letzte Möhre erntet, hat das Spiel gewonnen. Abb. 15.2 zeigt die Möhren vor Spielbeginn. Hinweis: Die Möhren 4 und 5 sind benachbart, aber nicht die Möhren 4 und 6, auch wenn Möhre 5 bereits geerntet wurde.

g) Spiele mit deinem Tischnachbarn ein paar Partien Möhrenspiel, um dich mit den Spielregeln vertraut zu machen.

Abb. 15.2 Möhrenspiel: vor dem ersten Zug

„Ich vermute, dass ich wieder herausfinden soll, welcher Spieler den Gewinn erzwingen kann und welche Strategie er verfolgen soll. Und wahrscheinlich fangen wir wieder mit einfacheren Spielvarianten an, bei denen weniger Möhren geerntet werden." „Genau so ist es. Du hast das Vorgehen verstanden", stimmt Zwerg Symmetricus lächelnd zu.

h) Spielvariante 1 (Möhren 1–5): Spieler 1 hat gerade Möhre 2 geerntet. Welcher Spieler kann den Gewinn erzwingen?
i) Spielvariante 1 (Möhren 1–5): Welcher Spieler kann (bei bestem Spiel) den Gewinn erzwingen?
j) Spielvariante 2 (Möhren 1–6): Welcher Spieler kann den Gewinn erzwingen?

„Hast Du das Prinzip verstanden, Clemens? Jetzt kommt das richtige Möhrenspiel an die Reihe."

k) Welcher Spieler kann beim Möhrenspiel den Gewinn erzwingen? Welche Strategie muss er dafür verfolgen?

„Das ist ja wirklich interessant", stellt Clemens fest. „Spieler 1 teilt die Mengen der Möhren zunächst in zwei gleich große Teilmengen und ahmt dann nur noch die Züge von Spieler 2 nach. Diese Strategie funktioniert ja nicht nur für 13 Möhren, sondern auch für jede andere Anzahl, die größer als 2 ist!" „Stimmt! Spieler 1 stellt eine symmetrische Spielsituation her", ergänzt Zwerg Symmetricus und sagt: „Dazu fällt mir noch eine Aufgabe ein:"

l) Angenommen, es stehen 19 Möhren im Kreis. Welcher Spieler kann den Gewinn erzwingen? Welche Strategie muss er dafür verfolgen?

Anna, Bernd, Clemens, die Schülerinnen und Schüler
„Ich fand es schön, dass wir uns wieder mit Spielen befasst haben, Bernd. Das Bohnenspiel war ganz schön schwierig, aber zum Schluss haben wir es zusammen doch geschafft." „Stimmt, Anna. Beim Bohnenspiel haben wir ein schwieriges Problem wieder schrittweise auf einfachere Probleme zurückgeführt, genau wie beim Drachenspiel und Superdrachenspiel. Beim Möhrenspiel war das anders. Dort waren die einfacheren Spielvarianten nur dazu da, die richtige Strategie zu erkennen. Das Symmetrieprinzip sollten wir uns gut merken."

Was ich in diesem Kapitel gelernt habe

- Ich habe zwei weitere Spiele untersucht. Das erste Spiel war schwieriger als die Spiele, die ich schon kannte.
- Beim ersten Spiel habe ich wieder eine schwierige Aufgabe schrittweise auf einfachere Aufgaben zurückgeführt und gelöst.
- Beim zweiten Spiel habe ich eine wichtige Strategie kennengelernt.

Alles gleich macht der Mai   16

Nachdem Clemens Zwerg Symmetricus bei der Möhrenernte geholfen und er den Zaubersamen bekommen hat, wollte er sich eigentlich verabschieden und nach Hause gehen. Da fällt Clemens ein kleines grünes Fläschchen auf, das in einem Regal steht. „Sagst du mir, was in dem Fläschchen ist, Zwerg Symmetricus?" „Sehr gerne! Das ist ein ganz besonderer Blumendünger. Ein paar Tropfen genügen, damit alle Blütenblätter völlig gleichmäßig wachsen. Wenn du die Blütenblätter übereinanderlegst, wirst du keine Unterschiede entdecken. Wie du weisst, habe ich das gern. Allerdings funktioniert der Dünger nur im Monat Mai." „Kann ich ein Wenig davon haben?", fragt Clemens. „Meine Mutter hat bald Geburtstag." Zwerg Symmetricus nickt wohlwollend: „Wenn du noch ein Spiel erfolgreich untersuchst, gebe ich dir ein paar Tropfen." Diese Chance will sich Clemens natürlich nicht entgehen lassen.

Umgekehrtes Bohnenspiel (Spielregeln) Das umgekehrte Bohnenspiel ist ein Spiel für zwei Spieler. Zu Beginn des Spiels werden in drei Schalen Bohnen gelegt, und zwar 5 Bohnen in Schale A, 3 Bohnen in Schale B und 2 Bohnen in Schale C. Die Spieler wählen abwechselnd eine nichtleere Schale aus und nehmen eine oder mehrere (eventuell sogar alle) Bohnen heraus. Im Gegensatz zum Bohnenspiel verliert hier der Spieler, der die letzte Bohne wegnimmt. Abb. 15.1 zeigt die Belegung der Schalen vor Spielbeginn.

a) Spiele mit deinem Tischnachbarn ein paar Partien umgekehrtes Bohnenspiel, um dich mit den Spielregeln vertraut zu machen.

„Wie willst du das umgekehrte Bohnenspiel angehen, Clemens?" „Wie beim Bohnenspiel werde ich versuchen, das umgekehrte Bohnenspiel schrittweise auf einfachere Spielvarianten zurückzuführen. Dabei bezeichnet (A, B, C) wieder den

Inhalt der einzelnen Schalen. Klar ist, dass die Spielstände $(A, B, C) = (1, 0, 0)$ und $(A, B, C) = (1, 1, 1)$ für den Spieler verloren sind, der sich am Zug befindet. Im Gegensatz dazu gewinnt beim Spielstand $(A, B, C) = (1, 1, 0)$ derjenige Spieler, der am Zug ist. Schließlich nimmt er die vorletzte Bohne weg." „Du bist auf dem richtigen Weg, Clemens!" „Darf ich ausnahmsweise selbst ein paar Aufgaben stellen, Zwerg Symmetricus?" „Gerne, Clemens!", lächelt Zerg Symmetricus, „Aber lösen musst du sie trotzdem selbst."

b) Spielvariante 1: Es befinden sich n Bohnen in Schale A, während die Schalen B und Schale C leer sind. Dabei bezeichnet n eine Zahl, die größer als 1 ist. Welcher Spieler kann den Gewinn erzwingen?
c) Spielvariante 2: Es befinden sich n Bohnen in Schale A, 1 Bohne in Schale B, und Schale C ist leer. Dabei bezeichnet n eine Zahl, die größer als 1 ist. Welcher Spieler kann den Gewinn erzwingen?
d) Spielvariante 3: Es befinden sich jeweils 2 Bohnen in Schale A und in Schale B, während Schale C leer ist. Welcher Spieler kann den Gewinn erzwingen?

„Leider komme ich alleine nicht mehr weiter, Zwerg Symmetricus. Kannst du mir helfen, welche weiteren Spielvarianten ich noch untersuchen soll?" „Das mache ich. Die ersten drei Spielvarianten waren aber sehr nützlich, Clemens."

e) Spielvariante 4: Es befinden sich n Bohnen in Schale A, 2 Bohnen in Schale B, und Schale C ist leer. Dabei ist n eine Zahl, die größer als 2 ist. Welcher Spieler kann den Gewinn erzwingen?
f) Spielvariante 5: Es befinden sich 1 Bohne in Schale A, 3 Bohnen in Schale B und 2 Bohnen in Schale C. Welcher Spieler kann den Gewinn erzwingen?
g) Welcher Spieler kann beim umgekehrten Bohnenspiel den Gewinn erzwingen? Wie geht das?

Anna, Bernd, Clemens, die Schülerinnen und Schüler
„Ist dir aufgefallen, dass Spieler 1 sowohl beim Bohnenspiel als auch beim umgekehrten Bohnenspiel gewinnen kann und dass beide Male sein erster Zug derselbe ist?" „Das stimmt, Anna. Was denkst du? Sollten wir uns nicht auch einmal ein Spiel ausdenken?" „Und natürlich auch untersuchen", ergänzt Anna lachend.

Was ich in diesem Kapitel gelernt habe

- Ich habe wieder ein Spiel untersucht und schrittweise auf einfachere Spiele zurückgeführt und gelöst.
- Ich habe das Vorgehen im letzten mathematischen Abenteuer jetzt noch besser verstanden.

Zwerg Modulus greift ein 17

An jedem Freitagabend verfolgt Clemens die überaus beliebte Quizsendung „Uhrzeit, Tag und Jahr", die im Rechtwinkelhausener Sender „Quiz-TV" ausgestrahlt wird. Dort müssen die Kandidaten möglichst schnell Fragen beantworten wie etwa „Welcher Wochentag ist in 235 Tagen?" oder „Wie spät ist es in 43 Stunden (43 h)?" Windhund Velox ist der Champion des Senders. Wer ihn in einem Quizduell besiegt, gewinnt eine der begehrten Zauberuhren. Das Quizduell gewinnt, wer zuerst 5 Punkte erzielt hat. Wer eine Frage zuerst richtig beantwortet, erhält einen Punkt. Allerdings darf jeder Kandidat zu jeder Frage nur eine Antwort abgeben, damit er nicht einfach alle Wochentage oder alle Uhrzeiten durchprobieren kann.

Clemens ist von der Sendung und vor allem von der Aussicht auf eine Zauberuhr fasziniert. Mit einer solchen Uhr, so hofft er, könnte er zwei Sonntage in einer Woche erzeugen und damit gleich zwei Mal Taschengeld bekommen. Allerdings ist Velox wahnsinnig schnell. Neulich hat er für die (richtige!) Lösung der Frage, welcher Wochentag in 235 Tagen ist, nur ganze 10 Sekunden gebraucht. „Unglaublich", denkt Clemens, „ich bräuchte dafür bestimmt mindestens 5 Minuten. Aber mit guter Mathematik geht das bestimmt viel schneller, und vielleicht kann ich dann sogar Velox schlagen." Nur: Auch nach langem angestrengten Nachdenken hat Clemens noch keine gute Idee.

Also macht er sich wieder einmal auf den Weg zu Zwerg Dividus und schildert diesem sein Problem. Dividus weiß auch keinen Rat. Glücklicherweise ist sein Vetter, der Zwerg Modulus, ein paar Tage bei Dividus zu Besuch. Er hat das Gespräch zwischen Clemens und Dividus mitgehört und sagt schließlich: „Ich weiß, was man da tun kann. Hast du schon etwas von der Modulo-Rechnung gehört, Clemens?" „Nein, bislang noch nicht." „Das ist gar nicht so schwer", beruhigt ihn Modulus. „Fangen wir mit einem einfachen Wochentagproblem an. Heute ist Dienstag, Clemens. Welcher Wochentag ist in 16 Tagen?" Clemens beginnt, leise die Wochentage aufzuzählen: „1. Tag: Mittwoch, 2. Tag: Donnerstag, 3. Tag: Freitag, ..., 8. Tag: Mittwoch, 9. Tag: Donnerstag." „Moment mal", unterbricht ihn

Modulus, „Donnerstag hatten wir doch schon mal. Weißt du noch, am wievielten Tag?" Clemens überlegt kurz: „Ja, am zweiten Tag." „Fällt dir etwas auf?" Clemens denkt nach, und plötzlich ist ihm klar: „Zwischen dem zweiten und neunten Tag ist genau eine Woche vergangen. Deswegen ist an beiden Tagen derselbe Wochentag." „Sehr gut, Clemens, verfolge diesen Gedanken weiter." „Oh ja, nach 16 Tagen ist eine weitere Woche vergangen, und es ist schon wieder Donnerstag." „Richtig!", sagt Modulus anerkennend, „Du hast das Prinzip entdeckt. Zur Übung noch eine Aufgabe: Welcher Wochentag ist in 70 Tagen?" Clemens denkt kurz nach: „Nach 70 Tagen sind genau 10 Wochen vergangen, also ist wieder Dienstag, wie heute."

a) Teile mit Rest:

$$16:7=, \quad 9:7=, \quad 2:7=, \quad 70:7= . \qquad (17.1)$$

„Fällt dir etwas auf, Clemens? Die ersten drei Aufgaben haben natürlich unterschiedliche Lösungen, aber die Zahlen 16, 9 und 2 haben dennoch eine Gemeinsamkeit: Wenn man sie durch 7 teilt, haben sie denselben Rest. Bei unseren Wochentagsaufgaben hängt alles davon ab, welchen Rest eine Zahl ergibt, wenn man sie durch 7 teilt. Um umständliche Formulierungen zu vermeiden, sprechen wir kurz vom *7er-Rest*. Aber bei anderen Aufgaben können andere Zahlen als die 7 wichtig sein."

b) Teile mit Rest:

$$16:5=, \quad 11:5=, \quad 9:5= . \qquad (17.2)$$

„Nun haben 16 und 11 denselben Rest, wenn man sie durch 5 teilt (5er-Rest). Aber Vorsicht: Die Zahlen 16 und 9 haben zwar denselben 7er-Rest, aber nicht denselben 5er-Rest."

Modulus erklärt Modulus schreibt auf seine Schiefertafel (siehe Abb. 17.1):

Beispiel $5 \equiv 2 \mod 3$, da $5 : 3 = 1$ Rest 1
$12 \equiv 2 \mod 10$, da $12 : 10 = 1$ Rest 2
$16 \equiv 7 \mod 9$, da $16 : 9 = 1$ Rest 7

Modulus erklärt Die Zahlen $0, 1, 2, \ldots$ nennt man *nichtnegative ganze Zahlen*.

„Die nichtnegativen ganzen Zahlen erhält man aus den natürlichen Zahlen, wenn man die 0 dazunimmt, nicht wahr?" „Das stimmt, Clemens!" „Auf deiner Schiefertafel ist von ganzen Zahlen die Rede. Gibt es noch andere ganze Zahlen außer den nichtnegativen, Modulus?" „Die gibt es tatsächlich. Es gibt auch negative ganze Zahlen, allerdings lernst Du das erst später in der Schule. Bei uns spielen

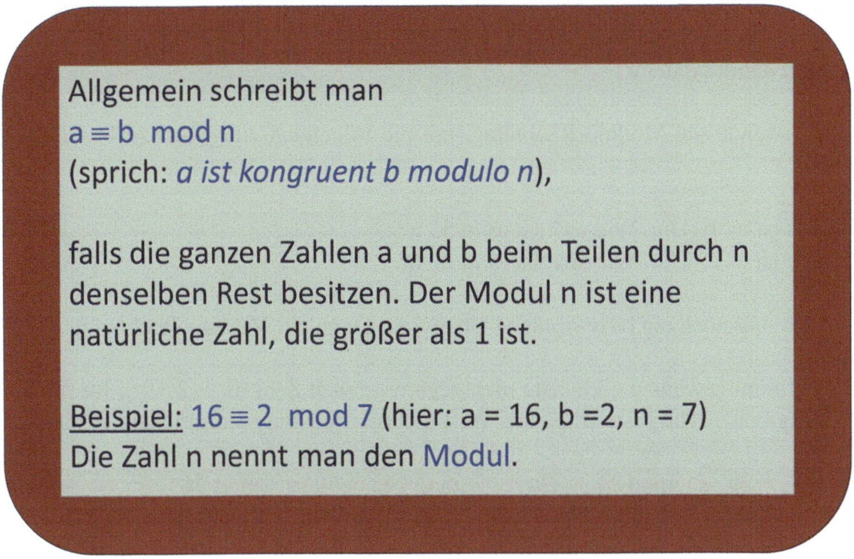

17 Zwerg Modulus greift ein

> Allgemein schreibt man
> $a \equiv b \mod n$
> (sprich: *a ist kongruent b modulo n*),
>
> falls die ganzen Zahlen a und b beim Teilen durch n denselben Rest besitzen. Der Modul n ist eine natürliche Zahl, die größer als 1 ist.
>
> Beispiel: $16 \equiv 2 \mod 7$ (hier: a = 16, b = 2, n = 7)
> Die Zahl n nennt man den Modul.

Abb. 17.1 Ein Blick auf Zwerg Modulus Schiefertafel

aber nur die nichtnegativen ganzen Zahlen eine Rolle. Hier sind ein paar einfache Aufgaben, damit du mit der Modulo-Rechnung vertraut wirst."

c) Bestimme jeweils die kleinste nichtnegative ganze Zahl (0, 1, 2, ...), für die die Kongruenz richtig ist. Trage den Wert rechts vom Kongruenzzeichen $\equiv$ ein.

$$22 \equiv \quad \mod 10, \quad 17 \equiv \quad \mod 2, \quad 22 \equiv \quad \mod 15,$$
$$52 \equiv \quad \mod 25, \quad 17 \equiv \quad \mod 7, \quad 22 \equiv \quad \mod 28. \qquad (17.3)$$

Nach kurzem Nachdenken fragt Clemens interessiert: „Was passiert eigentlich, wenn man nicht die kleinste nichtnegative ganze Zahl sucht, die die Kongruenz erfüllt, sondern mit irgendeiner nichtnegative ganze Zahl zufrieden ist?" „Das ist eine gute Frage, die du aber selbst beantworten kannst."

d) Gib jeweils drei nichtnegative ganze Zahlen, für die die Kongruenz richtig ist.

$$22 \equiv \quad \mod 10, \quad 17 \equiv \quad \mod 2. \qquad (17.4)$$

Clemens ist sehr überrascht: „Das ist ja total interessant! Wenn man nicht verlangt, dass es die kleinste nichtnegative Zahl sein muss, haben diese Kongruenzaufgaben sogar unendlich viele Lösungen!" Aufgaben mit unendlich vielen Lösungen hat Clemens noch nie gesehen.

e) „Clemens, es ist gerade 18 Uhr, Zeit zum Abendessen. Wie spät ist es in 26 h?" Clemens denkt kurz nach und murmelt „Ein Tag hat 24 h, ..." Was hat Clemens wohl damit gemeint?

„Verwende die Modulo-Rechnung, um die folgenden Aufgaben zu lösen, Clemens."

f) Jetzt ist es 10 Uhr. Wie spät ist es in 52 h?
g) Jetzt ist es 23 Uhr. Wie spät ist es in 27 h?

Hier sind noch ein paar einfache Übungsaufgaben zur Modulo-Rechnung.

h) Bestimme jeweils die kleinste nichtnegative ganze Zahl (0, 1, 2, ...), für die die Kongruenz richtig ist. Trage den Wert rechts vom Kongruenzzeichen $\equiv$ ein.

$$29 \equiv \quad \mod 24, \quad 241 \equiv \quad \mod 24, \quad 59 \equiv \quad \mod 24. \qquad (17.5)$$

i) „Der 1. Januar 2026 ist ein Donnerstag. Welcher Wochentag ist der 1. Januar 2027, Clemens?" Könnt Ihr Clemens helfen, diese Aufgabe zu lösen?

Jetzt fühlt sich Clemens gut genug vorbereitet, um Velox in einem Quizduell herauszufordern. Anfangs war Clemens noch ziemlich nervös, und Velox konnte schnell auf 2 : 0 davonziehen. Nach acht Fragen steht es 4 : 4. Die nächste Frage muss die Entscheidung bringen.

j) Der Quizmaster Winter Mauch fragt: „Der 1. Januar 2027 ist ein Freitag. Welcher Wochentag ist der 1. Januar 2031?" „Dienstag", ruft Velox hastig. „Diese Antwort ist falsch!", sagt Winter Mauch. „Wenn Clemens jetzt die richtige Antwort weiß, hat er gewonnen." Helft Clemens, die Zauberuhr zu gewinnen.

Anna, Bernd, Clemens, die Schülerinnen und Schüler
Clemens ist erleichtert, dass er es im letzten Moment doch noch geschafft hat, die Zauberuhr zu gewinnen. „Von Modulo-Rechnung habe ich in der Schule noch nie etwas gehört", sagt Anna, und Bernd meint: „Modulo ist echt cool."

Was ich in diesem Kapitel gelernt habe
- Ich kann ausrechnen, welcher Wochentag in genau einem Jahr sein wird.
- Ich habe die Modulo-Rechnung kennengelernt.

Noch mehr Rechnen mit Resten 18

Das Ratequizduell aus dem letzten Abenteuer ist für Clemens gut ausgegangen. Er bedankt sich bei Zwerg Modulus für seine Hilfe, ohne die er die begehrte Zauberuhr bestimmt nicht gewonnen hätte. Clemens sagt: „Die Modulo-Rechnung war meine Rettung. Kann man die Modulo-Rechnung eigentlich auch noch für andere Dinge nutzen?" „Oh ja, es gibt sogar sehr viele Anwendungen für die Modulo-Rechnung", antwortet Zwerg Modulus, „wenn es dich interessiert, erkläre ich dir zwei nützliche Rechenregeln. Und wenn du ein paar Aufgaben lösen kannst, schenke ich dir ein Mathematikbuch zur Modulo-Rechnung. Das wird dir für zukünftige Abenteuer bestimmt nützlich sein."

Modulus erklärt Rechenregel 1 zur Modulo-Rechnung (Addition):
Aus $a \equiv a' \bmod n$ und $b \equiv b' \bmod n$ folgt $a + b \equiv a' + b' \bmod n$.

Beispiel Es ist $22 \equiv 2 \bmod 10$ und $19 \equiv 9 \bmod 10$. Mit Rechenregel 1 folgt

$$22 + 19 \equiv 2 + 9 \equiv 11 \equiv 1 \bmod 10. \tag{18.1}$$

Modulus erklärt Diese Rechenregel gilt auch für Summen mit mehreren Summanden. Beispielsweise ist

$$23 + 87 + 3 + 10 \equiv 1 + 1 + 1 + 0 \equiv 3 \equiv 1 \bmod 2. \tag{18.2}$$

„Man kann die einzelnen Summanden also durch ihre Reste ersetzen. Dies vereinfacht die notwendigen Rechnungen ganz erheblich, weil man keine großen Zahlen mehr addieren muss", erklärt Zwerg Modulus.

a) Bestimme die kleinste nichtnegative ganze Zahl, für die die Kongruenz richtig ist. Rechne geschickt!

$$22 + 17 \equiv \quad \mod 10\,, \quad 100 + 17 \equiv \quad \mod 10\,, \quad 31 + 17 \equiv \quad \mod 3\,,$$
$$7 + 2 \equiv \quad \mod 4\,, \quad 12 + 2 + 3 \equiv \quad \mod 2\,. \tag{18.3}$$

Nutze die Rechenregel 1, um die Aufgabe i) aus dem letzten mathematischen Abenteuer einfacher zu lösen:

b) Der 1. Januar 2027 ist ein Freitag. Welcher Tag ist der 1. Januar 2031?

„Die Modulo-Rechnung ist toll", schwärmt Clemens. „Es kommt aber noch besser", erklärt Zwerg Modulus: „Was für die Addition gilt, ist auch für die Multiplikation richtig."

Modulus erklärt Rechenregel 2 zur Modulo-Rechnung (Multiplikation):
Aus $a \equiv a' \mod n$ und $b \equiv b' \mod n$ folgt $a \cdot b \equiv a' \cdot b' \mod n$.

c) Bestimme die kleinste nichtnegative ganze Zahl, für die die Kongruenz richtig ist. Rechne geschickt!

$$2 \cdot 22 \equiv \quad \mod 7\,, \quad 10 \cdot 17 \equiv \quad \mod 3\,, \quad 31 \cdot 17 \equiv \quad \mod 31\,. \tag{18.4}$$

Clemens stellt begeistert fest: „Hier ist der Rechenvorteil sogar noch größer als beim Addieren, weil das Multiplizieren großer Zahlen aufwändiger ist als deren Addition." Zwerg Modulus ist ganz in seinem Element fährt mit seinen Erklärungen fort.

Modulus erklärt Wie du schon weißt, kann man die Rechenregel 1 auch auf Summen mit mehr als zwei Summanden anwenden. Ebenso kann man Rechenregel 2 auf Produkte mit mehreren Faktoren anwenden. Beispielsweise ist

$$23 \cdot 87 \cdot 3 \equiv 3 \cdot 2 \cdot 3 \equiv 18 \equiv 3 \mod 5\,. \tag{18.5}$$

„Man kann die einzelnen Faktoren also durch ihre Reste ersetzen. Dies vereinfacht die notwendigen Rechnungen ganz erheblich, weil man keine großen Zahlen mehr multiplizieren muss", erklärt Zwerg Modulus.

d) Bestimme die kleinste nichtnegative ganze Zahl, für die die Kongruenz richtig ist. Rechne geschickt!
Tipp: Nutze die Rechenregel 2 für die Multiplikation.

$$10 \equiv \quad \mod 3\,, \quad 100 \equiv \quad \mod 3\,, \quad 1000 \equiv \quad \mod 3\,, \tag{18.6}$$
$$10 \equiv \quad \mod 9\,, \quad 100 \equiv \quad \mod 9\,, \quad 1000 \equiv \quad \mod 9\,. \tag{18.7}$$

18 Noch mehr Rechnen mit Resten

„Das hat ja gut geklappt, Clemens. Die beiden Rechenregeln für die Modulo-Rechnung kannst du schon gut anwenden. In den nächsten Aufgaben konzentrieren wir uns auf den Modul 3 und den Modul 9, weil man für 3 und 9 nützliche Teilbarkeitsregeln beweisen kann", erklärt Zwerg Modulus und spornt Clemens an, die nächsten Aufgaben genauso konzentriert anzugehen wie die ersten.

e) Bestimme die kleinste nichtnegative ganze Zahl, für die die Kongruenz richtig ist. Rechne geschickt! Verwende Aufgabe d) und die Rechenregel 2.

$$3000 \equiv \quad \mod 9, \quad 200 \equiv \quad \mod 9, \quad 40 \equiv \quad \mod 9. \qquad (18.8)$$

f) Bestimme den 9er-Rest der Zahl 3246. Rechne geschickt.
Tipp: Stelle 3246 als Summe von Tausendern, Hundertern, Zehnern und Einern dar und nutze die Ergebnisse aus Aufgabe e).

„Gibt es auch eine Rechenregel für die Subtraktion?", fragt Clemens interessiert. „Ja, die gibt es, und sie ähnelt der Rechenregel für die Addition. Allerdings sollte man dafür schon negative Zahlen kennen. Deshalb lasse ich diese Rechenregel weg. Ich sehe, dass dich die Modulo-Rechnung begeistert. Aber jetzt wollen wir uns auf die nächsten Aufgaben konzentrieren. In Aufgabe f) hast du Rechenregel 1 angewandt und dazu Ergebnisse aus Aufgabe e) verwendet. Du kannst die beiden Rechenregeln auch in einer Rechnung anwenden.", erklärt Zwerg Modulus und schreibt folgende Aufgabe auf seine Schiefertafel, um zu erläutern, was er meint:

$$593 = 500 + 90 + 3 = (5 \cdot 100) + (9 \cdot 10) + 3$$
$$= (5 \cdot 10 \cdot 10) + (9 \cdot 10) + 3 \equiv \qquad (18.9)$$
$$(5 \cdot 1 \cdot 1) + (9 \cdot 1) + 3 \equiv 5 + 9 + 3 \equiv 17 \equiv 8 \mod 9. \qquad (18.10)$$

„In (18.9) habe ich zuerst Rechenregel 1 angewandt. Dann habe ich Rechenregel 2 angewendet und 500 als Vielfaches von 100, 90 als Vielfaches von 10 und schließlich 100 als $10 \cdot 10$ ausgedrückt. In (18.10) habe ich dann $10 \equiv 1 \mod 9$ ausgenutzt, und die Summanden schließlich zusammengezählt. In Aufgabe g) kannst du das selbst üben. Aber natürlich kannst du ausnutzen, was du schon weißt. Ich meine damit die Ergebnisse aus Aufgabe d)."

g) Ist die Zahl 3564 durch 9 teilbar?

„Fällt dir etwas auf, Clemens?", fragt Zwerg Modulus. Clemens denkt ein wenig nach und ruft aus: „Das ist ja total interessant! Die Zahlen 3246 und 3564 haben dieselben 9er-Reste wie die Summe ihrer Ziffern."

Modulus erklärt Die Summe der Ziffern einer Zahl nennt man die *Quersumme* dieser Zahl.

Beispiel Die Quersumme von 5234 ist $5 + 2 + 3 + 4 = 14$.

„Was du an den beiden Beispielen beobachtet hast, gilt übrigens ganz allgemein", bemerkt Zwerg Modulus begeistert.

Modulus erklärt (Teilbarkeitsregeln für 3 und 9) Der 9er-Rest einer Zahl entspricht dem 9er-Rest ihrer Quersumme. Das gleiche gilt für den 3er-Rest: Der 3er-Rest einer Zahl entspricht dem 3er-Rest ihrer Quersumme. Für andere Reste trifft das normalerweise nicht zu.

„Diese total interessante und äußerst nützliche Aussage kann man übrigens auch mit der Modulo-Rechnung beweisen", sagt Modulus. „Für die Zahlen 3246 und 3564 hast du das ja selbst schon gezeigt, Clemens. Aber diese Regel gilt für alle Zahlen, ganz gleich, wie groß sie sind. Kannst du mir einen Modul nennen, für den ein solcher Zusammenhang nicht gilt?" Nach kurzem Nachdenken anwortet Clemens: „So ein Beispiel ist der Modul 4. Die Zahl 13 ist nicht durch 4 teilbar, wohl aber ihre Quersumme $1 + 3 = 4$." „Sehr gut, Clemens. Es gibt auch für andere Zahlen als 3 und 9 Teilbarkeitsregeln, und auch die kann man mit der Modulo-Rechnung beweisen. Diese Teilbarkeitsregeln sehen aber anders aus als für 3 und 9."

h) Berechne den 3er-Rest der Zahl 8423.
i) Können die folgenden Ergebnisse richtig sein? Prüfe dies nach, ohne die Multiplikationen wirklich auszurechnen. Betrachte stattdessen die 9er-Reste auf beiden Seiten der Gleichungen.

$$34 \cdot 54 = 1736, \quad 27 \cdot 44 = 1178, \quad 24 \cdot 19 = 456, \quad 37 \cdot 41 = 1508.$$
(18.11)

Anna, Bernd, Clemens, die Schülerinnen und Schüler
„Die Modulo-Rechnung ist ja noch besser, als ich beim letzten Mal gedacht habe. Man kann die Reste von Summen und Produkten ausrechnen, ohne die Summen oder Produkte selbst berechnen zu müssen", stellt Bernd fest, und Anna ergänzt: „Ich finde die Teilbarkeitsregeln klasse." Und Clemens ist jetzt ein absoluter Fan der Modulo-Rechnung. Er möchte unbedingt noch mehr darüber lernen.

Was ich in diesem Kapitel gelernt habe

- Ich habe noch einmal mit Resten gerechnet.
- Ich kenne jetzt auch Rechenregeln für die Modulo-Rechnung.
- Mit diesen Rechenregeln werden viele Rechnungen viel einfacher.

Immer wieder Primzahlen! 19

Clemens erinnert sich an Zwerg Dividus und an dessen Begeisterung für das Zerlegen von Zahlen. „Primzahlen sind ja wirklich erstaunlich", denkt Clemens. „Ich werde Zwerg Dividus besuchen, der kann mir bestimmt noch viel mehr über Primzahlen erklären. Und, wer weiß, vielleicht schenkt er mir auch noch etwas Nützliches, wenn ich mich gut anstelle." Zwerg Dividus ist über Clemens Besuch und sein Interesse an Primzahlen sehr erfreut.

Zwerg Dividus holt ein altes, verstaubtes Mathematikbuch aus seinem Schrank. „Schon die alten Griechen haben sich für Primzahlen interessiert. Hast du schon vom Sieb des Eratosthenes gehört, Clemens?" „Nein, das haben wir in der Schule noch nicht gelernt." „Zunächst legt man eine Schranke s fest, eine Zahl, bis zu der man alle Primzahlen bestimmen möchte. In diesem Buch ist $s = 40$, d. h., wir bestimmen alle Primzahlen, die nicht größer als 40 sind. Mit dem Sieb des Eratosthenes kann man Primzahlen bestimmen, ohne eine einzige Division ausführen zu müssen", fährt Zwerg Dividus fort.

„Zuerst schreibt man die Zahlen von 2 bis s nacheinander auf. Die kleinste Zahl ist 2, und das ist auch schon die erste Primzahl. Die kreisen wir ein. Von der Zahl 2 abgesehen, streichen wir alle Vielfachen von 2 durch, also 4, 6, 8 usw. Die durchgestrichenen Zahlen sind alle durch 2 teilbar, können also keine Primzahlen sein. Die kleinste Zahl, die jetzt weder eingekreist noch gestrichen ist, ist die 3. Das ist die nächste Primzahl, und wir streichen die Zahlen 6, 9, 12 usw., sofern diese nicht schon vorher gestrichen wurden, weil sie Vielfache von 2 sind." „Kreisen wir die 3 auch ein?", fragt Clemens interessiert. „Natürlich, Clemens! Das habe ich ganz vergessen zu sagen. In Abb. 19.1 siehst du den Zwischenstand, nachdem die Vielfachen von 3 gestrichen worden sind. In diesem Beispiel ist die Schranke $s = 40$."

„Wie mit der 2 und der 3 gehen wir weiter vor. Nachdem wir die Vielfachen einer eingekreisten Zahl durchgestrichen haben, kreisen wir die kleinste Zahl neu ein, die bisher weder eingekreist noch gestrichen wurde. Das setzen wir fort, bis alle Zahlen

Abb. 19.1 Sieb des Eratosthenes: Zwischenstand, nachdem die Primzahl 3 eingekreist und alle weiteren Vielfachen von 3 gestrichen wurden

Abb. 19.2 Sieb des Eratosthenes: Die Primzahlen zwischen 1 und 40 sind eingekreist

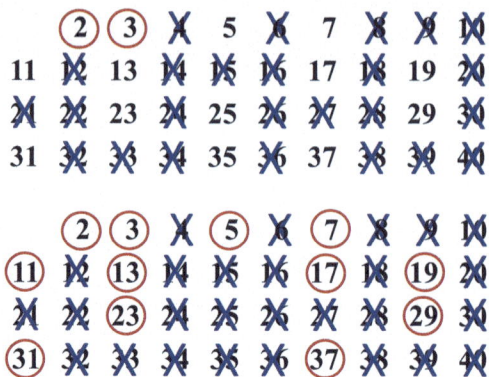

entweder eingekreist oder gestrichen worden sind. Die eingekreisten Zahlen sind die gesuchten Primzahlen. In Abb. 19.2 siehst du die Primzahlen, die nicht größer als 40 sind." „Das ist ja total interessant. Das muss ich selbst einmal ausprobieren."

a) Verwende das Sieb des Eratosthenes, um alle Primzahlen zu bestimmen, die nicht größer als 100 sind.
b) Beweise, dass das Sieb des Eratosthenes korrekt funktioniert.

„Das Sieb des Eratosthenes ist eine tolle Sache", schwärmt Clemens. „Allerdings nützt es wenig, wenn man nicht alle Primzahlen bis zu einer bestimmten Schranke bestimmen will, sondern nur wissen möchte, ob eine einzelne große Zahl eine Primzahl ist oder nicht. Aber dazu kommen wir später. Hier sind erst einmal zwei Aufgaben zu Primzahlen."

c) Bestimme alle Primzahlen, die kleiner als 10000 sind und deren Quersumme 2 ist.
d) Gibt es Primzahlen, die kleiner als 10000 sind und deren Quersumme 12 ist? Wenn ja, gib alle Primzahlen mit dieser Eigenschaft an.

„Eigentlich ist es gar nicht schwierig zu prüfen, ob eine Zahl n eine Primzahl ist oder nicht", beginnt Zwerg Dividus seine Erklärungen. „Man muss n nur nacheinander durch die Zahlen $2, 3, \ldots, n-1$ teilen. Bleiben dabei immer Reste übrig, so ist n eine Primzahl, sonst nicht", erklärt Zwerg Dividus und fügt hinzu: „Für große Zahlen kann das aber sehr lange dauern. Deshalb brauchen wir ein effizienteres Verfahren." Die Elfe Henriette und der Elf Gerhard haben bislang schweigend neben Zwerg Dividus und Clemens gestanden, aber jetzt meldet sich die Elfe Henriette zu Wort.

e) Henriette behauptet: Ich weiß, wie man geschickt nachweisen kann, ob n eine Primzahl ist. Zuerst bestimmt man eine Zahl m, die kleiner als n ist und für die m^2 mindestens so groß wie n ist. Dann teilt man n nacheinander durch die

Zahlen 2, 3, ..., m. Wenn n durch eine dieser Zahlen teilbar ist, dann ist n keine Primzahl, und die Untersuchung ist beendet. Andernfalls ist n eine Primzahl. Hat Henriette Recht?

f) Prüfe mit Henriettes Verfahren, ob 101 eine Primzahl ist. Wie viele Divisionen musst du durchführen? Vergleiche dies mit dem „Standardverfahren", bei dem man 101 durch alle Zahlen zwischen 2 und 100 dividiert.

„Wisst ihr, was ein Algorithmus ist?" Clemens, Henriette und Gerhard schütteln den Kopf.

Dividus erklärt Ein Algorithmus ist eine eindeutige Handlungsvorschrift zur Lösung eines mathematischen Problems. Die Handlungsvorschrift besteht aus Einzelschritten, die nacheinander abgearbeitet werden.

„Das Verfahren, das Henriette beschrieben hat, ist ein Algorithmus", erkärt Zwerg Dividus. „Die Einzelschritte sind das Bestimmen von m und dann die einzelnen Divisionen. Hinzu kommen die Entscheidungen, ob der Algorithmus an dieser Stelle beendet wird und was das Ergebnis ist." „Ist das Standardverfahren, bei dem man die Zahl durch alle Zahlen zwischen 2 und $n - 1$ dividiert, auch ein Algorithmus?", fragt Clemens. „Ja, das ist ebenfalls ein Algorithmus, wenn man die entsprechenden Entscheidungsregeln einführt", sagt Zwerg Dividus kopfnickend.

Nun meldet sich Elf Gerhard zu Wort.

g) Gerhard behauptet: Ich kenne einen Algorithmus, der noch weniger Divisionen benötigt als der von Henriette. Wie bei Henriettes Algorithmus bestimmt man zunächst eine Zahl m, die kleiner als n ist und für die m^2 mindestens so groß wie n ist. Dann teilt man n nacheinander durch alle Primzahlen zwischen 2 und m. Sobald man eine Primzahl gefunden hat, die n teilt, weiß man, dass n keine Primzahl ist und beendet den Algorithmus. Ist n durch keine Primzahl teilbar, dann ist n selbst eine Primzahl. Außerdem gilt: Ist m^2 größer als n, muss man nicht durch m teilen, selbst wenn m eine Primzahl ist.
Ist Gerhards Algorithmus korrekt?

Henriette hat Aufgabe f) gestellt. Da sein Algorithmus effizienter ist als der von Henriette, darf Gerhard jetzt zwei Anwendungsaufgaben für seinen Algorithmus stellen.

h) Prüfe mit Gerhards Algorithmus, ob 101 eine Primzahl ist. Wie viele Divisionen musst du durchführen? Vergleiche dies mit Aufgabe f).
i) Prüfe, ob 323 eine Primzahl ist.
j) Muss man die Zahl m in Henriettes und Gerhards Algorithmus kleinstmöglich wählen? Welche Vor- und Nachteile kann es haben, wenn man m größer wählt als unbedingt notwendig?

„Der Algorithmus, den Henriette vorgeschlagen hat, ist schon viel besser, als wenn man n durch alle Zahlen zwischen 2 und $n - 1$ teilt. Gerhards Algorithmus ist sogar noch besser, weil man dadurch noch weitere Divisionen spart. Allerdings, und das ist sehr wichtig, liefern alle drei Algorithmen das richtige Ergebnis", erklärt Zwerg Dividus. „Aber mit Gerhards Algorithmus hat man die wenigste Arbeit."

k) Bestimme die Primfaktorzerlegung von 3059. Rechne geschickt! Verwende hierfür den Algorithmus, den Gerhard in Aufgabe g) beschrieben hat.

„Das ist ja interessant! Während die Primfaktorzerlegung berechnet wird, verkleinert man schrittweise die Schranke m", stellt Clemens fest. „Damit spart man unnötige Divisionen, und außerdem sorgt man dafür, dass m kleiner als die noch zu zerlegende Zahl ist", erklärt Henriette. „Und natürlich ist auch dieses Verfahren zur Bestimmung der Primfaktorzerlegung ein Algorithmus", ergänzt Gerhard. Jetzt meldet sich auch Clemens zu Wort. „Diesen Algorithmus möchte ich weiter ausprobieren."

l) Bestimme die Primfaktorzerlegung von 1092. Gehe vor wie in Aufgabe k).
m) Bestimme die Primfaktorzerlegung von 1237.
n) Bestimme die Primfaktorzerlegung von 2491.
o) Bestimme die Primfaktorzerlegung von 8303.

„Wir sind bald fertig für heute, Clemens. Wenn du diese Aufgaben auch noch lösen kannst, habe ich eine Überraschung für dich", motiviert Zwerg Dividus.

p) Henriette verwendet Gerhards Algorithmus, um die Primfaktorzerlegung von 8041 zu berechnen. Wie oft muss sie durch eine Primzahl teilen? Löse diese Aufgabe, ohne den Algorithmus anzuwenden.
Hinweis: Es ist $8041 = 11 \cdot 17 \cdot 43$.
q) Beweise: Man benötigt höchstens 25 Divisionen, um zu entscheiden, ob eine vierstellige Zahl n eine Primzahl ist oder nicht.
r) Gib eine vierstellige Zahl n an, für die 25 Divisionen notwendig sind.

„Hier hast du einen magischen Rechenstab, mit dem man in Windeseile sehr große Zahlen multiplizieren kann. Den hast du dir redlich verdient, Clemens", sagt Zwerg Dividus anerkennend. „Vielen Dank, Dividus!"

Anna, Bernd, Clemens, die Schülerinnen und Schüler
„Jetzt wissen wir auch, was ein Algorithmus ist. Wie aufwändig Berechnungen sind, haben wir in der Schule nie beachtet", stellt Anna fest. „Das ist wahr, Anna. Wir lernen jedes Mal etwas Neues. Das finde ich toll."

19 Immer wieder Primzahlen!

Was ich in diesem Kapitel gelernt habe

- Ich kenne das Sieb des Eratosthenes und habe es selbst angewandt.
- Ich weiß jetzt, was ein Algorithmus ist.
- Ich habe gelernt, wie man für große Zahlen die Primfaktorzerlegung berechnen kann.

Ist es denn die Möglichkeit? 20

Clemens beschließt, Troll Eberhard noch einmal zu besuchen. Einerseits locken ihn die Süßigkeiten in Eberhards Kiosk, und andererseits findet Clemens die Rekursionsformel, die er beim letzten Mal bei Troll Eberhard gelernt hat, ziemlich cool. Vielleicht lernt er ja noch eine nützliche Rekursionsformel kennen.

Bei Troll Eberhard dreht sich alles um Anzahlen und Möglichkeiten. „Schön, dass du wieder gekommen bist, Clemens! Du willst sicher wieder einen magischen Gegenstand bekommen, nicht wahr?" Clemens nickt schüchtern. „Wenn du ein paar knifflige Aufgaben lösen kannst, bekommst du eine magische Tasche der Firma Mageia. Da kannst du alle deine Zauberutensilien verstauen. Das Besondere an dieser Tasche ist übrigens, dass nur der die enthaltenen Zaubergegenstände sehen kann, dem die Tasche gehört." „Das klingt verlockend!", staunt Clemens.

„Weißt du, was eine Quersumme ist?", eröffnet Eberhard den mathematischen Teil des Nachmittags. „Ja, Zwerg Modulus hat mir das erklärt, als ich ihn besucht habe."

a) Bestimme die Quersummen der Zahlen 9310 und 7216.
b) Was ist die kleinste und was ist die größte Quersumme, die eine dreistellige Zahl haben kann?
c) Wie viele Zahlen zwischen 1 und 999 haben die Quersumme 25?
d) Bestimme alle dreistelligen Zahlen, in denen die Ziffern 1, 2 und 3 je einmal vorkommen? Wie viele Zahlen sind dies?
e) In Eberhards Regal steht ein dickes Buch. Wie viele Seiten gibt es in diesem Buch, in deren Seitenzahl die Ziffern 1, 3 und 8 je einmal vorkommen?
   (i) Beantworte die Frage, wenn das Buch 1000 Seiten hat.
   (ii) Wie viele Seiten gibt es, wenn das Buch nur 652 Seiten umfasst?

„Das ist ja interessant", stellt Clemens fest. „Aus den Ziffern 1, 2 und 3 kann man 6 dreistellige Zahlen bilden, aber wenn eine Ziffer doppelt vorkommt, sind es nur drei Zahlen." „Gut bemerkt, Clemens. Dazu kommen wir später noch. Zuerst habe ich noch eine andere interessante Aufgabe. Weißt du, wann eine Zahl ohne Rest durch 10 teilbar ist?" „Klar! Das haben wir neulich in der Schule gelernt. Eine Zahl ist genau dann durch 10 teilbar, wenn die letzte Ziffer 0 ist." „Du hast im Unterricht gut aufgepasst, Clemens!", lobt Zwerg Eberhard.

f) Gesucht sind alle vierstelligen Zahlen, die die folgenden Bedingungen erfüllen.
   (i) Die Zahl ist durch 10 teilbar.
   (ii) Die Hunderterziffer und die Zehnerziffer sind gleich.
   (iii) Die Tausenderziffer ist eine Primzahl.
   (iv) Die Zahl ist durch 9 teilbar.

„Das hast du gut gemacht, Clemens!", lobt Troll Eberhard. „Hier ist eine Aufgabe zu einer wahren Begebenheit, die sich in unserer Troll-Schule zugetragen hat."

g) Im Sommer wurden sechs kleine Trolle eingeschult. Die sechs Trolle sehen sich zum Verwechseln ähnlich, so dass ihr Lehrer sie nicht auseinanderhalten konnte. Da der Lehrer selbst kein Troll ist, war klar, dass dies auch eine ganze Weile so bleiben würde. Stattdessen hat er sich einfach gemerkt, wo die kleinen Trolle sitzen. Nun wären die sechs Schüler keine Trolle, wenn sie dem Lehrer keinen Streich spielen würden. Daher haben sie beschlossen, sich an jedem Tag anders hinzusetzen als an allen Tagen zuvor. Wie viele Möglichkeiten haben die sechs Trolle, sich hinzusetzen?
Hinweis: Zwei Sitzpositionen sind unterschiedlich, wenn mindestens ein Troll auf einem anderen Stuhl sitzt.

Nach langem Nachdenken schüttelt Clemens enttäuscht den Kopf: „Nein das schaffe ich nicht." „Diese Aufgabe ist auch nicht einfach, Clemens. Zunächst befassen wir uns mit einer einfacheren Aufgabe."

h) Wie viele Möglichkeiten gibt es, eine blaue, eine grüne, eine rote und eine schwarze Kugel nebeneinanderzulegen? Gib alle Möglichkeiten an.

Clemens lässt die Aufgabe mit den Trollschülern keine Ruhe. „Man könnte Aufgabe g) bestimmt lösen, indem man einfach alle Sitzmöglichkeiten aufschreibt. Das sind aber sicher ganz viele! Wie leicht kann man eine Sitzkombination vergessen, und dann war alle Mühe vergebens. Eberhard, kann man diese Aufgabe nicht eleganter lösen?", fragt Clemens. „Das kann man!", bestätigt Troll Eberhard. „Erinnerst du dich noch an die Rekursionsformel, die du beim letzten Mal gelernt hast? Damit konnte man die Anzahl von Bezahlmöglichkeiten bestimmen." Clemens nickt zustimmend. „Auch das Problem mit den Trollschülern kann man mit einer Rekursionsformel lösen. Zunächst legen wir eine Schreibweise fest."

Schreibweise Für jede natürliche Zahl n bezeichnet $B(n)$ die Anzahl der Möglichkeiten, wie man n unterscheidbare Objekte anordnen kann.

„Was verstehst du unter Objekten", fragt Clemens. „Dies können Zahlen sein, Buchstaben, farbige Kugeln oder etwas ganz anderes. In unserer Aufgabe sind das die Trollschüler. Für die Anzahl der Möglichkeiten, wie man sie anordnen kann, ist das nicht wichtig. Aber sie müssen unterscheidbar sein. Wenn man zum Beispiel fünf grüne Kugeln nebeneinanderlegt, spielt deren Reihenfolge keine Rolle. Zumindest sieht man keinen Unterschied. Eine Möglichkeit, die Objekte anzuordnen, bezeichnet man übrigens als *Permutation* (dieser Objekte)."

i) Bestimme $B(1)$, $B(2)$, $B(3)$ und $B(4)$. Nutze aus, was du schon weißt.

„Die nächste Aufgabe ist spannend", fährt Eberhard fort. „Hier kommst du mit einer Rekursionsformel weiter."

j) Bestimme $B(5)$. Nutze aus, dass du $B(4)$ kennst.

„Jetzt weiß ich auch, wie man die Aufgabe mit den Trollkindern lösen kann", sagt Clemens triumphierend.

k) Löse Aufgabe g).
l) Trollschüler haben in jedem Schuljahr genau 180 Tage Unterricht. Wie viele Schuljahre würde es dauern, damit die Trolle alle Sitzpositionen ausprobieren können?

„Ich habe noch eine allerletzte Aufgabe. Die ist aber wirklich schwierig. Willst du sie trotzdem versuchen, Clemens?" „Ja, natürlich", erklärt Clemens selbstbewusst.

m) Arne hat seine Freunde Bernd, Christian, Detlev, Mandy, Nicole, Renate und Sabine zum Kindergeburtstag eingeladen. Arnes Eltern haben ein Quiz vorbereitet. Hierfür möchten die Kinder vier gemischte 2er-Teams bilden, die jeweils aus einem Jungen und einem Mädchen bestehen. Auf wie viele Arten ist dies möglich? Dabei zählen Kombinationen von Quizmannschaften dann als gleich, wenn alle vier Teams gleich sind.

„Ohne deine Hilfe hätte ich diese Aufgabe nicht lösen können, Eberhard. Vielen Dank!" „Du hast dich trotzdem wieder wacker geschlagen. Die magische Tasche hast du dir redlich verdient!"

Clemens ist sehr glücklich. Er hat alle mathematischen Abenteuer erfolgreich bestanden und dabei viele nützliche Zauberutensilien erworben. Gleich am nächsten Morgen geht Clemens zum Zauberministerium, das für die Ernennung von Zauberern und angehenden Zauberern zuständig ist. Stolz legt er dem zuständigen Beamten, Magister Malevolus, zum Beweis seine gewonnenen Zauberutensilien auf den Tisch: Einen Zauberstab, ein Zaubertuch, einen magischen Rubin, ein Quäntchen Drachensalbe, einen magischen Würfel, eine Wabe mit magischem Honig, ein Zauberseil, ein Päckchen Zauberbrause, eine Tarnkappe, einen grünen

Smaragd mit unglaublichen Zauberkräften, Zaubersamen, magischen Blumendünger, eine Zauberuhr, ein Mathematikbuch zur Modulo-Rechnung, einen magischen Rechenstab und eine magische Tasche. Magister Malevolus, wie üblich schlecht gelaunt, prüft die Zauberutensilien und knurrt: „Nicht übel! Ich ernenne dich hiermit höchstoffiziell zum Zaubergesellen. Hier ist deine Urkunde. Bitte hier den Empfang quittieren!" Hierzu muss man wissen, dass ein Zaubergeselle die erste Stufe ist, die ein Zauberlehrling auf dem Weg zum Zauberer erklimmen muss.

Anna, Bernd, Clemens, die Schülerinnen und Schüler
„Die letzte Aufgabe war aber schwer! Die haben wir ja nicht einmal zusammen hingekriegt, Bernd." „Das ist wahr! Ich hoffe, dass wir trotzdem in den CBJMM aufgenommen werden. Ich finde es erstaunlich, wozu man Rekursionsformeln nutzen kann!" Anna ergänzt: „Ich finde die letzte Aufgabe trotzdem toll. Wenn man die Lösung kennt, erscheint sie gar nicht mehr so schwierig."

Da kommt Carl Friedrich zur Tür herein. „Clemens hat alle mathematischen Abenteuer erfolgreich bestanden und ist jetzt Zaubergeselle." „Haben wir die Aufnahmeprüfung auch bestanden, Carl Friedrich?", fragt Anna vorsichtig. „Noch nicht ganz, aber ihr seid auf einem sehr guten Weg. Wir treffen uns am nächsten Freitagnachmittag noch ein letztes Mal. Dann bekommt ihr Aufgaben aus allen Themengebieten. Ich möchte sehen, ob ihr die mathematischen Methoden und Techniken, die ihr in den letzten Wochen gelernt habt, auch wirklich verstanden habt. Am besten, ihr wiederholt noch einmal alle Aufgaben."

Was ich in diesem Kapitel gelernt habe

- Ich habe noch eine Rekursionsformel hergeleitet.
- Ich weiß jetzt, wie viele Möglichkeiten es gibt, farbige Kugeln nebeneinander zu legen.

Das Finale: Alles schon mal dagewesen   21

Das letzte Treffen betreut der Clubvorsitzende Carl Friedrich selbst. „Hallo Anna und Bernd. Ihr seid ja schon da. Dann können wir ja gleich loslegen!", stellt Carl Friedrich gut gelaunt fest. „Wie ihr wisst, müsst ihr heute Aufgaben aus allen Themengebieten lösen. Womit möchtet ihr anfangen?" „Ich würde gerne zuerst Aufgaben zu Primzahlen und Teilern bearbeiten", antwortet Anna, und Bernd nickt zustimmend.

a) Wie viele Teiler haben die Zahlen 52 und 112?
b) Wie viele Teiler hat die Zahl 9559?
   Tipp: Verwende den Algorithmus aus Kap. 19, Aufgabe k), um die Primfaktorzerlegung von 9559 zu berechnen.
c) Welche Zahlen zwischen 2 und 135 erfüllen die beiden folgenden Eigenschaften?
   (i) In der Primfaktorzerlegung treten höchstens zwei verschiedene Primzahlen auf.
   (ii) Die Zahl hat genau 8 Teiler.

„Das war ja ein guter Start, Anna und Bernd. Ich hoffe, dass es genauso weitergeht! Erinnert ihr euch noch an die beiden ersten mathematischen Abenteuer, die Clemens beim Besitzer des Zauberladens, Mercator Magicus, bestanden hat?" „Natürlich! Da haben wir ungerichtete Graphen und Färbebeweise kennengelernt", antwortet Bernd wie aus der Pistole geschossen, und Anna nickt zustimmend. „Das hilft euch, auch die nächste Aufgabe erfolgreich anzugehen!"

d) In der Grundschule in Zwergdorf basteln die Schüler heute kleine Mosaike zum Zwergentag. Auf eine Grundfläche aus 5×5-Quadraten kleben sie 12 einfarbige Rechtecke und ein einzelnes Quadrat mit einem roten Herz. Die Grundfläche, die Rechtecke und das einzelne Quadrat sind in Abb. 21.1(a), (b) und (c) zu sehen.

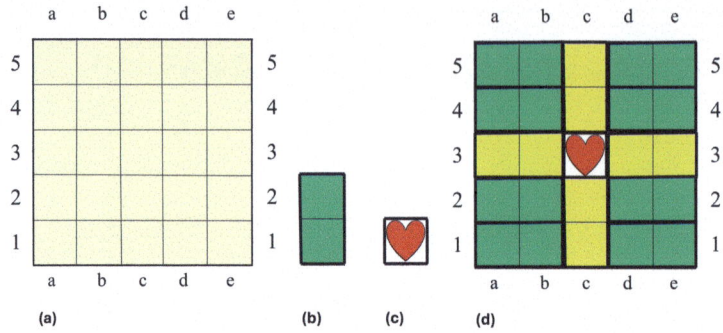

Abb. 21.1 (a) Grundfläche, (b) Rechteck, (c) Quadrat mit rotem Herz, (d) Mosaik mit dem Quadrat auf dem Feld c3

Die 12 Rechtecke und das einzelne Quadrat dürfen sich nicht überschneiden und müssen die gesamte Grundfläche überdecken. Abb. 21.1(d) zeigt ein Mosaik mit gelben und grünen Rechtecken, bei dem das einzelne Quadrat mit dem Herz auf dem Feld c3 liegt.
  (i) Stelle ein Mosaik her, bei dem das Feld a1 mit dem Herz überdeckt wird.
  (ii) Stelle ein Mosaik her, bei dem das Feld c5 mit dem Herz überdeckt wird.
  (iii) Zwerg Pfiffikus jammert: „Das ist ja gemein! Es gibt keine Mosaike, bei denen die Felder b1, d1, a2, c2, e2, b3, d3, a4, c4, e4, b5 oder d5 mit dem Herz überdeckt wird." Beweise, dass Zwerg Pfiffikus Recht hat.

Anna und Bernd haben die Teilaufgaben (i) und (ii) schnell gelöst, aber bei Teilaufgabe (iii) kommen sie nicht weiter. Da gibt Carl Friedrich einen Tipp: „Denkt an die Schachbrettaufgabe f) in Kap. 4." Es dauert eine Weile, aber dann können Anna und Bernd diesen Tipp nutzen.

„An den nächsten drei Aufgaben hätte Troll Eberhard seine Freude", leitet Carl Friedrich zu den nächsten Aufgaben über.

e) Zu Weihnachten hat Karl für sein Fahrrad eine Kette mit einem dreistelligen Nummernschloss geschenkt bekommen. Er hat sich sofort eine Geheimzahl ausgedacht und in das Schloss eingestellt. Als er im Frühjahr eine Radtour plant, hat er die Geheimzahl vergessen. Jetzt ist guter Rat teuer! Zum Glück erinnerte sich Karl an ein paar Eigenschaften seiner Geheimzahl.
  (i) Wie viele Zahlen zwischen 0 und 999 erfüllen die Eigenschaften (1), (2) und (3)? Gib alle Zahlen an.
    (1) Die Ziffer 0 kommt nicht vor.
    (2) Die Hunderterziffer ist größer als die Zehnerziffer, und die Zehnerziffer ist größer als die Einerziffer.
    (3) Die Zehnerziffer teilt die Hunderterziffer, und die Einerziffer teilt die Zehnerziffer.
  (ii) Später erinnert sich Karl an eine weitere Eigenschaft:
    (4) Die Quersumme der Geheimzahl ist 13.

Ist die Geheimzahl durch die Eigenschaften (1), (2), (3) und (4) eindeutig bestimmt?

f) Auf der geheimnisumwitterten Insel Tertiärinsula leben Dreifingerechsen, welche bekanntlich an jeder Hand nur drei Finger haben. Das ist vermutlich auch der Grund, weshalb es auf Tertiärinsula nur Münzen in Wert von einen Echsentaler (kurz: ($\underline{1}$)-ET), drei Echsentalern (kurz: ($\underline{3}$)-ET) und sechs Echsentalern (kurz: ($\underline{6}$)-ET) gibt.
  (i) Gib alle Möglichkeiten an, wie man 11 ET mit ($\underline{1}$-ET)- und ($\underline{3}$-ET)-Münzen bezahlen kann.
  (ii) Löse Teilaufgabe (i) auch für Zahlbeträge 15 ET und 10 ET.
  (iii) Wie viele Möglichkeiten gibt es, n ET mit ($\underline{1}$-ET)- und ($\underline{3}$-ET)-Münzen zu bezahlen?

Hinweis: Bei dieser Aufgabe und der folgenden Aufgabe spielt die Reihenfolge, in der Münzen hingelegt werden, keine Rolle.

g) (Fortsetzung von Aufgabe f) Wie viele Möglichkeiten gibt es, 27 ET mit ($\underline{1}$-ET)-, ($\underline{3}$-ET)- und ($\underline{6}$-ET)-Münzen zu bezahlen?

„Das war harte Kost. Es ist Zeit für eine einfachere Aufgabe. Wie wäre es mit Würfeln? Die kennt ihr ja noch von Clemens mathematischen Abenteuern bei Zwerg Kubus." Anna und Bernd nicken erleichtert.

h) In Abb. 21.2 liegt ein Turm aus drei Spielwürfeln auf einer gläsernen Tischplatte. Angrenzende Würfelflächen besitzen dieselbe Augenzahl. Leider haben gemeine Trolle alle Würfelflächen überklebt, was die Aufgabe natürlich erschwert.
  (i) Wie groß ist die Summe der Augenzahlen aller verdeckten Würfelflächen? (Wie in Kap. 8, Aufgabe d), ist die unterste Würfelfläche sichtbar, da der Tisch aus Glas ist).
  (ii) Bestimme die Summe der Augenzahlen aller sichtbaren Würfelflächen.

i) Beim anstehenden Musikfestival spielt die Band Albatros eine Auswahl ihrer Songs. Peter möchte sich die Songtexte vorher unbedingt ansehen. Allerdings ist nicht bekannt, welche Lieder gespielt werden. Peter hat 13 Tage Zeit. Am ersten Tag möchte er einen Songtext lesen, am zweiten Tag 2 Songtexte. Das geht so weiter, bis er am dreizehnten Tag schließlich 13 Songtexte liest. Kann er sicher

Abb. 21.2 Würfelturm aus überklebten Würfeln: angrenzende Flächen haben dieselbe Augenzahl

Abb. 21.3 Beispiel: Simon hat 22 Kästchen umrandet

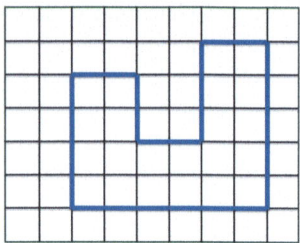

sein, dass er sich alle gespielten Songtexte vorher angesehen hat, wenn die Band insgesamt 97 Songs in ihrem Repertoire hat? Rechne geschickt!

j) Berechne $17 + 18 + \cdots + 43 + 44$.

k) Simon hat sich ein Spiel ausgedacht, das er mit seinem Freund Bert gleich ausprobiert.
(Ausmalspiel) Auf einem Blatt Karopapier umrandet Simon höchstens 25 Kästchen. In Abb. 21.3 sind 22 Kästchen umrandet. Jeder Spieler darf mit einem Filzstift ein oder zwei dieser Kästchen ausmalen. Bert beginnt das Spiel. Da Simon die Kästchen umranden und damit die Anzahl der Kästchen bestimmen darf, darf Bert bestimmen, ob derjenige, der das letzte Kästchen ausmalt, gewinnt oder verliert.
Für wen ist das Spiel günstig? Für welche Kästchenanzahlen sollte Bert festlegen, dass der Spieler gewinnt, der das letzte Kästchen ausmalt, und bei welchen Kästchenanzahlen sollte der Spieler verlieren, der das letzte Kästchen ausmalt?

l) (verändertes Ausmalspiel) Nach ein paar Spielrunden ist Simon mit den Spielergebnissen beim Ausmalspiel sehr unzufrieden und schlägt eine Regeländerung vor. Er möchte weiterhin die Kästchen umranden, und Bert soll weiterhin entscheiden dürfen, ob derjenige Spieler, der das letzte Kästchen ausmalt, gewinnt oder verliert. Allerdings möchte Simon jetzt das Ausmalen beginnen.
Analysiere das veränderte Ausmalspiel.

„Könnt ihr euch denken, welche Aufgabentypen ihr noch lösen müsst, Anna und Bernd?" Anna sagt: „Es war noch keine Aufgabe zur Modulo-Rechnung dabei, und Worträtsel fehlen auch noch." „Gut aufgepasst, Anna! Zunächst müsst ihr noch zwei Aufgaben zur Modulo-Rechnung lösen. Den Abschluss bildet ein Worträtsel. Da habe ich mir für euch etwas ganz Besonderes ausgedacht."

m) Welche der folgenden Zahlen haben denselben 9er-Rest: 3488, 7184, 4560 und 743? Rechne geschickt!

n) Der kleine Drache Hitzkopf sammelt Sticker von aktiven und erloschenen Vulkanen. Hitzkopf bekommt 33 Tage lang jeweils 23 neue Sticker. Wie viele Sticker befinden sich auf der letzten Seite seines Stickeralbums, wenn Hitzkopf auf jede Seite 8 Sticker klebt, bevor er mit der nächsten Seite beginnt. Kann man diese Anzahl bestimmen, ohne die Gesamtanzahl der Sticker auszurechnen?

21 Das Finale: Alles schon mal dagewesen

„Jetzt fehlt nur noch ein einfaches Worträtsel, das ich schon angekündigt habe, Anna und Bernd. Dann habt ihr es geschafft!", leitet Carl Friedrich das Ende der Aufnahmeprüfung ein.

o) Wie viele Möglichkeiten gibt es, CBJMM in Abb. 21.4 als Kette von Buchstaben aus zusammenhängenden Waben („CBJMM"-Pfade) darzustellen?

Das letzte Treffen ist nun zu Ende, ebenso wie die gesamte Aufnahmeprüfung. Der Clubvorsitzende Carl Friedrich war mit den Leistungen von Anna und Bernd sehr zufrieden. Carl Friedrich überreicht Anna und Bernd mit feierlicher Miene die Mitgliedsausweise. „Willkommen im CBJMM! Ich gratuliere euch ganz herzlich, Anna und Bernd! Ihr habt die Aufnahmeprüfung mit Bravour bestanden! Ich muss zugeben, dass ich euch das anfangs nicht zugetraut habe. Ab sofort dürft ihr unser Clubwappen tragen (Abb. 21.5)."

Anna, Bernd, Clemens, die Schülerinnen und Schüler
Anna und Bernd strahlen: „Wir haben sehr viel Mathematik gelernt und gut zusammengearbeitet. Das hat echt Spaß gemacht!" Anna meint: „Mich hat am meisten überrascht, dass Mathematik nicht nur aus Rechnen besteht und dass man so kreativ sein muss." Bernd stellt fest: „Wir haben viele Aussagen bewiesen. Beweise kannten wir vorher gar nicht."

Abb. 21.4 Wie viele „CBJMM"-Pfade gibt es?

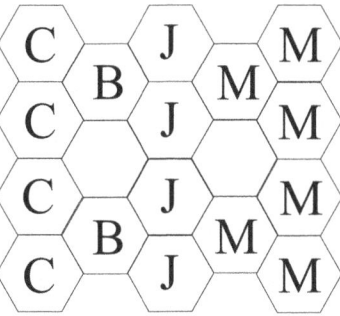

Abb. 21.5 Anna und Bernd dürfen jetzt das Wappen des CBJMM tragen

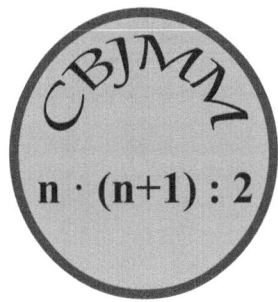

> **Was ich in diesem Kapitel gelernt habe**
> - Ich habe Aufgaben aus vielen Themengebieten gelöst.
> - Dabei habe ich den Stoff noch besser verstanden.

Das Clubwappen des CBJMM (Abb. 21.5) ziert die Gaußsche Summenformel, die Carl Friedrich Gauß (1777–1855; siehe auch Kap. 31, „Mathematische Ziele und Ausblicke"), einer der größten deutschen Mathematiker, im Alter von nur 9 Jahren entdeckt hat. (Weitz und Stephan 2022) [81] stellt auf S. 50 fest: „Und er ist ein eindrücklicher Beleg dafür, dass alle Kinder eine gute Ausbildung erhalten und Talente gefördert werden sollten. Er war der Sohn armer und ungebildeter Eltern und hat seinen Aufstieg zum Professor in Göttingen der Tatsache zu verdanken, dass ein engagierter junger Lehrer sein Genie erkannte und er vom Herzog von Braunschweig finanziell unterstützt wurde. Ohne diese eher zufälligen Ereignisse hätte Gauß wahrscheinlich nach ein paar Jahren die Volksschule verlassen und sich wie sein Vater als Gärtner und Maurer durchschlagen müssen. Die Welt hätte nie etwas von ihrem größten Mathematiker erfahren."

Teil II
Musterlösungen

Teil II enthält ausführliche Musterlösungen zu den Aufgabenkapiteln aus Teil I. Die Zielgruppe der Musterlösungen sind Leiter(innen) von Begabten-AGs, Förder- bzw. Projektkursen für mathematisch begabte Schülerinnen und Schüler der dritten und vierten Klassenstufe, Lehrer und Eltern (aber nicht die Schüler selbst). In der Regel macht dies kaum einen Unterschied; nur an einigen wenigen Stellen wird differenziert. Um umständliche Formulierungen zu vermeiden, wird im Folgenden normalerweise nur der „Kursleiter" angesprochen. Tab. II.1 zeigt die wichtigsten mathematischen Techniken, die in den einzelnen Kapiteln zur Anwendung kommen. Beweise spielen in vielen Kapiteln eine Rolle. An einigen Stellen in Tab. II.1 sind sie explizit aufgeführt.

Neben der Lösung der Aufgaben und didaktischen Anregungen werden am Ende der Musterlösungskapitel im Abschnitt „Mathematische Ziele und Ausblicke" die mathematischen Ziele der einzelnen Kapitel angesprochen. Gelegentlich wird darauf eingegangen, in welchen Teilgebieten der Mathematik und Informatik die erlernten mathematischen Techniken noch Einsatz finden. Häufig betrifft dies Schulstoff in höheren Klassenstufen oder Mathematikwettbewerbe, manchmal gehen die Ausblicke auch darüber hinaus. Es kann den Kindern zusätzliche Motivation und Selbstvertrauen geben, wenn sie erfahren, dass man mit den erlernten Techniken auch sehr fortgeschrittene Aufgaben lösen kann (vgl. hierzu auch das Vorwort von (Amann 2017) [2]). Zuweilen werden die Ausblicke durch historische Notizen angereichert.

Am Ende jedes Aufgabenkapitels findet man eine Zusammenstellung „Was ich in diesem Kapitel gelernt habe". Dies ist das Pendant zu Tab. II.1, allerdings in schülergerechter Sprache. Der Kursleiter kann die Lernerfolge mit den Schülern gemeinsam erarbeiten. Dies kann zu Beginn der Kurstreffen geschehen, um das vorangegangene Kurstreffen noch einmal zu rekapitulieren.

Tab. II.1 Aufgabenkapitel 2–21

Kapitel	Mathematische Techniken
Kap. 2	Kryptogramme
Kap. 3	Modellierung eines Realweltproblems (Wegeproblem) als ungerichteter Graph, gefärbter Graph, mathematischer Beweis
Kap. 4	Analyse der Auswirkung kleiner Änderungen in den Voraussetzungen, weitere Färbebeweise
Kap. 5	Mathematisches Spiel, optimale Strategie mit Beweis, Zurückführen auf einfachere Probleme
Kap. 6	Mathematisches Spiel, Anwendung der Techniken aus Kap. 5
Kap. 7	Hexominos, Würfelnetze, Spielwürfel
Kap. 8	Würfelnetze, Spielwürfel, Tetraeder, Tetraedernetz
Kap. 9	Modellierung eines Realweltproblems (Worträtsel) als gerichteter Graph, schrittweises Vereinfachen des Ausgangsproblems
Kap. 10	Modellierung von Realweltproblemen (Worträtsel), Anwendung der Techniken aus Kap. 9
Kap. 11	Gaußsche Summenformel (Beweis und Anwendungen)
Kap. 12	Realweltproblem (Bezahlproblem), schrittweises Zurückführen auf einfachere Probleme, Rekursionsformel
Kap. 13	Primfaktorzerlegung, Teiler, mathematischer Beweis
Kap. 14	Primfaktorzerlegung, Anzahl von Teilern, Kombinatorik
Kap. 15	Mathematisches Spiel, Zurückführen auf einfachere Spiele, Symmetrieprinzip
Kap. 16	Mathematisches Spiel, Zurückführen auf einfachere Spiele
Kap. 17	Modulo-Rechnung mit Anwendungen (Berechnung von Uhrzeiten und Wochentagen)
Kap. 18	Modulo-Rechnung (Rechenregeln für Addition und Multiplikation), Teilbarkeitsregeln für 3 und 9, mathematischer Beweis, Neunerprobe
Kap. 19	Sieb des Eratosthenes, Algorithmen zur Primzahlprüfung und Primfaktorzerlegung, Beweise
Kap. 20	Kombinatorik, Rekursionsformel
Kap. 21	von allem etwas

Musterlösung zu Kap. 2

Kap. 2 unterscheidet sich von den Aufgabenkapiteln Kap. 3 bis 21. Während in Kap. 2 „Knobeln" im Vordergrund steht, lernen die Schüler in den anderen Aufgabenkapiteln systematisch neue mathematische Techniken kennen und wenden diese an. Dieser Unterschied ergibt sich aus dem Erzählkontext, da Kap. 2 vor der Aufnahmeprüfung in den CBJMM stattfindet. In Kap. 22 fehlt auch der Abschnitt „Mathematische Ziele und Ausblicke".

a) Betrachtet man die Einerziffern in (2.1), folgt unmittelbar $A = 0$. Aus den Zehnerziffern folgt, dass $B + B = 0$ oder $B + B = 10$ gelten muss. Da bereits $A = 0$ ist, muss $B + B = 10$ gelten. Also ist $B = 5$. Für die Hunderterziffern gilt $C = B + 1$ (Übertrag) $= 6$. Eine Probe (Nachrechnen der Additionsaufgabe mit den hergeleiteten Ziffern) zeigt, dass $A = 0$, $B = 5$ und $C = 6$ (alternative Schreibweise: $(A, B, C) = (0, 5, 6)$) tatsächlich eine Lösung des Kryptogramms (2.1) ist.

Es mag auf den ersten Blick überraschen, dass eine Probe durchgeführt wird. Etwaige Fehler in der Herleitung der Lösung werden durch eine Probe entdeckt, während eine erfolgreiche Probe die errechnete Lösung bestätigt. Außerdem erfordert eine Probe nur wenig Zeit. Neben diesen positiven Eigenschaften ist eine Probe nicht nur empfehlenswert, sondern auch notwendig. Streng betrachtet, müsste die Musterlösung von Aufgabe a) etwa so beginnen: „Angenommen, eine Ziffernbelegung der Buchstaben A, B und C erfüllt das Kryptogramm (2.1). Betrachtet man die Einerziffern ...". Im Lauf der Musterlösung von Aufgabe a) (und der folgenden Aufgaben) werden nacheinander notwendige Bedingungen ausgenutzt, die eine Lösung des Kryptogramms erfüllen muss. Insbesondere hat die Musterlösung gezeigt, dass es für Aufgabe a) nicht mehr als eine Lösung geben kann. Es kann allerdings passieren, dass ein Kryptogramm gar keine Lösung besitzt. Ein Beispiel hierfür ist (22.1).

$$\begin{array}{r} \text{CBB} \\ + \text{CAA} \\ \hline \text{DCB} \end{array} \qquad (22.1)$$

Aus den Einerziffern folgt $A = 0$, aber dann müsste die Zehnerziffer des Ergebnisses auch B sein und nicht C, was ja nach Voraussetzung ungleich B ist. Das Kryptogramm (22.1) besitzt also keine Lösung. Prinzipiell kann auf eine Probe verzichtet werden, wenn aus der Aufgabenstellung hervorgeht, dass eine Lösung existiert und aus der Herleitung folgt, dass höchstens eine Lösung existiert. Allerdings besitzt eine Probe auch dann die oben dargelegten positiven Eigenschaften.

b) In (2.2) sind die Einer- und Zehnerziffer der Summe unterschiedlich. Daher muss B größer oder gleich 5 sein. Wegen des Übertrags in die Zehnerziffern ist C = D + 1, und außerdem ist A = 1 (Übertrag in die Hunderterziffern). Wäre B gleich 5, so wäre C = 1, was wegen A = 1 nicht sein kann. Ebenso führt die Annahme B = 9 zum Widerspruch, denn dann wäre auch C = 9. Für (A, B, C, D) bleiben also nur drei mögliche Lösungen übrig: (1, 6, 3, 2), (1, 7, 5, 4) und (1, 8, 7, 6). Durch eine Probe bestätigt man, dass alle drei möglichen Lösungen tatsächlich (2.2) lösen.

c) Die Einerziffer des Produkts 'BIN' hängt nur von den Einerziffern der beiden Faktoren ab, also von N. Das schränkt die Möglichkeiten deutlich ein; und zwar ist N $\in \{0, 1, 5, 6\}$. Die Zahl 'BIN' ist dreistellig und damit kleiner als 1000. Wegen $32 \cdot 32 = 1024$ muss 'IN' kleiner als 32 sein. Im letzten Schritt probiert man alle noch möglichen Ziffernkombinationen für I und N aus. Das sind die Zahlen 10, 15, 16, 20, 21, 25, 26, 30 und 31. Die Zahl 11 muss nicht betrachtet werden, da I und N ungleich sind. Durch Ausprobieren findet man, dass $B = 6$, $I = 2$ und $N = 5$ die einzige Lösung von (2.3) ist. (Hier ist die Probe Teil des Lösungswegs).
Anmerkung: Tatsächlich kann man diese Aufgabe auch schneller und eleganter lösen. Subtrahiert man in (2.3) auf beiden Seiten 'IN', erhält man nach Ausklammern IN $\cdot$ (IN $-$ 1) $= B \cdot 100$. Daher muss IN oder IN $-$ 1 durch 25 teilbar sein und der andere Term ein Vielfaches von 4 sein, da entweder IN oder IN $-$ 1 gerade ist. Mit diesen Überlegungen schränkt man die möglichen Lösungen auf IN $\in \{25, 76\}$ ein. Durch Nachrechnen bestätigt man, dass (I,N) = (2, 5) die einzige Lösung von (2.3) ist. Allerdings passt dieser Lösungsweg nicht zu den Mathematikkenntnissen von Grundschülern.

Didaktische Anregung In den ersten drei Aufgaben werden die Schüler hingeführt, die CBJMM-Jubiläumsaufgabe lösen zu können. Der Kursleiter kann weitere Aufgaben dieses Typs stellen, bevor sich die Schüler mit der CBJMM-Jubiläumsaufgabe beschäftigen. Als eine einzige Aufgabe ist die Jubiläumsaufgabe zu komplex für Grundschüler. Daher wird sie in fünf Teilaufgaben d)–h) zerlegt. So werden die Schüler schrittweise auf den richtigen Lösungsweg geführt.

15C	+ D50	= F0C
+	+	+
1GH	+ F1R	= HSS
=	=	=
CD0	+ 10FR	= 1D0R

15C	+ 450	= 60C
+	+	+
1GH	+ 61R	= HSS
=	=	=
C40	+ 106R	= 140R

Abb. 22.1 links: Die Buchstaben A, B, E sind durch die zugehörigen Ziffern ersetzt. rechts: Hier sind auch noch die Buchstaben F, D durch Ziffern ersetzt

d) In den Aufgaben d)–h) nehmen wir an, dass (mindestens) eine Ziffernbelegung von $(A, B, C, D, E, F, G, H, R, S)$ existiert, die die Jubiläumsaufgabe löst. Diese Lösung(en) werden wir schrittweise bestimmen und durch ene Probe bestätigen.
Betrachtet man die Einerziffern in der obersten Zeile, erhält man $C + E = C$. Daraus folgt $E = 0$.

e) In der obersten Zeile gibt es in den Einerziffern keinen Übertrag, da $E = 0$ ist. Daher folgt aus den Zehnerziffern, dass $B + B = 0$ oder $B + B = 10$ gilt. Da B nicht ebenfalls 0 sein kann, folgt hieraus $B = 5$. In der mittleren Spalte ergibt die Summe zweier dreistelliger Zahlen eine vierstellige Zahl. Diese kann nur mit 1 beginnen, d. h. $A = 1$. Auf der linken Seite von Abb. 22.1 sind die bisher erzielten Erkenntnisse eingesetzt.

f) Wir betrachten die Zehnerziffern in der mittleren Spalte. Da die Einerziffern keinen Übertrag erzeugen, erhält man $F = 5 + 1 = 6$. Also erzeugen die Zehnerziffern keinen Übertrag. Daher ist $F + D = 6 + D = 10$ (Hunderterziffern). Somit ist $D = 4$. Die bisher gewonnen Erkenntnisse sind in der rechten Seite von Abb. 22.1 eingetragen.

g) Wir sind der Lösung der Aufgabe schon deutlich nähergekommen. In der untersten Zeile erzeugen die Zehnerziffern $(4 + 6 = 10)$ einen Übertrag bei den Hunderterziffern. Daraus folgt die Gleichung $C + 0 + 1 = 4$, woraus $C = 3$ folgt. (Der Summand „ + 1" ist der Übertrag). Aus den Einerziffern in der linken Spalte folgt $3 + H = 10$ (Übertrag!). Also ist $H = 7$; vgl. die linke Seite von Abb. 22.2.

h) Es müssen noch die Ziffern 2, 8, 9 den Buchstaben G, R, S zugeordnet werden. Aus den Einerziffern der mittleren Reihe folgt, dass $7 + R = S$ oder $7 + R = 10 + S$ ist. Setzt man für R nacheinander die Ziffern 2, 8 und 9 ein, stellt man fest, dass nur $R = 2$ und $S = 9$ als Lösung in Frage kommen. Weil nur noch die Ziffer 8 übrigbleibt, muss $G = 8$ sein. Die rechte Seite von Abb. 22.2 zeigt den einzig verbliebenen Kandidat für eine Lösung der Jubiläumsaufgabe. Durch Nachrechnen (Probe) zeigt man, dass

$$(A,B,C,D,E,F,G,H,R,S) = (1, 5, 3, 4, 0, 6, 8, 7, 2, 9) \tag{22.2}$$

153	+	450	=	603
+		+		+
1G7	+	61R	=	7SS
=		=		=
340	+	106R	=	140R

153	+	450	=	603
+		+		+
187	+	612	=	799
=		=		=
340	+	1062	=	1402

Abb. 22.2 links: Ein weiterer Lösungsschritt: Die Buchstaben *C*, *H* sind durch die entsprechenden Ziffern ersetzt. rechts: vollständige Lösung der CBJMM-Jubiläumsaufgabe

tatsächlich das Ausgangsproblem aus Abb. 2.1 (Jubiläumsaufgabe) löst. Durch die Herleitung der Lösung wurde bereits gezeigt, dass keine weitere Lösung existieren kann.

Hinweis: Sieht man vom vorletzten Lösungsschritt ab (Teilaufgabe h)), bei dem *R* und *S* gleichzeitig ersetzt wurden, wurde die CBJMM-Jubiläumsaufgabe so konstruiert, dass man die Buchstaben nacheinander durch Ziffern ersetzen kann. Bei anderen Kryptogrammen kann es sein, dass man mehrere Buchstaben gleichzeitig betrachten muss.

Anmerkung: Der Namensgeber des Gymnasiums, an dem die Jubiläumsfeier des CBJMM stattfindet, ist Bernhard Riemann, ein wichtiger deutscher Mathematiker. Weitere Informationen zu Bernhard Riemann findet man z. B. in (Weitz und Stephan 2022) [81], S. 87 f. und (Stewart 2020) [77], S. 149 ff.

Musterlösung zu Kap. 3

Im ersten mathematischen Abenteuer wird nicht gerechnet. Das ist für die Schüler sicher eine Überraschung. Ebenso neu sind die Definition eines ungerichteten Graphen und die Erkenntnis, dass man in der Mathematik Vermutungen und Behauptungen beweisen muss.

Zuerst skizziert der Kursleiter den Stadtplan an der Tafel, und die Schüler zeigen am Stadtplan mögliche Wege zum Zauberladen.

a) Erarbeiten Sie mit den Schülern Möglichkeiten, wie man Wege aufschreiben kann. Z. B. „l", „r", „o" und „u" für links, rechts, oben und unten oder „w", „o", „n" und „s" für nach Westen, Osten, Norden und Süden. Legen Sie mit den Schülern eine Schreibweise fest, die im Folgenden verwendet wird. In der Musterlösung wird „l,r,o,u" verwendet.

Didaktische Anregung Teilen Sie die Schüler für die Aufgaben b)–e) in vier Gruppen ein, wobei jede Gruppe eine Aufgabe bearbeitet. Geben Sie den Schülern genügend Zeit, gemeinsam Ideen zu entwickeln, darüber in der Gruppe zu diskutieren und die Lösungen im Plenum vorzustellen.

Didaktische Anregung Die Aufteilung in vier Gruppen ist auf AGs zugeschnitten. Im Rahmen eines differenzierenden Unterrichts können vermutlich nicht mehr als zwei Gruppen gebildet werden. Im Heimunterricht kann ein Elternteil einzelne Aufgaben selbst übernehmen, z. B. c) und d).

b) Mögliche Wege: rrruu, rurur, rruur, urrur, ...
c) Mögliche Wege: –
d) Mögliche Wege: rrruouu, rrulrur, uuurorr, ...
e) Mögliche Wege: –

Erfahrungsgemäß haben die Gruppen 1 und 3 (5 bzw. 7 Straßenstücke) viele richtige Lösungen gefunden und tragen diese stolz vor. Die Gruppen 2 und 4 (6 bzw. 8 Straßenstücke) haben keine Lösung oder nur falsche Lösungen, bei denen sich die Kinder in der Anzahl der Schritte verzählt haben. Nach weiteren erfolglosen Versuchen kommt bei den Kindern der (richtige) Verdacht auf, dass die Aufgaben c) und e) gar keine Lösungen besitzen. Eine „demokratische Abstimmung" unter den Kindern wird dies vermutlich eindrücklich bestätigen, falls sie nur lange genug erfolglos nach einer Lösung gesucht haben. Allerdings ist die Sache nicht so einfach. Mathematische Fragestellungen werden nicht durch Mehrheitsentscheide entschieden.

Vielmehr wollen wir *beweisen*, dass die Aufgaben c) und e) keine Lösungen besitzen. Es ist ein wichtiges Ziel von Kap. 3, dass die Schüler verstehen, dass in der Mathematik Behauptungen bewiesen werden müssen und wie man einen Beweis führen kann. Das geht natürlich weit über den Mathematikunterricht in der Grundschule hinaus. Allerdings haben wir es ja auch mit mathematisch besonders begabten Grundschülern zu tun! Wie wir bald sehen werden, kann dieser Beweis von begabten Grundschülern verstanden werden. Dazu wurden in Kap. 3 wichtige Zwischenschritte skizziert und die Definition eines ungerichteten Graphen eingeführt. Da das Konzept eines mathematischen Beweises einerseits grundlegend, für die Schüler aber völlig neu ist, sollte der Kursleiter an dieser Stelle genügend Zeit lassen, so lange die Schüler ernsthafte Versuche unternehmen, selbst einen Beweis zu entwickeln. Selbstverständlich sollten die Schüler dabei mit Hinweisen unterstützt werden.

f) Auf dem Weg zu unserem Beweis stellt sich zunächst die Frage, welche Informationen auf dem Stadtplan zur Lösung des Problems letztlich überflüssig sind. Da solche Informationen unsere Aufgabe bestenfalls erschweren, wollen wir uns auf die wesentlichen Informationen beschränken. Die Kinder werden selbst schnell feststellen, dass die Häuschen überflüssig sind. Ohne irgendwelche relevante Information zu verlieren, können wir den Stadtplan etwas übersichtlicher gestalten (siehe Abb. 23.1).

In Abb. 23.2 gehen wir noch einen Schritt weiter. Clemens bewegt sich von Straßenkreuzung zu Straßenkreuzung. Daher malen wir auf jede Straßenkreuzung einen dicken Punkt, den wir mit einer Linie mit den angrenzenden Straßenkreuzungen verbinden. Clemens kann in einem Schritt zu allen direkt verbundenen Straßenkreuzungen gelangen.

g) Mit der Abstrahierung unseres Problems sind wir schon ein gutes Stück vorangekommen. Lassen Sie uns diesen Weg weiter gehen. Eigentlich beschreiben doch die Punkte, die die Straßenkreuzungen darstellen und deren Verbindungslinien den kompletten Sachverhalt. Ebenso wie die kleinen Häuschen können nun also auch die Straßenblöcke getrost verschwinden. Abb. 23.3 stellt den Stadtplan von Rechtwinkelshausen als einen ungerichteten Graph dar, wobei Ecken den Mittelpunkten der Straßenkreuzungen und die Kanten den Straßen entsprechen. Was ein ungerichteter Graph ist, hat Magister Magicus in Kap. 3 erklärt. In Kap. 9 lernen die Schüler gerichtete Graphen kennen, bei denen die Kanten Richtungen haben.

23 Musterlösung zu Kap. 3

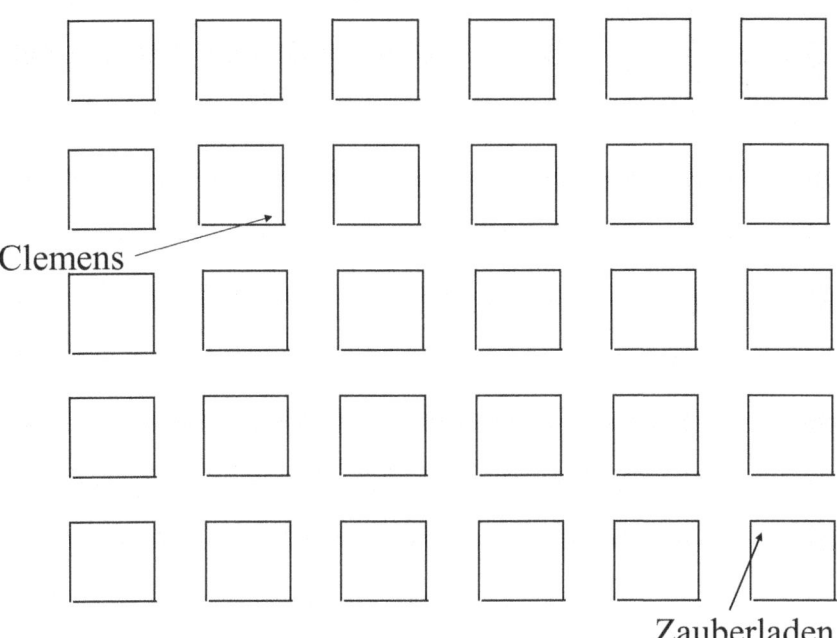

Abb. 23.1 vereinfachter Stadtplan von Rechtwinkelshausen (kleiner Ausschnitt)

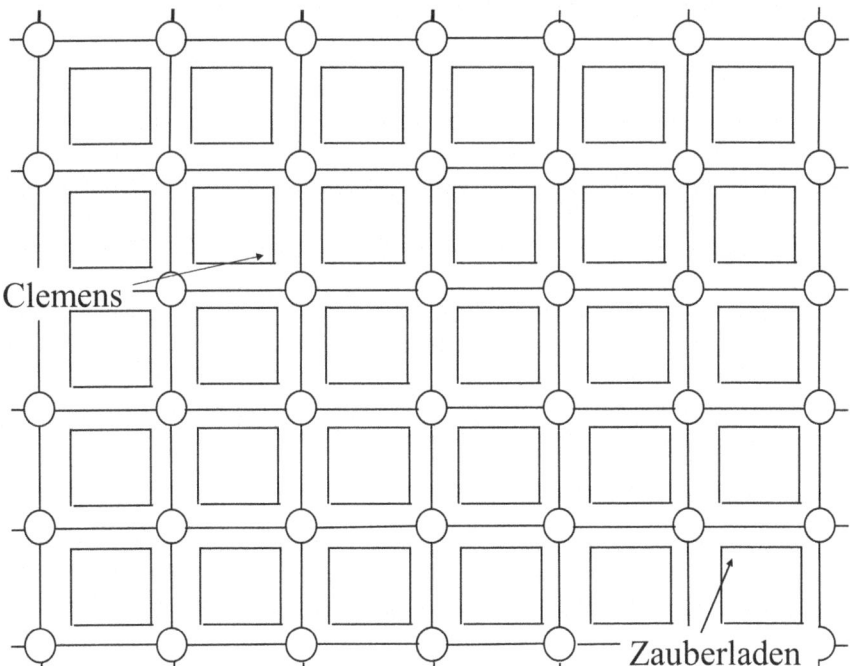

Abb. 23.2 bearbeiteter Stadtplan von Rechtwinkelshausen (kleiner Ausschnitt)

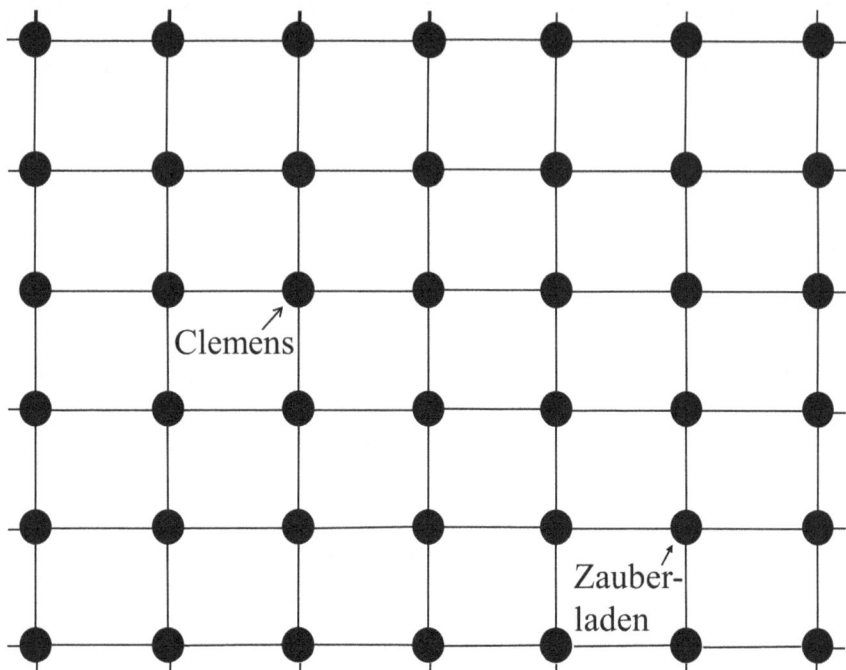

Abb. 23.3 Darstellung des Stadtplans von Rechtwinkelshausen als ungerichteter Graph

Wir können unsere Fragestellung, Mathematiker sprechen auch gerne von einem „Problem", nun so formulieren: Kann man in 6 oder 8 Schritten in dem Graphen aus Abb. 23.3 vom Ausgangspunkt (Wohnhaus Clemens) zum Endpunkt (Zauberladen) gelangen? Wir sind der Lösung schon ein gutes Stück nähergekommen Es fehlt nur noch ein letzter Schritt, den Mercator Magicus in Kap. 3 schon angedeutet hat.

h) In Abb. 23.4 sind die Ecken schachbrettartig schwarz und weiß eingefärbt. (Mathematiker sprechen übrigens von einem gefärbten Graphen). An der Tafel können natürlich andere Farben, z. B. blau und rot, gewählt werden. In der Musterlösung ergibt sich die Farbwahl wegen des Schwarzweißdrucks.

Bringt das Färben der Ecken neue Erkenntnisse, außer dass es optisch schön aussieht? Und ob!

Beobachtung Wenn Clemens von einer Ecke des Graphen zur nächsten geht (im wahren Leben: von einer Straßenkreuzung zur nächsten), ändert sich die Farbe der Ecke. Von einer schwarzen Ecke gelangt er stets zu eine weißen Ecke und umgekehrt, von einer weißen Ecke zu einer schwarzen Ecke. Clemens beginnt auf einer schwarzen Ecke. Nach einem Schritt steht er auf einer weißen Ecke und nach zwei Schritten wieder auf einer schwarzen Ecke. Der Farbwechsel setzt sich so fort.

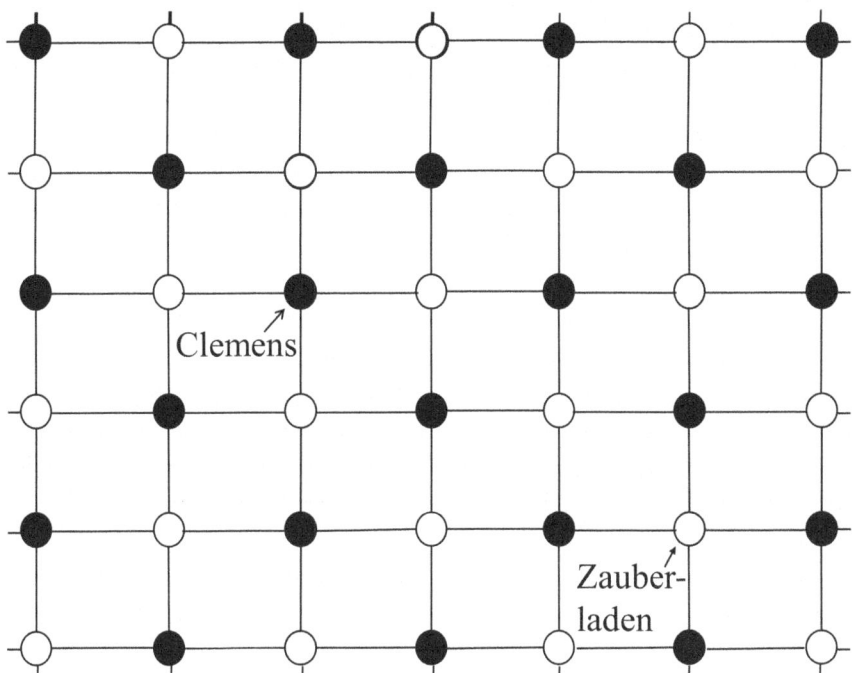

Abb. 23.4 Darstellung des Stadtplans von Rechtwinkelshausen als gefärbter Graph

Damit ist klar: Nach einer geraden Anzahl von Schritten (z. B. nach 100 Schritten) steht Clemens stets auf einer schwarzen Ecke, nach einer ungeraden Anzahl von Schritten auf einer weißen Ecke.
Also: Nach 6 oder 8 Schritten steht Clemens auf irgendeiner schwarzen Ecke. Die Ecke vor dem Zauberladen ist aber weiß! Also kann Clemens nicht vor dem Zauberladen stehen. Für die Aufgaben c) und e) gibt es also tatsächlich keine Lösungen. Allerdings hat diese Erkenntnis jetzt ein ganz anderes Gewicht. *Wir vermuten es nicht nur* (bedingt durch viele erfolglose Versuche, solche Wege zu finden), *sondern wir haben es bewiesen.*

Didaktische Anregung Um Zeit zu sparen, kann an einer Tafel der erste Stadtplan Abb. 3.1 schrittweise zu Abb. 23.4 umgestaltet werden. Übrigens hatte ein Schüler der im Vorwort erwähnten Mathematik-AG das Grundprinzip, dass Clemens keinen einzelnen Schritt „gewinnen" kann, letztlich schon zu Beginn der formalen Beweisführung im Wesentlichen durchschaut, konnte aber (verständlicherweise) keinen „sauberen" Beweis herleiten. Dennoch eine reife Leistung für einen Grundschüler!

Es sind noch zwei Aufgaben übrig. Deren Lösungen sind jetzt aber relativ einfach.

i) Hier kann Clemens ähnlich wie in Aufgabe d) zunächst 47 Mal jeweils einen Schritt (im realen Leben: eine Straßenkreuzung) nach oben und dann wieder nach unten gehen. Dann steht er wieder auf dem Ausgangspunkt, und ihm bleiben noch genau 5 Schritte übrig, um zum Zauberladen zu gelangen. Eine mögliche Lösung lautet ou...ou(47 Mal)rrruu.

j) Nach unseren ausgiebigen Überlegungen zu den Aufgaben c) und e) ist diese Aufgabe nunmehr wirklich „kinderleicht": Die Zahl 2026 ist gerade, und daher gibt es keinen Weg mit 2026 Schritten zum Zauberladen.

Mathematische Ziele und Ausblicke

Für die Kinder ist dieses Einstiegskapitel aus mehreren Gründen außergewöhnlich. Zunächst stellen sie erstaunt fest, dass man in der Mathematik nicht nur rechnet. Sie sehen vermutlich zum ersten Mal in ihrem Leben einen mathematischen Beweis. Und vor allem lernen die Kinder, dass Mathematik nicht nur aus dem Anwenden von „Kochrezepten" besteht, sondern Phantasie und Kreativität erfordert. Als erste mathematische Beweistechnik lernen die Kinder einen gefärbten Graphen kennen, auch wenn die Musterlösung natürlich keine systematische Einführung in die Graphentheorie liefert. Dabei lernen sie, wie man ein Realwelt-Problem mathematisch modellieren kann, um es dann lösen zu können.

„Färbebeweise" kommen in der Mathematik immer wieder vor; z. B. (wie auch hier), um zu zeigen, dass gewisse Sachverhalte unmöglich sind. Die Aufgabensammlung (Engel 1998) [19] widmet diesem Thema ein ganzes Kapitel („Coloring Proofs"). Insgesamt enthält (Engel 1998) [19] etwa 1300 Aufgaben aus mehr als zwanzig anspruchsvollen nationalen und internationalen Mathematikwettbewerben (sogar von der internationalen Mathematikolympiade). Der adressierte Leserkreis sind Trainer und Teilnehmer von Wettbewerben bis in die höchste Stufe. Für unsere Zwecke sind die Aufgaben in (Engel 1998) [19] jedoch in aller Regel viel zu schwierig. Allerdings kann sich der Kursleiter hieraus eventuell Anregungen holen.

Musterlösung zu Kap. 4

Nach den doch sehr anspruchsvollen Aufgaben in Kap. 3 geht es in Kap. 4 zunächst einfacher weiter. Die ersten Aufgaben in Kap. 4 bieten die Gelegenheit, das in Kap. 3 Erlernte noch einmal zu wiederholen und vertiefen. Das ist auch wichtig, um den Kindern Selbstvertrauen zu geben. Bei den letzten Aufgaben sind wieder neue Ideen gefragt. Die größten Schwierigkeiten dürfte die letzte Aufgabe bereiten.

a) Bei jedem kürzesten Weg muss Clemens ohne Umwege auf den Zauberladen zugehen. Mit anderen Worten: Er muss drei Mal nach rechts und zwei Mal nach unten gehen. Es gibt 10 kürzeste Wege: uurrr, ururr, urrur, urrru, ruurr, rurur, rurru, rruur, rruru, rrruu. Alle haben die Länge 5.
Begründung: Beim ersten Weg geht Clemens zunächst zwei Mal nach unten. In den folgenden drei Wegen „wandert" das zweite „u" nach rechts, wonach alle Wege erfasst sind, die mit „u" beginnen. In den nächsten drei Wegen befindet sich das erste „u" an der zweite Stelle, und das zweite „u" wandert wieder schrittweise nach hinten usw. Damit ist gezeigt, dass die Aufzählung alle Wege der Länge 5 erfasst hat.

b) Wie in Aufgabe a) muss Clemens bei jedem kürzesten Weg ohne Umwege auf die Schule zugehen. Mit anderen Worten: Er muss ein Mal nach links und drei Mal nach unten gehen. Es gibt 4 kürzeste Wege: luuu, uluu, uulu, uuul.
Begründung: Hier führt genau ein Straßenstück nach links.

c) Aus Aufgabe b) wissen wir bereits, dass die kürzesten Wege 4 Straßenstücke umfassen. Wie in Kap. 3 erhält man daraus Wege für jede gerade Streckenanzahl, die größer oder gleich 4 ist, indem man von Clemens Haus zunächst so oft nach rechts und nach links geht, bis nur noch 4 Schritte übrig sind (vgl. die Musterlösung Kap. 23 i). Schließlich beendet man den Weg z. B. mit luuu. Abb. 23.4 zeigt, dass die Ecke vor Clemens Haus und die Ecke vor seiner Schule schwarz sind. (Dies könnte man auch ohne Abb. 23.4 aus der Tatsache folgern, das es Wege mit 4 Schritten gibt). Wir wissen bereits aus Kap. 3, dass sich Clemens nach einer ungeraden Anzahl von Schritten auf einem weißen Feld befindet. Daher kann es keinen Weg mit einer ungeraden Anzahl von Straßenstücken geben. Insgesamt bedeutet dies: Es gibt Wege von Clemens Haus zu seiner Schule mit 4, 6, 8, ... Straßenstücken.

Die Aufgaben a) und b) waren Übungen zum systematischen Abzählen, während c) eine eher einfache Transferaufgabe ist.

d) In Abb. 4.1 ist ein zusätzlicher Weg eingezeichnet, der zwei Straßenmittelpunkte diagonal verbindet. Ändert dies die Lösungen der Aufgaben in Kap. 3? Natürlich sind die Lösungen der Aufgaben b), d) und i) aus Kap. 3 auch jetzt Lösungen, denn es wurde ja keine Straße entfernt. Aber nun gibt es auch einen Weg aus 6 Schritten, z. B. rrr(du)ru, wobei „du" für „diagonal nach unten" steht. Ebenso finden sich jetzt Lösungen mit 8 oder 2026 Straßenstücken; wir müssen ja bloß oft genug „auf der Stelle" treten, also z. B. abwechselnd nach rechts und nach links gehen, bis nur noch 5 Schritte übrig sind.

Was ist aus unserem schönen Beweis geworden? Natürlich kann man wie oben einen gefärbten Graphen erstellen, der den Stadtplan beschreibt. Aber unser Beweis funktioniert jetzt nicht mehr:

Beobachtung Wechselte man beim ursprünglichen Stadtplan aus Kap. 3 mit jedem Schritt die Farbe, so ist das jetzt zwar noch meistens der Fall, aber eben nicht immer: Geht man den Diagonalweg, gelangt man von einem weißen Feld auf ein weißes Feld.

Damit bricht unser Beweis zusammen. (Und das muss er natürlich auch, denn jetzt gibt es ja Wege mit einer geraden Anzahl von Schritten, wie wir gerade festgestellt haben). Dies ist ein Beispiel dafür, dass kleine Ursachen große Auswirkungen entfalten können. Oder anders gesagt: In der Mathematik kommt es auf Details an.

e) Aufgabe e) sollte kein Problem darstellen. Die linke Skizze in Abb. 24.1 zeigt eine mögliche Lösung.

f) Aufgabe f) besitzt keine Lösung, was leicht einzusehen ist. Jedes Zaubertuch bedeckt genau ein weißes und ein schwarzes Feld. Mit 31 Zaubertüchern werden 31 weiße und 31 schwarze Felder unsichtbar. Es muss also auf jeden Fall noch ein weißes und ein schwarzes Feld übrig bleiben. Die Felder a1 und h8 sind aber beide schwarz. Daher kann zu Aufgabe f) keine Lösung existieren.

g) Die rechte Skizze in Abb. 24.1 zeigt eine mögliche Lösung.

h) vgl. Musterlösung von i).

i) In Abb. 4.3 gibt es 21 weiße, 20 gestreifte und 22 schwarze Felder. Egal wo es liegt, überdeckt ein 3er-Zaubertuch genau ein weißes, ein gestreiftes und ein schwarzes Feld. Falls eine Überdeckung des Schachbretts ohne das Feld *a*1 existierte, müssten die 21 3er-Zaubertücher zusammen 21 weiße, 21 gestreifte und 21 schwarze Felder überdecken. Das ist aber nicht möglich, da es 22 schwarze und nur 20 gestreifte Felder gibt. Damit ist bewiesen, dass es keine solche Überdeckung geben kann.

24 Musterlösung zu Kap. 4

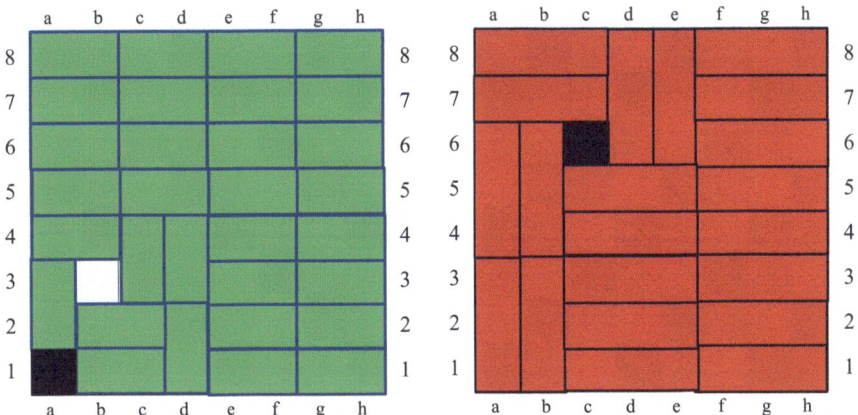

Abb. 24.1 Lösungen zu den Aufgaben e) (links) und g) (rechts)

Didaktische Anregung Aufgabe j) ist relativ schwierig. Sie kann weggelassen oder vom Kursleiter interaktiv vorgerechnet werden. Im Beweis von j) lernen die Schüler den Unterschied zwischen notwendigen und hinreichenden Bedingungen kennen. Der Unterschied sollte ausführlich besprochen werden, auch wenn es nicht erforderlich erscheint, die Begriffe selbst einzuführen.

j) Die linke Zeichnung in Abb. 24.2 setzt die Färbung aus Abb. 4.3 systematisch auf das gesamte Schachbrett fort. Auch hier überdeckt jedes 3er-Zaubertuch genau ein weißes, ein gestreiftes und ein schwarzes Feld. Auf dem gesamten Schachbrett sind 21 weiße, 21 gestreifte und 22 schwarze Felder. Mit demselben Argument wie im Beweis von Aufgabe i) folgt daraus, dass eine Überdeckung mit 3er-Zaubertüchern nur *existieren kann*, falls das fehlende Feld schwarz gefärbt ist.

Dies ist ein wichtiger Punkt. Wir haben *nicht* gezeigt (und es ist auch nicht richtig), dass eine Überdeckung existiert, falls das fehlende Feld schwarz ist, sondern nur, dass keine Überdeckung existiert, wenn das Feld nicht schwarz ist. Dass ein Feld schwarz ist, ist also eine *notwendige Bedingung*, aber keine *hinreichende Bedingung* dafür, dass eine Überdeckung existiert.

Die rechte Zeichnung in Abb. 24.2 greift die Idee nochmals auf. Auch hier überdeckt jedes 3er-Zaubertuch genau ein weißes, ein gestreiftes und ein schwarzes Feld, und es gibt 21 weiße, 21 gestreifte und 22 schwarze Felder. Insgesamt bedeutet dies, dass nur für Felder, die sowohl in der linken als auch in der rechten Zeichnung von Abb. 24.2 schwarz sind, eine Überdeckung existieren kann. Dies sind die Felder $c3$, $f3$, $c6$ und $f6$.

Wir wissen bereits aus Aufgabe g), dass für das Feld $c6$ eine Überdeckung existiert. Dasselbe gilt auch für die Felder $f3$, $c6$ und $f6$. Das kann man durch die Angabe von Überdeckungen nachweisen oder eleganter, indem man das Schachbrett samt Überdeckung für das Feld $c6$ im Uhrzeigersinn um eine Vierteldrehung um den Mittelpunkt des Schachbretts dreht. Dann liegt $c6$ auf $f6$. Mit zwei weiteren Vierteldrehungen werden auch die Felder $f3$ und $c3$ erreicht.

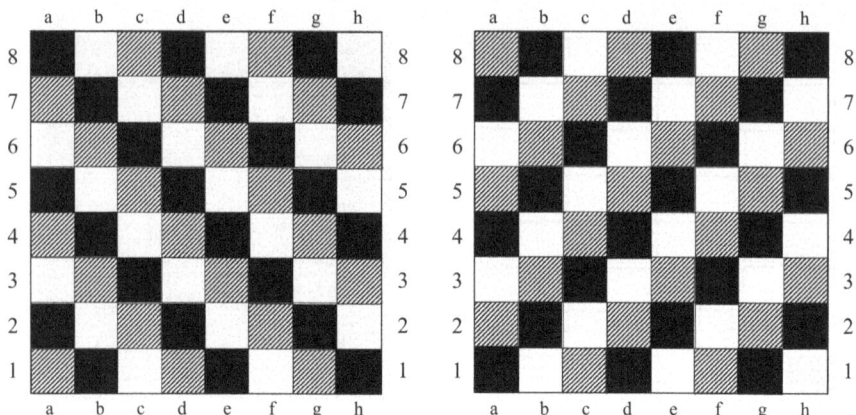

Abb. 24.2 Ungewöhnliche Färbungen eines Schachbretts

Mathematische Ziele und Ausblicke

Zunächst wiederholen und vertiefen die Schüler das Vorgehen aus Kap. 3. Die Aufgaben e) und f) könnte man auch für ein einfarbiges Brett aus 8 × 8 Feldern formulieren, aber dann käme in f) ein zusätzlicher Schritt hinzu, weil man das Brett erst einmal geeignet (schachbrettartig) einfärben müsste. In den Aufgaben g)–j) lernen die Schüler eine kompliziertere Färbung kennen. Im Beweis von Aufgabe j) wird der Unterschied zwischen notwendigen und hinreichenden Bedingungen herausgearbeitet.

Aufgabe f) ist in teilweise leicht modifizierter Form und in anderen Kontexten wohlbekannt. In dem bereits erwähnten (Engel 1998) [19] motiviert sie in der Einleitung des Kapitels zur Beweistechnik des Färbens („Coloring Proofs"). Übrigens wurde eine modifizierte Version von Aufgabe e) (mit anderen entfernten Feldern) im Uni-Vorkurs „Formale Methoden der Informatik" für angehende Informatikstudenten im Wintersemester 2014/2015 der Rheinischen Friedrich-Wilhelms Universität Bonn als Übungsaufgabe gestellt. Aufgabe h) bzw. j) stammt aus (Devendran 1990) [16], Abschnitt III.1.

Musterlösung zu Kap. 5

In Kap. 5 wird ein mathematisches Spiel untersucht. Allerdings liegt das Ziel eines mathematischen Spiels nicht im unbeschwerten Spielen, sondern in der Suche nach der optimalen Spielstrategie. Diesen Gedanken lernen die Schüler in den Aufgaben b)–e) kennen.

a) Spiele sind für Kinder immer interessant. Daher kann der Aufgabenteil a) auf etwa 15–20 Minuten ausgedehnt werden. Als Spielsteine eignen sich beispielsweise Legosteine oder Spielmarken.

Didaktische Anregung Nachdem die Schüler zur Einstimmung eher unbeschwert gespielt haben, beginnt jetzt der ernsthafte Teil. In den Aufgaben b) und c) werden zunächst einfachere Varianten des Drachenspiels mit wenig Spielsteinen analysiert. Auch wenn die Lösung von Aufgabe b) ziemlich einfach ist, sollte nicht zu schnell darüber hinweggegangen werden. Es wird sich bald herausstellen, dass dort der Schlüssel zur Lösung des (echten) Drachenspiels mit 24 Lavastücken liegt.

b) Tab. 25.1 fasst die Ergebnisse der Aufgaben b) und c) zusammen. In der linken Spalte sind die Anzahl der Lavastücke eingetragen, mit denen die vereinfachte Variante des Lavaspiels gespielt wird. Der Eintrag (G) bedeutet, dass dieser Spieler den Gewinn erzwingen kann, wenn er die beste Strategie spielt.
Dass für 1, 2 oder 3 Lavastücke der am Zuge befindliche Spieler gewinnen kann, ist völlig klar. Er muss ja nur alle Lavastücke wegnehmen, die auf dem Tisch liegen. Betrachten wir nun die Variante des Lavaspiels, die mit 4 Lavastücken gespielt wird. Spieler 1 kann 1, 2 oder 3 Lavastücke (Spielsteine) wegnehmen. Dann bleiben noch 3, 2 bzw. 1 Lavastücke übrig, aber Spieler 2 ist jetzt am Zug. Spieler 2 nimmt einfach alle Lavastücke weg, die noch auf dem Tisch liegen. Wir sehen also, dass bei einem Drachenspiel mit nur 4 Lavastücken Clemens auf gar keinen Fall das Spiel beginnen sollte!

Tab. 25.1 vereinfachtes Drachenspiel: Wer kann den Gewinn erzwingen, wenn Spieler 1 beginnt?

Lavastücke	Spieler 1 (am Zug)	Spieler 2
1	(G)	
2	(G)	
3	(G)	
4		(G)
5	(G)	
6	(G)	
7	(G)	
8		(G)

Beobachtung Übrigens könnte man für die Erkenntnis, dass Spieler 2 bei 4 Lavastücken den Gewinn erzwingen kann, auch die drei ersten Zeilen von Tab. 25.1 ausnutzen: Nach dem ersten Zug von Spieler 1 liegen noch 1, 2 oder 3 Lavastücke auf dem Tisch, und da Spieler 2 ja nun am Zug ist, vertauschen sich die Rollen der beiden Spieler, was das „am Zug sein" betrifft. Das mag an dieser Stelle übertrieben formal erscheinen, ist aber eine äußerst nützliche Beobachtung, von der wir später noch ausgiebig Gebrauch machen werden.

c) Wie gewinnt Spieler 1, wenn 5 Lavastücke auf dem Tisch liegen? Mit unseren Vorüberlegungen ist das jetzt ganz einfach zu beantworten: Er nimmt genau ein Lavastück weg! Dann bleiben 4 Lavastücke übrig, und Spieler 2 ist jetzt am Zug! Wir wissen aber schon, dass es bei einem Drachenspiel mit 4 Lavastücken ungünstig ist, das Spiel zu beginnen. Genauso verhält es sich, wenn zu Beginn des Spiels 6 oder 7 Lavastücke auf dem Tisch liegen: Spieler 1 nimmt im ersten Zug 2 bzw. 3 Lavastücke weg, so dass 4 Lavastücke übrigbleiben. Als nächstes betrachten wir das Lavaspiel mit 8 Lavastücken. Tab. 25.1 besagt, dass Spieler 2 den Gewinn erzwingen kann, aber wie geht das? Spieler 1 kann 1, 2 oder 3 Lavastücke wegnehmen, wonach 7, 6 bzw. 5 Lavastücke übrig bleiben. Wir wissen aber schon, dass der am Zug befindliche Spieler verliert, wenn 4 Spielsteine auf dem Tisch liegen. Mit diesem Wissen nimmt Spieler 2 einfach 3, 2 bzw. 1 Lavastücke weg, so dass genau 4 Spielsteine übrig bleiben und Spieler 1 wieder am Zug ist.

d) **Beobachtung** Spieler 2 kann erzwingen, dass Spieler 1 und er mit ihren ersten Zügen zusammen genau 4 Lavastücke wegnehmen (1 + 3, 2 + 2 oder 1 + 3). Bei der Variante mit 8 Lavastücken überführt Spieler 2 das Lavaspiel mit 8 Lavastücken in eine Spielvariante mit 4 Lavastücken, bei der Spieler 1 wieder am Zug ist! Wir wissen ja bereits, dass dies für Spieler 2 gewonnen ist.

Was hilft uns diese Beobachtung? Sehr viel! Sie stellt den Schlüssel zur Lösung unserer Aufgabe dar: Spieler 2 kann die Anzahl der Lavastücke schrittweise um 4 reduzieren, und Spieler 1 ist dann wieder am Zug. Für das Lavaspiel mit 12 Lavastücken heißt das: Egal, was Spieler 1 macht, reduziert Spieler 2 mit seinem Zug die verbleibenden Lavastücke auf 8 und dann auf 4 und schließlich auf 0, womit er gewonnen hat.

e) Nach den Überlegungen aus Aufgabe d) sollte diese Aufgabe nicht allzu schwierig sein. Liegen 9, 10 oder 11 Lavastücke auf dem Tisch, nimmt Spieler 1 soviele Lavastücke weg, dass noch 8 Lavastücke übrig bleiben. Wir wissen bereits, dass dies für den Spieler ungünstig ist, der am Zug ist. Das ist aber Spieler 2. Also kann Spieler 1 die Spielvarianten des Drachenspiels gewinnen, bei denen zu Beginn 9, 10 oder 11 Lavastücke auf dem Tisch liegen.

Jetzt sind alle Vorarbeiten erledigt, um das echte Drachenspiel lösen zu können. Von entscheidender Bedeutung sind zwei Erkenntnisse. Der Spieler, der nicht am Zug ist, kann erzwingen, dass beide Spieler in ihren jeweils nächsten Zügen *zusammen* 4 Lavastücke wegnehmen. Damit kann man Spielvarianten des Drachenspiels relativ einfach auf Spielvarianten mit weniger Lavastücken zurückführen.

f) Aus den Aufgaben b), c) und d) wissen wir bereits, dass Spieler 2 Spielvarianten mit 4, 8 und 12 Lavastücken gewinnen kann, wenn er die richtige Strategie kennt. Für das echte Drachenspiel mit 24 Lavastücken bedeutet das: Clemens sollte auf keinen Fall beginnen. Beginnt der Drache, reagiert Clemens so, dass für den Drachen nacheinander 20, 16, 12, 8, 4 und schließlich 0 Lavastücke übrig bleiben. Clemens kann also den Gewinn erzwingen, wenn der Drache den ersten Zug macht.

Mathematische Ziele und Ausblicke

Das Drachenspiel endet nach endlich vielen Schritten. Bei solchen Spielen ist es oft zielführend, das Spiel vom Ende her zu analysieren. Die entscheidende Lösungsidee, nämlich dass der Spieler in der Hinterhand stets erzwingen kann, dass die beiden Spieler in ihren nächsten Spielzügen zusammen 4 Spielsteine (Lavastücke) vom Tisch nehmen, wurde durch die Analyse von Varianten des Drachenspiels mit wenigen Spielsteinen erkannt. Die Kinder lernen die Lösungsstrategie kennen, ein schwieriges mathematisches Problem schrittweise in Probleme zu überführen, die einfacher zu lösen sind; hier das (Original-)Drachenspiel mit 24 Spielsteinen in Drachenspiele mit 20 Spielsteinen, mit 16 Spielsteinen, ..., und schließlich nur noch mit 4 Spielsteinen.

Wie in Kap. 3 und 4 ist der Beweis, dass die beschriebene Strategie tatsächlich den Gewinn erzwingt, klar und nachvollziehbar und nicht vage oder beliebig (etwa: „Spieler 2 kann gewinnen, weil das in mehreren Spielrunden so war."). Die Schüler haben also wieder einen strengen mathematischen Beweis geführt.

Dieses und das nächste Kapitel führen mit zwei einfachen „Wegnehmspielen" in die mathematische Spieltheorie ein. Kap. 15 und 16 behandeln schwierigere mathematische Spiele.

In der mathematischen Literatur findet man verschiedenste Varianten von Wegnehmspielen mit unterschiedlichem Schwierigkeitsgrad. Erwähnenswert ist vielleicht, dass während der Berliner Industrieausstellung 1951 das englische „Elektronengehirn" Nimrod (Originalbezeichnung; ein Großrechner) drei Partien NIM (ein komplizierteres Wegnehmspiel) gegen den damaligen Bundeswirtschaftsminister und späteren Bundeskanzler Ludwig Erhard gespielt und gewonnen hat (Schmitz 2017) [57].

Musterlösung zu Kap. 6

Kap. 6 setzt Kap. 5 thematisch fort. Es werden die Spielregeln des Drachenspiels geändert, und das hat Auswirkungen auf die optimale Spielstrategie.

Didaktische Anregung Kap. 6 ist sehr eng mit Kap. 5 verwandt. Die Schüler erhalten die Gelegenheit, das Erlernte noch einmal anzuwenden und zu vertiefen.

a) Die Schüler sollten sich mit den geänderten Regeln vertraut machen und einige Partien Superdrachenspiel miteinander spielen.

Wie in Kap. 25 analysieren wir in den Aufgaben b) und c) zunächst Spielvarianten mit wenigen Lavastücken.

b) Tab. 26.1 fasst die Ergebnisse zu den Aufgaben b) und c) zusammen. In der linken Spalte sind die Anzahl der Lavastücke eingetragen, mit denen die vereinfachte Variante des Superdrachenspiels gespielt wird. Der Eintrag (G) bedeutet, dass dieser Spieler den Gewinn erzwingen kann, wenn er die beste Strategie spielt.
Bei nur einem 1 Lavastück gewinnt natürlich Spieler 2, da jetzt der Spieler verliert, der das letzte Lavastück vom Tisch nehmen muss. Dass beim Superdrachenspiel der am Zuge befindliche Spieler für 2, 3, 4 oder 5 Lavastücke gewinnen kann, ist völlig klar. Er muss ja nur bis auf eines alle Lavastücke wegnehmen, die auf dem Tisch liegen.

c) Die Variante des Superdrachenspiels mit 6 Spielsteinen ist wieder für Spieler 2 günstig. Egal was Spieler 1 in seinem ersten Zug macht: Spieler 2 lässt genau einen Spielstein auf dem Tisch, und Spieler 1 verliert. Bei 7, 8, 9 oder 10 Lavastücken gewinnt Spieler 1, indem er 1, 2, 3 bzw. 4 Lavastücke vom Tisch nimmt. Dann bleiben 6 Lavastücke übrig, und das ist, wie wir gerade gesehen haben, für den Spieler, der am Zug ist, ungünstig (Tab. 26.1).

Tab. 26.1 vereinfachtes Superdrachenspiel: Wer kann den Gewinn erzwingen, wenn Spieler 1 beginnt?

Lavastücke	Spieler 1 (am Zug)	Spieler 2
1		(G)
2	(G)	
3	(G)	
4	(G)	
5	(G)	
6		(G)
7	(G)	
8	(G)	
9	(G)	
10	(G)	
11		(G)

Beobachtung Entscheidend ist auch hier, dass der nicht am Zug befindliche Spieler stets erreichen kann, dass der andere Spieler und er in ihren beiden nächsten Zügen zusammen genau 5 Spielsteine entfernen. (Beim Drachenspiel waren dies $4 = (3 + 1)$ Spielsteine. Es ist wichtig, diesen Unterschied herauszuarbeiten). Spielvarianten mit $1, 6, 11, 16, 21, \ldots$ Spielsteinen sind für den beginnenden Spieler stets ungünstig.

Nach diesen Vorüberlegungen und den Erfahrungen aus Kap. 5 sollten die letzten drei Aufgaben nicht mehr schwer sein.

d) Für das Superdrachenspiel mit 24 Lavastücken bedeutet dies: Clemens sollte beginnen. Er gewinnt, indem er mit seinen Zügen die folgenden Zwischenspielstände herbeiführt: 21, 16, 11, 6, 1.

e) Bei der Spielvariante mit 41 Lavastücken gewinnt Spieler 2, indem er nacheinander die Zwischenstände 36, 31, 26, 21, 16, 11, 6, 1 herbeiführt.

f) Bei der Spielvariante mit 43 Lavastücken kann Spieler 1 den Sieg erzwingen, indem er im ersten Zug 2 Lavastücke wegnimmt und somit 41 Lavastücke verbleiben. Jetzt ist Spieler 2 am Zug, und wir wissen ja aus Aufgabe e), dass bei 41 Lavastücken derjenige Spieler verliert, der beginnt (sofern der andere Spieler optimal spielt).

Mathematische Ziele und Ausblicke

vgl. Kap. 25

Musterlösung zu Kap. 7

In Kap. 7 lernen die Schüler Hexominos und Würfelnetze kennen. Bei vielen Aufgaben sollen die Schüler entscheiden, ob man ein gegebenes Hexomino zu einem Würfel falten kann, oder anders ausgedrückt, ob es ein Würfelnetz ist. Beschreibungen, wie man ein Würfelnetz zu einem Würfel falten kann, übt wieder das nachvollziehbare Aufschreiben von Lösungen. Den Abschluss von Kap. 7 bilden drei Aufgaben zu Spielwürfeln.

Didaktische Anregung Würfelnetze spielen eine wichtige Rolle, weil sie das räumliche Vorstellungsvermögen von Kindern schulen. So führen (Franke und Reinhold, 2016) [22] auf S. 39 aus: „Räumliches Vorstellungsvermögen (oder kurz: Raumvorstellung) ... erweist sich als zentrale Voraussetzung schulischen Lernens, nicht nur im Mathematikunterricht." Insgesamt sollte Kap. 7 den Schülern leichter fallen als die vorhergehenden Kapitel. Da es inhaltlich nicht von früheren Kapiteln abhängt, bietet es auch den Schülern die Chance für einen „Neustart", die dort Schwierigkeiten hatten. Dieser positive Effekt kann vom Kursleiter verstärkt werden, indem er diesen Schülern bevorzugt die Gelegenheit gibt, ihre Lösungen zu präsentieren.

a) Das Hexomino (a) in Abb. 7.2 ist ein Würfelnetz. Nachfolgend wird beschrieben, wie man dteses Würfelnetz zu einem Würfel falten kann. Die Anmerkungen 1 und 2 gelten die für diese und für alle anderen Aufgaben in Kap. 7 und 8, die sich mit Würfelnetzen befassen.
Anmerkung 1: Es stehen S1, S2, ... für „Schritt 1", „Schritt 2", ... usw. Die Seitenflächen der Würfel bezeichnen wir kurz als Flächen. Bei allen Faltungen wird die angegebene Würfelfläche (kurz: Fläche) um 90° um die angegebene Kante gedreht.

S1: Falte die F-Fläche an der Kante zur D-Fläche in die Ebene hinein.
S2: Falte die D-Fläche an der Kante zur E-Fläche in die Ebene hinein.
S3: Falte die B-Fläche an der Kante zur E-Fläche, so dass die B-Fläche parallel zur F-Fläche ist.
S4: Falte die A-Fläche an der Kante zur B-Fläche, so dass die A-Fläche und die F-Fläche eine gemeinsame Kante besitzen.
S5: Falte die C-Fläche an der Kante zur B-Fläche, so dass die C-Fläche mit der F-Fläche (und der A-Fläche, der E-Fläche und der B-Fläche) eine gemeinsame Kante besitzt.

Der Würfel ist nun fertig.
Anmerkung 2: Die Reihenfolge, in der die einzelnen Schritte ausgeführt werden, ist nicht eindeutig. Beispielsweise wäre es auch möglich, den Schritt S5 als erstes auszuführen. Analoges gilt auch für die anderen Würfelnetze, die noch besprochen werden.
Die Hexominos (b) und (c) sind keine Würfelnetze. Das Hexomino (d) ist ein Würfelnetz. Eine mögliche Lösung geht so:

S1: Falte die F-Fläche an der Kante zur E-Fläche in die Ebene hinein.
S2: Falte die E-Fläche an der Kante zur C-Fläche in die Ebene hinein. (Von der Seite betrachtet, bilden die Flächen C, E und F die Form „ ⊐").
S3: Falte die A-Fläche an der Kante zur B-Fläche in die Ebene hinein.
S4: Falte die B-Fläche an der Kante zur D-Fläche in die Ebene hinein. (Von der Seite betrachtet, bilden die Flächen A, B und D die Form „ ⊏").
S5: Falte die C-Fläche an der Kante zur D-Fläche in die Ebene hinein.

Der Würfel ist nun fertig.

Didaktische Anregung Neben dem räumlichlichen Vorstellungsvermögen kann in Aufgabe a) und in weiteren Aufgaben dieses Typs auch das Aufschreiben von Lösungen geübt werden. Dies dürfte den Schülern vermutlich einige Schwierigkeiten bereiten, auch wenn sie eine Lösung gefunden haben. Es macht nichts, wenn die ersten Versuche etwas unbeholfen erscheinen mögen. Wir empfehlen, auch Würfelnetze zu basteln, an denen die Schüler ihre (zunächst im Kopf überlegten) Lösungen praktisch demonstrieren können.

b) Die lateinisch-deutschen Entsprechungen sind: (Aries, Widder), (Taurus, Stier), (Gemini, Zwillinge), (Cancer, Krebs), (Leo, Löwe), (Virgo, Jungfrau), (Libra, Waage), (Scorpio, Skorpion), (Sagittarius, Schütze), (Capricornus, Steinbock), (Aquarius, Wassermann), (Pisces, Fische).

Didaktische Anregung Die Sternzeichen lassen die Schüler besser in eine magische Welt eintauchen. Außerdem regt dies die Kinder vielleicht an, sich mit der Astronomie zu beschäftigen. So werden sie möglicherweise überlegen, welches Sternzeichen sie selbst haben und dies in Abb. 7.3 suchen. In Aufgabe c) treten Hexominos und Würfelnetze auf, deren Seiten mit Sternzeichen beschriftet sind. Allerdings kann die Darstellung der Sternzeichen bei der Beschreibung der Lösung für die Schüler schwierig sein. Eine mögliche Abhilfe besteht darin, die Sternzeichen durch andere Symbole (z. B. Zahlen oder Buchstaben) zu ersetzen. In der Musterlösung von Aufgabe c) wird dieser Ersetzungsschritt einmal explizit ausgeführt. Hierduch lernen die Schüler die Idee kennen, Symbole durch andere zu ersetzen, ohne dass dies Einfluss auf die Lösung hat.

c) Die Lösungen werden wie in der Musterlösung von Aufgabe a) beschrieben. Hexomino (a) in Abb. 7.4 ist kein Würfelnetz. Hexomino (b) kann man zu einem Würfel falten:

S1: Falte die Ω-Fläche an der Kante zur ♊-Fläche in die Ebene hinein.
S2: Falte die ♋-Fläche an der Kante zur ♊-Fläche in die Ebene hinein.
S3: Falte die ⚹-Fläche an der Kante zur ♉-Fläche in die Ebene hinein.
S4: Falte die ♈-Fläche an der Kante zur ♉-Fläche in die Ebene hinein.
S5: Falte die ♊-Fläche an der Kante zur ♉-Fläche in die Ebene hinein.

Der Würfel ist nun fertig.

An diesem Würfelnetz demonstrieren wir das Ersetzen der Sternzeichen durch Ziffern, welches in der letzten didaktischen Anregung vorgeschlagen wurde. Genauer gesagt, ersetzen wir ⚹ durch die Ziffer 1, Ω durch 2, ♊ durch 3, ♉ durch 4, ♈ durch 5 und schließlich ♋ durch 6. Nach dieser Ersetzung erhält man die Lösung, indem man in der obigen Musterlösung die Sternzeichen durch zugehörigen Ziffern ersetzt.

S1: Falte die 2-Fläche an der Kante zur 3-Fläche in die Ebene hinein.
S2: Falte die 6-Fläche an der Kante zur 3-Fläche in die Ebene hinein.
S3: Falte die 1-Fläche an der Kante zur 4-Fläche in die Ebene hinein.
S4: Falte die 5-Fläche an der Kante zur 4-Fläche in die Ebene hinein.
S5: Falte die 3-Fläche an der Kante zur 4-Fläche in die Ebene hinein.

Eine mögliche Lösung für Hexomino (c) sieht wir folgt aus:

S1: Falte die ♈-Fläche an der Kante zur ♋-Fläche in die Ebene hinein.
S2: Falte die ♋-Fläche an der Kante zur ♉-Fläche in die Ebene hinein.
S3: Falte die ⚹-Fläche an der Kante zur Ω-Fläche in die Ebene hinein.
S4: Falte die Ω-Fläche an der Kante zur ♊-Fläche in die Ebene hinein.
S5: Falte die ♊-Fläche an der Kante zur ♉-Fläche in die Ebene hinein.

Der Würfel ist nun fertig. Eine mögliche Lösung für Hexomino (d) sieht wir folgt aus:

S1: Falte die ⚹-Fläche an der Kante zur ♊-Fläche in die Ebene hinein.
S2: Falte die ♋-Fläche an der Kante zur Ω-Fläche in die Ebene hinein.
S3: Falte die Ω-Fläche an der Kante zur ♊-Fläche in die Ebene hinein.
S4: Falte die ♈-Fläche an der Kante zur ♉-Fläche in die Ebene hinein.
S5: Falte die ♉-Fläche an der Kante zur ♊-Fläche in die Ebene hinein.

Der Würfel ist nun fertig.

d) Das Zielwürfelnetz kann man wie folgt zu einem Würfel falten:

S1: Falte die W-Fläche an der Kante zur Ü-Fläche in die Ebene hinein.
S2: Falte die F-Fläche an der Kante zur R-Fläche in die Ebene hinein.
S3: Falte die R-Fläche an der Kante zur Ü-Fläche in die Ebene hinein. (Die W-Fläche und die F-Fläche haben eine gemeinsame Kante).
S4: Falte die L-Fläche an der Kante zur Ü-Fläche in die Ebene hinein.
S5: Falte die E-Fläche an der Kante zur Ü-Fläche in die Ebene hinein.

Der linke Würfel in Abb. 27.1 ist der Zielwürfel. Jetzt betrachten wir nacheinander die Würfelnetze (a)–(c) aus Abb. 7.5. Faltet man das Würfelnetz (a), grenzt die Fläche Ü an die Fläche F an; anders kann man die Fläche F, die Fläche Ü und die beiden dazwischenliegenden weißen Flächen nicht falten. Beim Zielwürfel liegen die F-Fläche und die Ü-Fläche jedoch einander gegenüber; vgl. Abb. 27.1, linker Würfel. Daher sind beide Würfel auf jeden Fall verschieden, ganz gleich, wie man die weißen Flächen von Würfelnetz (a) beschriftet. Für das Würfelnetz (a) besitzt die Aufgabe d) also keine Lösung.

Bei den Würfelnetzen (b) und (c) beschriften wir die weißen Seitenflächen zunächst mit Zahlen; vgl. Abb. 27.2. Die Zahlen werden später durch die zugehörigen Buchstaben ersetzt. Das Würfelnetz (b) kann man wie folgt falten.

S1: Falte die 4-Fläche an der Kante zur 3-Fläche in die Ebene hinein.
S2: Falte die 3-Fläche an der Kante zur W-Fläche in die Ebene hinein.
S3: Falte die L-Fläche an der Kante zur 1-Fläche in die Ebene hinein.
S4: Falte die 1-Fläche an der Kante zur 2-Fläche in die Ebene hinein.
S5: Falte die 2-Fläche an der Kante zur W-Fläche in die Ebene hinein.

Der mittlere Würfel in Abb. 27.1 zeigt den gefalteten Würfel (b). Der gefaltete Würfel (b) wurde so gedreht, dass die Flächen W und L sich an denselben Positionen befinden wie beim Zielwürfel. Der Rest der Aufgabe ist nun ziemlich

Abb. 27.1 Zielwürfel und gefaltete Würfel mit Ersatzbeschriftung (mit verdeckten Seitenflächen)

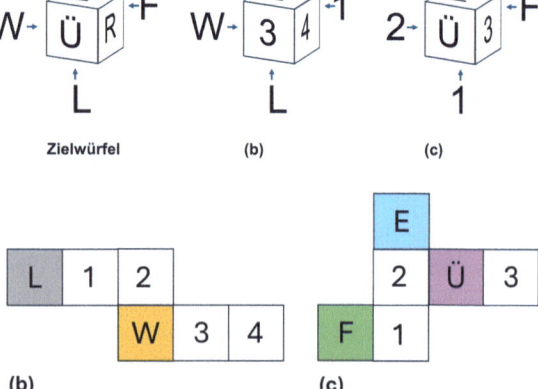

Abb. 27.2 Würfelnetze (b) und (c) mit Ersatzbeschriftung

27 Musterlösung zu Kap. 7

Abb. 27.3 Die beschrifteten Würfelnetze kann man zum Zielwürfel falten

einfach. Abb. 27.1 entnimmt man, dass 1 durch F, 2 durch E, 3 durch Ü und 4 durch R ersetzt werden muss. Abb. 27.3 zeigt das korrekt beschriftete Würfelnetz (b).

Es folgt das Würfelnetz (c).

S1: Falte die F-Fläche an der Kante zur 1-Fläche in die Ebene hinein.
S2: Falte die 1-Fläche an der Kante zur 2-Fläche in die Ebene hinein.
S3: Falte die E-Fläche an der Kante zur 2-Fläche in die Ebene hinein.
S4: Falte die 3-Fläche an der Kante zur U-Fläche in die Ebene hinein.
S5: Falte die Ü-Fläche an der Kante zur 2-Fläche in die Ebene hinein. (Die 3-Fläche und die F-Fläche haben eine gemeinsame Kante).

Der rechte Würfel in Abb. 27.1 zeigt den gefalteten Würfel (c). Analog zu (b) drehen wir den gefalteten Würfel (c) so, dass die Seitenflächen F, Ü und E so liegen wie im Zielwürfel. Danach ersetzt man 1 durch L, 2 durch W und 3 durch R. Abb. 27.3 zeigt das korrekt beschriftete Würfelnetz (c).

Nach Hexominos und Würfelnetzen befassen sich die Aufgaben e)–g) mit Spielwürfeln.

e) Die Augenzahlen 1 und 6, 2 und 5 sowie 3 und 4 liegen einander gegenüber (d. h., auf gegenüberliegenden Würfelflächen). Daraus folgt, dass die Summe gegenüberliegener Augenzahlen stets 7 ist.
f) In Abb. 7.6(a) ist der vierte Würfel von unten fehlerhaft beschriftet, weil bei einem korrekten Würfel die Augenzahlen 2 und 5 nicht nebeneinander, sondern einander gegenüber liegen. Die Beschriftung dieses Würfels kann wie folgt korrigiert werden (vertikal ausgerichtete Seitenflächen im Uhrzeigersinn): 2, 1, 5, 6; untere Seitenfläche 4, obere Seitenfläche 3.
g) Für jeden Würfel in Abb. 7.6(b) beträgt die Summe der Augenzahlen, die sich auf den zum Tisch parallelen Würfelflächen befinden, 7. Von der obersten Würfelfläche abgesehen, sind dies genau die verdeckten Augenzahlen. Folglich beträgt die Summe aller verdeckten Augenzahlen $7 \cdot 7 - 1 = 49 - 1 = 48$.

Mathematische Ziele und Ausblicke
Auf die Bedeutung von Würfelnetzen zur Förderung des räumlichen Vorstellungsvermögens wurde in der ersten didaktischen Anmerkung kurz eingegangen. Insgesamt gibt es 35 unterschiedliche Hexominos und 11 unterschiedliche Würfelnetze, wenn man zwei Hexominos als gleich ansieht, wenn man sie durch Drehungen und Spiegelungen ineinander überführen kann.

In den Mathematik-Olympiaden und den Känguru-Wettbewerben spielen für die Klassenstufen 3 und 4 Würfelnetze eine wichtige Rolle; vgl. die Aufgaben 450424, 500322, 500432, 520432, 580414, 620434; hinzu kommen diverse Aufgaben zu Spielwürfeln. Die Nummerierung der Aufgaben der Mathematik-Olympiaden unterliegt folgender Systematik: Die beiden ersten Ziffern geben die Olympiade an (z. B. ‚62' = 62. Mathematik-Olympiade 2022/2023), die beiden mittleren Ziffern die Klassenstufe, die fünfte Ziffer die Wettbewerbsstufe (‚1' = Schulrunde, ‚2' = Regionalrunde, ‚3' = Landesrunde, ‚4' = Bundesrunde) und die letzte Ziffer die Nummer der Aufgabe.

Im Unterstufenband der „Mathematischen Geschichten" wird die räumliche Geometrie mit dem Eulerschen Polyedersatz und den Platonischen Körpern fortgesetzt.

Musterlösung zu Kap. 8

Kap. 8 setzt Kap. 7 mit neuen Aufgaben thematisch fort. Am Ende wird das Konzept von Würfelnetzen auf Tetraeder übertragen.

Didaktische Anregung Die Aufgabe a) bringt wenig Neues und sollte daher vornehmlich von leistungsschwächeren Schülern vorgerechnet werden, um auch Ihnen Erfolgserlebnisse zu bescheren. In den Aufgaben b) und d) werden Würfel zunächst beschriftet, um die Lösung einfacher darstellen zu können. Dieser Gedanke sollte thematisiert werden

Aufgabe a) behandelt einmal mehr das Falten von Würfelnetzen, wobei allerdings eine zusätzliche Aufgabenstellung auftritt. Diese Wiederholung soll den Schülern den Einstieg in dieses Kapitel erleichtern. Für die Aufgaben a) und b) gelten die Anmerkungen 1 und 2 aus Kap. 27, Aufgabe a).

a) Würfelnetz (a) kann man wie folgt zu einem Würfel falten.

S1: Falte die E-Fläche an der Kante zur Ü-Fläche in die Ebene hinein.
S2: Falte die L-Fläche an der Kante zur Ü-Fläche in die Ebene hinein.
S3: Falte die W-Fläche an der Kante zur Ü-Fläche in die Ebene hinein.
S4: Falte die F-Fläche an der Kante zur R-Fläche in die Ebene hinein.
S5: Falte die R-Fläche an der Kante zur Ü-Fläche in die Ebene hinein.

Aus S1 und S2 folgt, dass E und L gegenüber liegen. Aus S3 und S4 folgt, dass Ü und F gegenüber liegen. Also liegen auch W und R einander gegenüber. Würfelnetz (b) kann man wie folgt zu einem Würfel falten.

S1: Falte die W-Fläche an der Kante zur E-Fläche in die Ebene hinein.
S2: Falte die F-Fläche an der Kante zur R-Fläche in die Ebene hinein.
S3: Falte die R-Fläche an der Kante zur L-Fläche in die Ebene hinein.

S4: Falte die L-Fläche an der Kante zur Ü-Fläche in die Ebene hinein.
S5: Falte die Ü-Fläche an der Kante zur E-Fläche in die Ebene hinein.

Aus S4 und S5 folgt, dass E und L gegenüber liegen. Aus S2 bis S4 folgt, dass Ü und F gegenüber liegen. Also liegen auch W und R einander gegenüber. Würfelnetz (c) kann man wie folgt zu einem Würfel falten.

S1: Falte die W-Fläche an der Kante zur E-Fläche in die Ebene hinein.
S2: Falte die R-Fläche an der Kante zur L-Fläche in die Ebene hinein.
S3: Falte die L-Fläche an der Kante zur E-Fläche in die Ebene hinein.
S4: Falte die F-Fläche an der Kante zur Ü-Fläche in die Ebene hinein.
S5: Falte die Ü-Fläche an der Kante zur E-Fläche in die Ebene hinein.

Aus S4 und S5 folgt, dass F und E gegenüber liegen. Aus S1 und S3 folgt, dass W und L gegenüber liegen. Also liegen auch Ü und R einander gegenüber.

b) Um die Aufgabe zu lösen, falten wir das Würfelnetz zu einem Würfel. Um die einzelnen Schritte einfach beschreiben zu können, beschriften wir die Seitenflächen in Abb. 28.1(a) mit den Zahlen 1 bis 6.

S1: Falte die 2-Fläche an der Kante zur 3-Fläche in die Ebene hinein.
S2: Falte die 4-Fläche an der Kante zur 3-Fläche in die Ebene hinein.
S3: Falte die 6-Fläche an der Kante zur 5-Fläche in die Ebene hinein.
S4: Falte die 5-Fläche an der Kante zur 3-Fläche in die Ebene hinein.
S5: Falte die 1-Fläche an der Kante zur 3-Fläche in die Ebene hinein.

Der Würfel ist nun fertig. Man beachte, dass der gefaltete Würfel „auf der Seite liegt". Seite 5 liegt Seite 1 gegenüber von und ist daher gar nicht gefärbt. Die Seiten 2, 3 und 4 grenzen an die Grundfläche des Würfels aus Abb. 8.2(a) an (= Seite 1 in Abb. 28.1(a)). Die Seite 6 grenzt ebenfalls an die Seite 1 an, allerdings „über Kopf". Mit diesen Überlegungen ergibt sich die Färbung des Würfelnetzes Abb. 28.1(b).

c) Die Würfelnetze in Abb. 28.2 zeigen eine mögliche Lösung. Von der Richtigkeit der Lösung kann man sich leicht überzeugen, indem man nacheinander alle Tagesdaten von 01 bis 31 legt. (Man beachte hierzu den Hinweis (ii)).

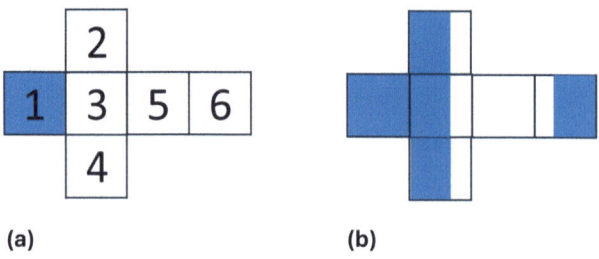

Abb. 28.1 Würfelnetze zu Kap. 8, Aufgabe c): beschriftet (a) und gefärbt (b)

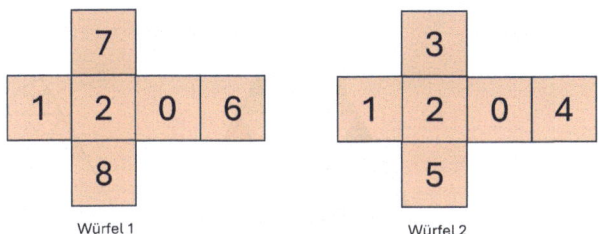

Abb. 28.2 Tageskalender aus zwei Würfeln

Abb. 28.3 Würfelstapel mit Beschriftung

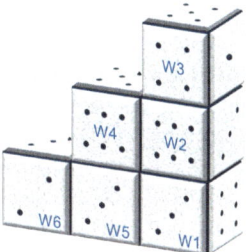

Aufgabe d) befasst sich wieder mit Spielwürfeln.

d) In der Lösung nutzen wir ständig aus, dass (allgemein) bei einem Spielwürfel die Augensumme gegenüberliegender Würfelflächen 7 ist und dass (in Aufgabe d)) angrenzende Würfelflächen dieselbe Augenzahl aufweisen, ohne hierauf immer wieder hinzuweisen. Um die Lösung einfacher beschreiben zu können, beschriften wir zunächst die sechs Würfel mit „W1" bis „W6"; vgl. Abb. 28.3.

Ferner stehen „u", „o", „v" und „h" für „unten", „oben", „vorne" und „hinten". Beispielsweise bezeichnet W4v die Augensumme der vorderen Fläche von Würfel W4; also W4v = 6.
Aus W3o = 5 folgen W3u = 2, W2o = 2, W2u = 5 und W1o = 5. Ebenso folgen aus W2r = 3 unmittelbar W2l = 4 und W4r = 4. Aus W1r = 6 ergeben sich W1l = 1, W5r = 1, W5l = 6 und W6r = 6. Schließlich folgt aus W4o = 5, dass W4u = 2 und W5o = 2 gelten. Nach diesen Vorüberlegungen ist die Lösung der Teilaufgabe (i) nicht mehr schwierig. Bezeichnet V die Summe aller Augenzahlen der verdeckten Würfelflächen, erhält man

$$V = W3u + W2o + W2u + W1o + W1l + W5r + W5l + W6r + W2l +$$
$$W4r + W4u + W5o = 2 + 2 + 5 + 5 + 1 + 1 + 6 + 6 + 4 +$$
$$4 + 2 + 2 = 40 \tag{28.1}$$

Auf jedem Würfel befinden sich insgesamt $1+2+3+4+5+6 = 21$ Augen. Auf dem Stapel liegen 6 Würfel, und diese besitzen insgesamt $6 \cdot 21 = 126$ Augen. Bezeichnet S die Summe aller Augenzahlen der sichtbaren Würfelflächen, folgt aus (28.1) sofort

Abb. 28.4 linke Skizze: Tetraedernetz; rechte Skizze: Tetraedernetz ohne Färbung

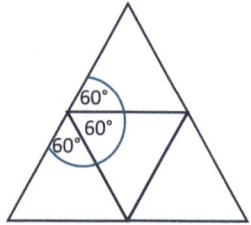

$$S = 126 - V = 126 - 40 = 86 \qquad (28.2)$$

Didaktische Anregung In den beiden letzten Aufgaben übertragen wir das Konzept der Würfelnetze auf Tetraeder. Sie bieten keine besonderen zusätzlichen Schwierigkeiten. Diese Aufgaben bieten sich als Zusatzaufgaben für leistungsstarke Schüler an, die die anderen Aufgaben bereits gelöst haben.

e) Die linke Skizze in Abb. 28.4 zeigt das Netz eine Tetraeders. Hierzu „klappt" man die Seiten des Tetraeders in die Ebene um.
Anmerkung: In Kap. 8 vermutet Clemens, dass die äußeren Kanten eines Tetraedernetzes ein Dreieck bilden, und Zwerg Kubus bestätigt dies. Hier ist ein Beweis: Betrachtet man die äußeren Kanten des Tetraedernetzes, stoßen in der Mitte jeweils zwei Dreiecksseiten zusammen. An diesem Punkt treffen drei gleichseitige Dreiecke aufeinander; vgl. rechte Skizze in Abb. 28.4. Die Innenwinkel betragen jeweils 60°, so dass sich die drei Winkel zu 180° addieren; Das ist ein gestreckter Winkel, und somit liegen die beiden Dreiecksseiten auf einer Geraden. (Es tritt also kein „Knick" auf.) Damit ist bewiesen, dass die äußeren Kanten eines Tetraedernetzes ein Dreieck bilden.
Die Schüler kennen weder Winkel noch wissen sie, dass die Winkelsumme im Dreieck 180° beträgt. Daher ist dieser Beweis nicht für die Schüler, sondern den Kursleiter gedacht. Vielmehr sollen die Schüler ausnahmsweise die Aussage von Zwerg Kubus einfach „glauben".
f) Alle Kanten eines Tetraeders sind gleich lang. Daher ist jede äußere Kante des Tetraedernetzes doppelt so lang wie eine Kante des Tetraeders. Also bilden die äußeren Kanten des Tetraedernetzes ein gleichseitiges Dreieck.

Mathematische Ziele und Ausblicke
vgl. Kap. 27

Musterlösung zu Kap. 9

In Kap. 9 lernen die Schüler gerichtete Graphen kennen und wenden sie auf ein Realweltproblem an. Die Aufgaben a)–c) sind recht einfach. Sie sollten von allen Schülern erfolgreich bearbeitet werden, was ihnen erste Erfolgserlebnisse beschert. Ab Aufgabe d) wird dieses Abenteuer mathematisch interessant. Die Aufgaben d)–g) führen die Schüler schrittweise zu Aufgabe h) hin. Ähnlich wie beim Drachen- und Superdrachenspiel wird das Ausgangsproblem in mehreren Schritten in einfachere Probleme überführt.

a) Beispiele für weitere HONIG-Pfade: $H_2O_2N_2I_2G_2$, $H_2O_3N_3I_3G_2$, $H_1O_2N_1I_2G_1$, $H_3O_3N_2I_3G_3$, $H_1O_2N_2I_2G_1$.
b) Es gibt 5 „IG"-Pfade, und zwar: I_1G_1, I_2G_1, I_2G_2, I_3G_2, I_3G_3.
c) Es gibt 5 „NI"-Pfade, und zwar: N_1I_1, N_1I_2, N_2I_2, N_2I_3, N_3I_3.
d) Es ist klar, dass man jeden „NI"-Pfad zu einem „NIG"-Pfad ergänzen kann. Auf Grund der Anordnung der Zellen gibt es hierfür jeweils eine oder zwei Möglichkeiten. Wir schreiben die „NIG"-Pfade systematisch auf. Dabei behalten wir die „NI"-Pfad-Reihenfolge aus Aufgabe c) bei und ergänzen die „NI"-Pfade nacheinander zu „NIG"-Pfaden: $N_1I_1G_1$, $N_1I_2G_1$, $N_1I_2G_2$, $N_2I_2G_1$, $N_2I_2G_2$, $N_2I_3G_2$, $N_2I_3G_3$, $N_3I_3G_2$, $N_3I_3G_3$. Das sind insgesamt 9 „NIG"-Pfade.

Beobachtung Der „NI"-Pfad N_1I_1 kann nur auf eine Weise zu einem „NIG"-Pfad fortgesetzt werden, nämlich mit G_1. Die vier anderen „NI"-Pfade können auf jeweils zwei Arten fortgesetzt werden. Mit dieser Beobachtung kann man auf einfache Weise die Anzahl der „NIG"-Pfade berechnen, und zwar gibt es $1 \cdot 1 + 4 \cdot 2 = 9$ „NIG"-Pfade, wie wir ja bereits wissen. Diese Beobachtung liefert den Schlüssel zur eigentlichen, schwierigeren Aufgabe, nämlich die Anzahl der „HONIG"-Pfade zu bestimmen, ohne diese mühsam einzeln aufschreiben zu müssen. Außerdem kann man ja auch leicht einen Pfad vergessen.

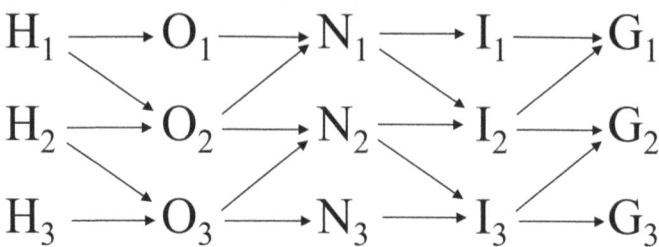

Abb. 29.1 Darstellung der Wabe „HONIG" als gerichteter Graph

e) Die Abb. 29.1 beschreibt die Wabenstruktur durch einen gerichteten Graph mit den Buchstaben als Ecken (anstelle von kleinen Kreisen wie z. B. in Abb. 9.3). So weist beispielsweise ein Pfeil von O_2 zu N_1, da deren Zellen eine gemeinsame Kante haben. Einen „HONIG"-Pfad erhält man, indem man mit einem „H" beginnt und den Pfeilen folgt.

f) Den Pfad „HONI"-Pfad $H_2O_2N_1I_1$ kann man nur auf eine Weise zu einem „HONIG"-Pfad ergänzen, nämlich durch G_1. Dasselbe gilt offensichtlich auch für jeden anderen „HONI"-Pfad, der in I_1 endet. Beispiel: $H_1O_1N_1I_1$.

g) Wie in Aufgabe f) ist die „Vorgeschichte" „HON" gleichgültig. Wichtig ist nur, dass der „HONI"-Pfad in I_2 endet. Einen solchen Pfad kann man durch G_1 oder G_2, also auf zwei Arten zu einem „HONIG"-Pfad fortsetzen. Ebenso kann jeder „HONI"-Pfad, der in I_3 endet, durch G_2 und G_3 auf zwei Arten zu einem „HONIG"-Pfad fortgesetzt werden.

h) Ab hier wird die Aufgabe wirklich interessant, aber auch schwieriger. Der Kursleiter sollte für die letzte Aufgabe genügend viel Zeit einplanen. Der Aufgabenteil h) sollte mit den Schülern gemeinsam bearbeitet werden. Aus f) und g) wissen wir bereits, dass man ein „HONI"-Pfad, der in I_1 endet, auf genau eine Art zu einem „HONIG"-Pfad fortsetzen kann. Endet der „HONI"-Pfad in I_2 oder in I_3, so gibt es jeweils zwei Möglichkeiten.

Beobachtung Wenn wir also wüssten, wie viele „HONI"-Pfade in I_1 (in I_2 bzw. in I_3) enden, wüssten wir auch, wie viele „HONIG"-Pfade durch I_1 (durch I_2 bzw. durch I_3) gehen. Genauer: Es gibt ebenso viele „HONIG"-Pfade, die in I_1 enden wie es „HONIG"-Pfade gibt, die durch I_1 gehen. Es gibt doppelt so viele „HONIG"-Pfade, die durch I_2 (bzw. durch I_3) gehen wie es „HONI"-Pfade gibt, die in I_2 (bzw. in I_3) enden. Zählte man dann die drei Anzahlen von „HONIG"-Pfaden zusammen, wäre die Aufgabe h) gelöst.

Leider wissen wir noch nicht, wie viele „HONI"-Pfade in I_1, I_2 bzw. I_3 enden, aber das ist ein einfacheres Problem, da nicht mehr 5, sondern nur noch 4 Buchstaben zu berücksichtigen sind. Abb. 29.2 fasst unsere bisherigen Erkenntnisse zusammen. Wir haben die letzte „Schicht" von Ecken (die die Buchstaben „G_1", „G_2" und „G_3" repräsentieren) und die dorthin gehenden Kanten entfernt

Abb. 29.2 Worträtsel „HONIG": Teilgraph mit Restpfad-Anzahlen

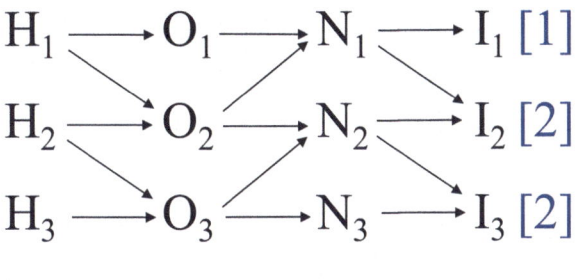

Abb. 29.3 Worträtsel „HONIG": Teilgraph mit Restpfad-Anzahlen (2)

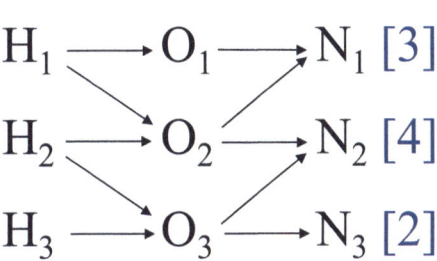

und erhalten so einen Teilgraphen des Ausgangsgraphen. Die Zahlen in den eckigen Klammern hinter I_1, I_2 und I_3 geben an, wie viele Möglichkeiten es gibt, einen „HONI"-Pfad fortzusetzen, der an dieser Stelle endet. Dies wird in den Abbildungen kurz als „Restpfad-Anzahlen" bezeichnet.

Diese Strategie setzen wir fort. Ein „HON"-Pfad, der in N_1 endet, kann man mit I_1 oder I_2 zu einem „HONI"-Pfad fortsetzen. Der Teilgraph in Abb. 29.2 zeigt, dass dieser „HONI"-Pfad wiederum nur eine Fortsetzung (wenn er durch I_1 geht) bzw. genau zwei Fortsetzungen (wenn er durch I_2 geht) zu einem „HONIG"-Pfad erlaubt. Das bedeutet aber nichts anderes, dass man einen „HON"-Pfad, der in N_1 endet, auf $1 + 2 = 3$ Arten zu einem „HONIG"-Pfad fortsetzen kann. (Beispiel: Der „HON"-Pfad $H_2O_2N_1$ kann zu den „HONIG"-Pfaden $H_2O_2N_1I_1G_1$, $H_2O_2N_1I_2G_1$ und $H_2O_2N_1I_2G_2$ ergänzt werden. Allerdings interessieren uns die konkreten Pfade nicht, sondern nur deren Anzahl). Endet der „HON"-Pfad indes in N_2, so gibt es $2 + 2 = 4$ Möglichkeiten; endet er in N_3, so gibt es nur 2 Möglichkeiten, da I_3 ja erzwungen ist. Wir haben unsere Aufgabenstellung also weiter vereinfacht. Abb. 29.3 illustriert die neue Situation.

Die Restpfad-Anzahlen erhält man am einfachsten, indem man in Abb. 29.2 die Zahlen in den eckigen Klammern hinter den I-Buchstaben addiert, die man von dem jeweiligen N erreichen kann.

Abb. 29.3 zeigt, dass jeder „HON"-Pfad, der in N_2 endet, sich auf 4 Arten zu einem „HONIG"-Pfad fortsetzen lässt. Dreht man das Rad nochmals zurück, erhält man die beiden Teilgraphen in Abb. 29.4. Aber was besagt nun der rechte Teilgraph in Abb. 29.4? Der Eintrag $H_1[10]$ beispielsweise bedeutet, dass jeder „H"-Pfad, der in H_1 beginnt (und endet), auf genau 10 Arten zu einem „HONIG"-Pfad ergänzt werden kann, der in H_1 beginnt. Entsprechende Aussagen gelten

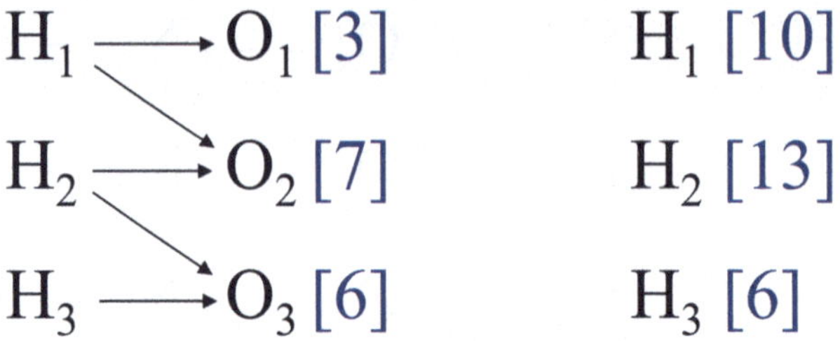

$$H_1 \longrightarrow O_1\,[3] \qquad H_1\,[10]$$

$$H_2 \longrightarrow O_2\,[7] \qquad H_2\,[13]$$

$$H_3 \longrightarrow O_3\,[6] \qquad H_3\,[6]$$

Abb. 29.4 Worträtsel „HONIG": Teilgraphen mit Restpfad-Anzahlen (3)

für „H"-Pfade, die in H_2 oder in H_3 enden. Nun gibt es natürlich nur genau einen „H"-Pfad, der in H_1 (bzw. in H_2, bzw. in H_3) beginnt und endet. Unser fortgesetztes Reduzieren auf immer kürzere Pfade hat also Früchte getragen. Damit ist aber Aufgabe h) gelöst: Insgesamt gibt es also $10 + 13 + 6 = 29$ „HONIG"-Pfade.

Didaktische Anregung Das Lösungsverfahren für Aufgabe h) ist methodisch nicht ganz einfach und kann gerade bei Drittklässlern zu Schwierigkeiten führen. Abhängig von der Zusammensetzung der AG und seinen bisherigen Erfahrungen kann der Kursleiter die Aufgabe h) weglassen oder die Schüler einfach alle „HONIG"-Pfade suchen lassen. Die Musterlösung verrät ja, wie viele Pfade es sind. Allerdings hat dies auch Auswirkungen auf Kap. 10. In diesem Fall müsste der Kursleiter in Kap. 10 ersatzweise einfachere Aufgaben formulieren, analog zu a)–g) in diesem Kapitel, oder die Schüler „NEKTAR"- und „BLÜTEN"-Pfade suchen lassen.

Mathematische Ziele und Ausblicke
Dieses Kapitel knüpft in verschiedener Hinsicht an frühere Kapitel an. Wie in Kap. 3 wird ein Realweltproblem zunächst in ein Graphenproblem (hier: Modellierung als gerichteter Graph) überführt. Ähnlich wie bei den Spielen in Kap. 5 und 6 wird ein schwieriges Ausgangsproblem schrittweise in einfachere Probleme überführt, aus deren Lösung man schließlich die Lösung des Ausgangsproblems erhält. Es sei darauf hingewiesen, dass in (Nolte 2006) [48] verschiedene Wort- und Wegerätsel beschrieben werden. Dieser Aufsatz geht aber nicht näher auf Lösungsmethoden ein, sondern konzentriert sich auf didaktische Aspekte und schildert praktische Erfahrungen.

Musterlösung zu Kap. 10

Das letzte mathematische Abenteuer war methodisch ziemlich schwierig und hat möglicherweise zu einiger Frustration geführt. In Kap. 10 gilt es, die in Kap. 9 erarbeitete Lösungsmethode an weiteren Beispielen anzuwenden. Besondere Schwierigkeiten lauern in Kap. 10 nicht. Dennoch ist dieses Kapitel wichtig, um das Lösungsverfahren einzuüben und zu vertiefen und um den Schülern weitere Erfolgserlebnisse zu bescheren.

Didaktische Anregung Die größte Schwierigkeit des Lösungsverfahrens besteht darin, die Wabe als einen gerichteten Graphen darzustellen, während die weiteren Schritte doch ziemlich schematisch verlaufen. Daher sollte der Kursleiter sein Hauptaugenmerk auf die Darstellung des Worträtsels als gerichteter Graph richten. Es ist wichtig, dass jeder Kursteilnehmer diesen Schritt versteht.

a) Abb. 30.1 stellt die Wabe aus Abb. 10.1 als gerichteter Graph dar.

In den nächsten Schritten arbeiten wir uns wie in Kap. 29 von rechts nach links vor und überführen das Ausgangsproblem schrittweise in einfachere Probleme (vgl. auch die Abb. 29.2 bis Abb. 29.4). Abb. 30.2 illustriert den ersten Schritt.

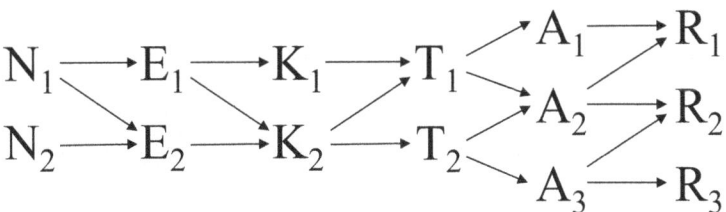

Abb. 30.1 Darstellung der Wabe „NEKTAR" als gerichteter Graph

Die weitere Vorgehensweise kennen wir bereits aus dem letzten mathematischen Abenteuer in Kap. 9. Daher geben wir nur die Teilgraphen mit Restpfad-Anzahlen (Abb. 30.2, 30.3, 30.4, 30.5) ohne weitere Erläuterungen an:

Aus dem rechten Teilgraph in Abb. 30.5 folgt schließlich die Lösung: Es gibt insgesamt $17 + 7 = 24$ „NEKTAR"-Pfade.

b) Die Lösung des zweiten Worträtsels „BLÜTEN" geht analog. Zunächst stellt Abb. 30.6 die Wabe als gerichteten Graphen dar.

Die nächsten Schritte sind die gleichen wie zur Lösung von Aufgabe h) in Kap. 9 und Aufgabe a). Auf nähere Erläuterungen wird daher verzichtet. Die Abbildungen Abb. 30.7, 30.8, 30.9 und 30.10 beschreiben den Lösungsweg für Aufgabe b). Es gibt also $20 + 20 = 40$ „BLÜTEN"-Pfade.

Didaktische Anregung Die folgenden Ergänzung ist als Hintergrund für Kursleiter gedacht, aber nicht zur Umsetzung in der AG, außer wenn diese Frage von einem Kursteilnehmer aufgeworfen wird.

Ergänzung (für den Kursleiter): Zur Berechnung der Pfadanzahlen in der „HONIG"-Wabe (Kap. 9), der „NEKTAR"-Wabe und der „BLÜTEN"-Wabe

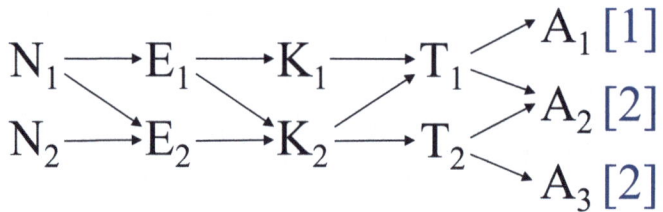

Abb. 30.2 Worträtsel „NEKTAR": Teilgraph mit Restpfad-Anzahlen

Abb. 30.3 Worträtsel „NEKTAR": Teilgraph mit Restpfad-Anzahlen (2)

Abb. 30.4 Worträtsel „NEKTAR": Teilgraph mit Restpfad-Anzahlen (3)

Abb. 30.5 Worträtsel „NEKTAR": Teilgraphen mit Restpfad-Anzahlen (4)

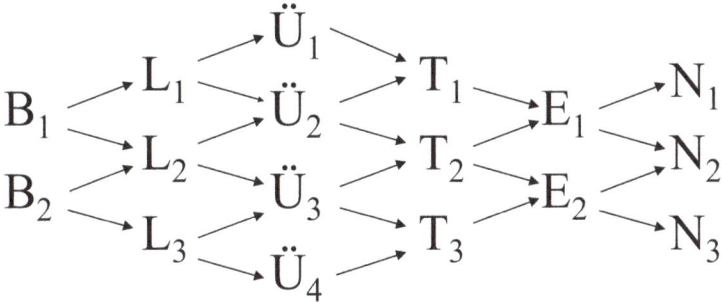

Abb. 30.6 Darstellung der Wabe „BLÜTEN" als gerichteter Graph

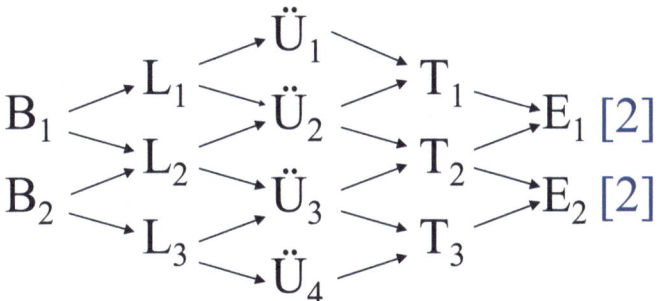

Abb. 30.7 Worträtsel „BLÜTEN": Teilgraph mit Restpfad-Anzahlen

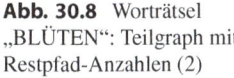

Abb. 30.8 Worträtsel „BLÜTEN": Teilgraph mit Restpfad-Anzahlen (2)

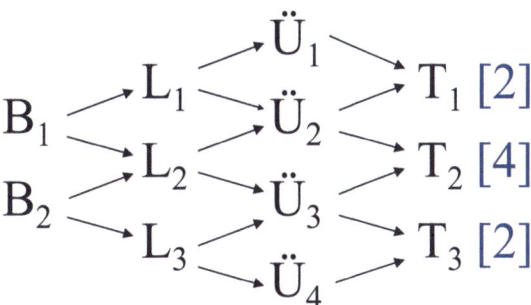

wurde zunächst ein gerichteter Graph erstellt und dieser schrittweise in immer kleinere Teilgraphen mit Restpfad-Anzahlen überführt. Dabei wurde die Anzahl der Teilpfade berechnet, die aus den letzten beiden, den letzten drei Buchstaben etc. gebildet werden können. Im letzten Schritt wurden die Anzahl der Pfade, die mit den unterschiedlichen Anfangsbuchstaben beginnen (in der „HONIG"-Wabe mit H_1, H_2 bzw. H_3), addiert. Diese Summe entspricht der Anzahl aller Pfade. Dieses Vorgehen ist vollkommen in Ordnung.

Man kann den finalen Additionsschritt (ebenso wie die vorangehenden Additionsschritte) auch innerhalb des Lösungsformalismus mit Teilgraphen und Restpfad-

Abb. 30.9 Worträtsel „BLÜTEN": Teilgraph mit Restpfad-Anzahlen (3)

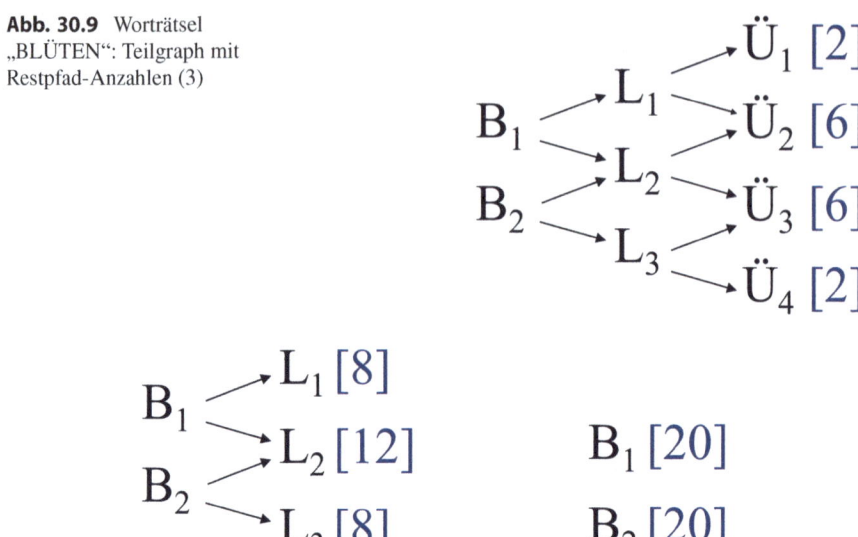

Abb. 30.10 Worträtsel „BLÜTEN": Teilgraphen mit Restpfad-Anzahlen (4)

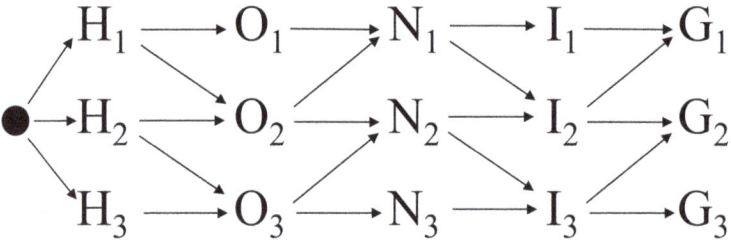

Abb. 30.11 gerichteter Graph mit zusätzlicher Ecke

Anzahlen ausführen. Das Vorgehen wird am Beispiel der „HONIG"-Wabe skizziert. Zunächst fügt man dem gerichteten Graph (Abb. 29.1) eine zusätzliche Ecke hinzu, die keinem Buchstaben zugeordnet ist. Diese Ecke besitzt Kanten in Richtung der ersten Buchstaben (hier: H_1, H_2 und H_3); vgl. Abb. 30.11. Die ersten Lösungsschritte verlaufen wie bisher. Nach 4 Schritten kommt man zu Abb. 30.12 (linker Teilgraph). Im letzten Schritt werden die drei Summanden 13, 10 und 6 addiert. Dies ergibt den rechten Teilgraph von Abb. 30.12, der die Anzahl der „HONIG"-Pfade angibt.

Das Wort „ROSE" ist das kürzeste in allen Worträtseln. Aufgabe c) ist aber trotzdem herausfordernd, da Pfade in allen Richtungen existieren. Dennoch lässt sich auch diese Aufgabe mit dem erlernten Lösungsverfahren gut bewältigen. Die Musterlösung spricht die zentralen Schritte an.

Abb. 30.12 gerichteter Graph mit zusätzlicher Ecke, Gesamtpfadanzahl

Abb. 30.13 Darstellung der Wabe „ROSE" als gerichteter Graph

c) Zunächst stellen wir die Wabe „ROSE" als gerichteten Graph dar (vgl. Abb. 30.13).

In den bisherigen Worträtseln haben wir Ecken im gerichteten Graph schrittweise von rechts nach links weggelassen und durch die zugehörigen Restpfad-Anzahlen ersetzt. In den Worträtsel „ROSE" werden die Teilgraphen von außen nach innen verkleinert. In Abb. 30.14 geben die Restpfad-Anzahlen geben, auf wie viele Arten man „SE" lesen kann, beginnend mit dem jeweiligen Buchstaben „S".

Nachdem in Abb. 30.14 die Restpfad-Anzahlen 2 und 3 aufgetreten sind, kommt in Abb. 30.15 (linker Teilgraph) nur die 7 vor, was in der Symmetrie dieser Wabe begründet ist. Der rechte Teilgraph in Abb. 30.15 schließt die Lösung ab. Es gibt 42 „ROSE"-Pfade.

d) Eine Musterlösung für den Aufgabenteil d) kann hier natürlich nicht angegeben werden, da sich die Schüler die Aufgaben ja selbst ausdenken. Der Lösungsweg sollte aber klar sein.

Abb. 30.14 Worträtsel „ROSE": Teilgraph mit Restpfad-Anzahlen

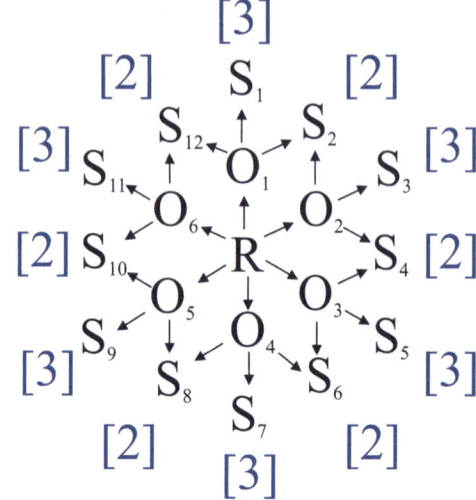

Abb. 30.15 Worträtsel „ROSE": Teilgraphen mit Restpfad-Anzahlen (2)

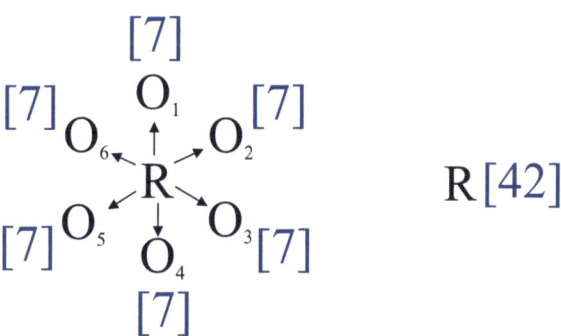

R [42]

Didaktische Anregung Der Kursleiter sollte mehreren Schülern die Gelegenheit geben, ihre Wabe und ihren Lösungsweg an der Tafel darzustellen. Dies übt das Darstellen eigener Lösungswege, und alle Kursteilnehmer erhalten die Gelegenheit, das allgemeine Lösungsverfahren nochmals nachzuvollziehen.

Mathematische Ziele und Ausblicke
vgl. Kap. 29

Musterlösung zu Kap. 11

In diesem Kapitel wird erstmals „gerechnet". Die Kinder befinden sich also auf gewohntem Terrain. Der Kursleiter sollte dies nutzen, um gerade die Kinder zu ermutigen und zu motivieren, die mit den für sie noch ungewohnten Überlegungen und Schlussweisen aus den vorherigen Kapiteln Schwierigkeiten hatten. Die beiden ersten Aufgaben sind relativ einfach. Der Kursleiter sollte darauf achten, dass diese möglichst von leistungsschwächeren Teilnehmern vorgerechnet werden.

a) Ein Zauberer findet auf der obersten Stufe Platz. Es müssen also noch Plätze für sechs weitere Zauberer geschaffen werden. Für jeweils zwei Zauberer benötigt man eine neue Steinreihe. Insgesamt benötigt man also $1 + (6 : 2) = 1 + 3 = 4$ Steinreihen.

b) Die oberste Reihe besteht aus einem einzigen Zauberstein, und jede weitere Reihe benötigt jeweils einen Stein mehr als die darüber liegende Reihe. Also benötigt man für dieses Podest insgesamt $1 + 2 + 3 + 4 = 10$ Zaubersteine.

c) Die Überlegungen verlaufen völlig analog zu den Aufgaben a) und b). Benötigt werden $1 + (22 : 2) = 1 + 11 = 12$ Steinreihen und $1 + 2 + \ldots + 12 = 78$ Zaubersteine.

d) Benötigt werden $1 + (38 : 2) = 1 + 19 = 20$ Steinreihen. Clemens muss also die Summe $1 + 2 + \ldots + 20$ berechnen. Die Zahlen zu addieren, ist ihm zu mühsam. Deshalb sucht er nach einem effizienteren Verfahren.

Die Aufgabe a)–d) führen die Schüler in die Thematik ein. Sie motivieren die Suche nach einer Formel, mit der man z. B. die Zahlen von 1 bis 20 effizient addieren kann. Ab Aufgabe e) steuert Kap. 11 auf die Gaußsche Summenformel zu.

e) Die Anwendung der Formeln aus Abb. 11.2 auf die Aufgaben b) und c) ergibt die bereits bekannten Lösungen: $(4 \cdot 5) : 2 = 20 : 2 = 10$ und $(12 \cdot 13) : 2 = 156 : 2 = 78$.

f) Beobachtung: Bei allen Formeln sind die rechten Seiten von folgender Gestalt: größter Summand · (größter Summand + 1) : 2. Daher liegt die Vermutung nahe, dass unter dem Klecks „(20 · 21) : 2" steht.

g) Wenn die Vermutung richtig ist, werden (20 · 21) : 2 = 420 : 2 = 210 Zaubersteine benötigt. Diese Aufgabe sollte den Kindern wenig Mühe bereiten.

h) Aufgabe h) soll „Berührungsängste" mit Variablen abbauen. Mit der Gaußschen Summenformel Gl. (11.1) bestätigt man die Ergebnisse aus b), c) und g), indem man für n die Zahlen 4, 12 und 20 einsetzt.

i) **Didaktische Anregung** Es ist nicht zu erwarten, dass Grundschüler die Gaußsche Summenformel selbstständig beweisen können. Daher sollte der Kursleiter gemeinsam mit den Schülern den Beweis erarbeiten. Für Schüler ist der Beweis von Gl. (11.1) mit Buchstaben im ersten Moment möglicherweise zu abstrakt. Daher sollte die Beweisidee zunächst an einem konkreten Zahlenbeispiel illustriert werden, z. B. für n = 4.

Dazu schreiben wir die Summe 1 + 2 + 3 + 4 gleich zwei Mal hin, ordnen einige Summanden um und fassen jeweils zwei Summanden mit einer Klammer zusammen:

$$1 + 2 + 3 + 4 + 1 + 2 + 3 + 4 = 1 + 4 + 2 + 3 + 3 + 2 + 4 + 1 =$$
$$(1 + 4) + (2 + 3) + (3 + 2) + (4 + 1). \tag{31.1}$$

Betrachtet man die zweiten Summanden in den Klammern, findet man die Zahlen von 1 bis 4 in umgekehrter Reihenfolge. Da man eine Summe in beliebiger Reihenfolge ausrechnen kann, darf man Klammern setzen, um zuerst benachbarte Zahlen zu addieren. Jede der vier Klammern ergibt den Wert 5, und alle Klammern zusammen ergeben $5 + 5 + 5 + 5 = 4 \cdot 5$. Allerdings haben wir das Doppelte von $1 + 2 + 3 + 4$ berechnet. Also müssen wir das Ergebnis durch 2 teilen und erhalten schließlich $1 + 2 + 3 + 4 = (4 \cdot 5) : 2 = 10$.

Abb. 31.1 zeigt eine bekannte geometrische Illustration des Umsortierens und Zusammenfassens von jeweils zwei Summanden für $n = 4$. (Dreht man die eine „Treppe" um, ergänzen sich die „Treppenstufen" zu einem Rechteck). Abhängig davon, wie gut die Schüler den Beweis für den Spezialfall $n = 4$ verstanden haben, kann der Kursleiter gemeinsam mit den Schülern den Beweis noch einmal für $n = 7$ durchführen, bevor die Formel für beliebiges n bewiesen wird.

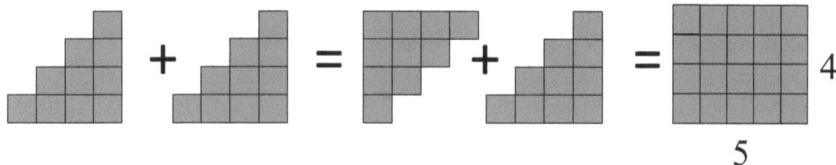

Abb. 31.1 Bildhafter Beweis der Gaußschen Summenformel für $n = 4$

Beweis (für beliebiges n): Wie beim Spezialfall $n = 4$ schreiben wir die linke Seite von Gleichung (11.1) zwei Mal hin, ordnen die Summanden um und fassen jeweils zwei aufeinanderfolgende Summanden mit einer Klammer zusammen. Die rechten Summanden in den Klammern lauten $n, n - 1, \ldots 1$.

$$1 + 2 + \ldots + n + 1 + 2 + \ldots + n = 1 + n + 2 + (n - 1) + \ldots$$
$$+ (n - 1) + 1 + n + 1 =$$
$$(1 + n) + (2 + (n - 1)) + \ldots + ((n - 1) + 1) + (n + 1) =$$
$$(n + 1) + \ldots + (n + 1). \tag{31.2}$$

Jede Klammer besitzt den Wert $n + 1$, und es gibt genau n Klammern. (Für $n = 4$ beträgt der Wert der einzelnen Klammern $4 + 1 = 5$. Die horizontalen Reihen des Rechtecks in Abb. 31.1 entsprechen den Klammerausdrücken). Zählt man alle Klammern zusammen, ergibt dies $n \cdot (n + 1)$. Allerdings haben wir die Summe $1 + \ldots + n$ zwei Mal zusammengezählt. Somit ist

$$1 + 2 + \ldots + n = (n \cdot (n + 1)) : 2, \tag{31.3}$$

was zu beweisen war. Anmerkung: Die äußeren Klammern in (31.3) sind natürlich überflüssig, da ohnehin von links nach rechts gerechnet wird (nur Punktrechnungen). Man kann die Gaußsche Summenformel daher auch so schreiben.

$$1 + 2 + \ldots + n = n \cdot (n + 1) : 2. \tag{31.4}$$

Didaktische Anregung Abhängig von der Leistungsstärke des Kurses kann der allgemeine Beweis ausgelassen werden. Allerdings sollten die Schüler die Gaußsche Summenformel zumindest anwenden können.

Die drei nächsten Aufgaben sind nicht sonderlich schwierig. Für die Schüler sind sie aber dennoch wichtig, um die Gaußsche Summenformel einzuüben.

j) $1 + 2 + \ldots + 30 = (30 \cdot 31) : 2 = 930 : 2 = 465$
k) $1 + 2 + \ldots + 55 = (55 \cdot 56) : 2 = 3080 : 2 = 1540$
l) $1 + 2 + \ldots + 100 = (100 \cdot 101) : 2 = 10100 : 2 = 5050$
m) Da die Reihenfolge gleichgültig ist, in der die Trolle anstoßen, können wir annehmen, dass zunächst der erste Troll mit allen anderen Trollen anstößt. Dabei hört man 36 Mal Gläser klingen. Dann kommt der zweite Troll an die Reihe. Mit dem ersten Troll hat er ja schon angestoßen, und nun stößt er mit den übrigen 35 Trollen an. Dabei klingen die Gläser 36 Mal. Das geht so weiter. Der vorletzte Troll stößt noch einmal an, und zwar mit dem letzten Troll. Mit dem letzten Troll

haben schon alle anderen Trolle angestoßen, so dass dieser mit keinem weiteren Troll anstößt. Daher hört man

$$36 + 35 + \cdots + 1 + 0 = 1 + 2 + \ldots + 36 = (36 \cdot 37) : 2 = 1332 : 2 = 666 \tag{31.5}$$

Mal die Gläser klingen. In (31.5) haben wir zunächst die Zahlen umsortiert und „ + 0" weggelassen, um die übliche Reihenfolge herzustellen.

Anmerkung Diese Aufgabe kann man auf unterschiedliche Arten lösen. Beispielsweise so: Jeder Troll stößt 36 Mal mit anderen Trollen an. Da an jedem Anstoßvorgang zwei Trolle beteiligt sind, teilt man das Produkt $37 \cdot 36$ durch 2 und erhält (natürlich!) dasselbe Ergebnis wie in Gl. (31.5).

n) Diese Aufgabe ist etwas schwieriger, da man die Gaußsche Summenformel (11.1) nicht direkt anwenden kann. Daher wenden wir einen Trick an, der in der Mathematik häufig vorkommt: Wir zählen etwas hinzu, um es gleich wieder abzuziehen. Das ändert die Summe nicht, aber dafür können wir dann unsere Formel anwenden.

$$3 + 4 + \ldots + 39 = 1 + 2 + 3 + 4 + \ldots + 39 - 1 - 2 = (39 \cdot 40) : 2 - 3 =$$
$$1560 : 2 - 3 = 780 - 3 = 777. \tag{31.6}$$

o) In dieser Aufgabe wenden wir den Trick aus Aufgabe n) an und die Gaußsche Summenformel gleich zwei Mal. Insgesamt ist Peter

$$7 + 8 + \cdots + 17 = 1 + 2 + \cdots + 17 - 1 - 2 - \cdots - 6 =$$
$$1 + 2 + \cdots + 17 - (1 + \cdots + 6) = ((17 \cdot 18) : 2) - ((6 \cdot 7) : 2) =$$
$$(306 : 2) - (42 : 2) = 153 - 21 = 132 \tag{31.7}$$

Trainingsrunden gelaufen.

Mathematische Ziele und Ausblicke
In Kap. 11 wird die Gaußsche Summenformel hergeleitet, an Beispielen eingeübt und auch bewiesen. Auch Schüler, die nichts zum Beweis beitragen können, sollten durch das Berechnen von einfachen Summen und das korrekte Anwenden der Formel Erfolgserlebnisse haben.

Die Formel $1 + 2 + \ldots + n = n \cdot (n + 1) : 2$ geht auf einen der größten deutschen Mathematiker, Carl Friedrich Gauß (1777–1855), zurück. Gauß war auch Astronom, Geodät und Physiker; siehe z. B. (Weitz und Stephan 2022) [81], S. 49f. oder ausführlicher (Stewart 2020) [77], S. 159ff. Aufgrund seiner überragenden wissenschaftlichen Leistungen bezeichnete man Gauß schon zu seinen Lebzeiten als Princeps Mathematicorum (lat.: Fürst der Mathematiker). Als Neunjähriger erhielt er von seinem Lehrer die Aufgabe, die Zahlen 1 bis 100 zusammenzuzählen. Dabei entdeckte der junge Gauß diese Formel.

Die Gaußsche Summenformel wird normalerweise in der gymnasialen Oberstufe behandelt. Sie ist fundamental und wird in verschiedensten Gebieten der Mathematik benötigt. Sie ist auch zum Lösen von Mathematikwettbewerbsaufgaben für höhere Jahrgangsstufen nützlich. Beispielsweise wird die Gaußsche Summenformel in Aufgabe 540636 (Landesrunde, Klassenstufe 6) aus der 54. Mathematikolympiade [42] für einen Zwischenschritt benötigt.

Musterlösung zu Kap. 12 32

Der Übersichtlichkeit halber werden die Münzbeträge eingeklammert. An der Tafel oder in den Heften der Schüler können die Münzbeträge einfach umkreist werden. Dann können „ZC" und die Unterstreichung der Münzwerte weggelassen werden, und auch das Einklammern ist dann nicht mehr notwendig. Die beiden ersten Aufgaben sind ziemlich einfach und dienen als Einstieg. Sie sollten daher möglichst von leistungsschwächeren Schülern bearbeitet und vorgerechnet werden.

a) Es gibt 5 Möglichkeiten, 8 ZC mit ($\underline{1}$-ZC)- und ($\underline{2}$-ZC)-Münzen zu bezahlen. In (32.1) sind alle Möglichkeiten systematisch aufgelistet.

$$0 \cdot (\underline{2}\text{-ZC}) + 8 \cdot (\underline{1}\text{-ZC}), \quad 1 \cdot (\underline{2}\text{-ZC}) + 6 \cdot (\underline{1}\text{-ZC}), \quad 2 \cdot (\underline{2}\text{-ZC}) + 4 \cdot (\underline{1}\text{-ZC}),$$
$$3 \cdot (\underline{2}\text{-ZC}) + 2 \cdot (\underline{1}\text{-ZC}), \quad 4 \cdot (\underline{2}\text{-ZC}) + 0 \cdot (\underline{1}\text{-ZC}). \tag{32.1}$$

b) Man kann 13 ZC auf 7 Arten bezahlen:

$$0 \cdot (\underline{2}\text{-ZC}) + 13 \cdot (\underline{1}\text{-ZC}), \quad 1 \cdot (\underline{2}\text{-ZC}) + 11 \cdot (\underline{1}\text{-ZC}), \quad 2 \cdot (\underline{2}\text{-ZC}) + 9 \cdot (\underline{1}\text{-ZC}),$$
$$3 \cdot (\underline{2}\text{-ZC}) + 7 \cdot (\underline{1}\text{-ZC}), \quad 4 \cdot (\underline{2}\text{-ZC}) + 5 \cdot (\underline{1}\text{-ZC}), \quad 5 \cdot (\underline{2}\text{-ZC}) + 3 \cdot (\underline{1}\text{-ZC}),$$
$$6 \cdot (\underline{2}\text{-ZC}) + 1 \cdot (\underline{1}\text{-ZC}). \tag{32.2}$$

Es gibt 11 Möglichkeiten, um 21 ZC mit ($\underline{1}$-ZC)- und ($\underline{2}$-ZC)-Münzen zu bezahlen, und zwar

$$0 \cdot (\underline{2}\text{-ZC}) + 21 \cdot (\underline{1}\text{-ZC}), \quad 1 \cdot (\underline{2}\text{-ZC}) + 19 \cdot (\underline{1}\text{-ZC}), \quad 2 \cdot (\underline{2}\text{-ZC}) + 17 \cdot (\underline{1}\text{-ZC}),$$
$$3 \cdot (\underline{2}\text{-ZC}) + 15 \cdot (\underline{1}\text{-ZC}), \quad 4 \cdot (\underline{2}\text{-ZC}) + 13 \cdot (\underline{1}\text{-ZC}), \quad 5 \cdot (\underline{2}\text{-ZC}) + 11 \cdot (\underline{1}\text{-ZC}),$$

$6 \cdot (\underline{2}\text{-ZC}) + 9 \cdot (\underline{1}\text{-ZC})$, $7 \cdot (\underline{2}\text{-ZC}) + 7 \cdot (\underline{1}\text{-ZC})$, $8 \cdot (\underline{2}\text{-ZC}) + 5 \cdot (\underline{1}\text{-ZC})$,

$9 \cdot (\underline{2}\text{-ZC}) + 3 \cdot (\underline{1}\text{-ZC})$, $10 \cdot (\underline{2}\text{-ZC}) + 1 \cdot (\underline{1}\text{-ZC})$. (32.3)

Didaktische Anregung Bei der Bearbeitung von Aufgabe c) sollte noch einmal auf a) und b) eingegangen werden. Sofern nicht schon geschehen, sollten die Bezahlmöglichkeiten wie in den Musterlösungen systematisch sortiert werden. Hierfür empfiehlt es sich, nicht verwendete Münzen als „$0 \cdot (\underline{1}\text{-ZC})$" oder „$0 \cdot (\underline{2}\text{-ZC})$" aufzuführen, auch wenn dies aus mathematischer Sicht natürlich überflüssig ist. Die Schüler sollten dahin geführt werden, dass sie erkennen, dass die Anzahl der ($\underline{2}$-ZC)-Münzen die Anzahl der ($\underline{1}$-ZC)-Münzen und damit auch die Bezahlmöglichkeit eindeutig bestimmt.

c) Es sei zunächst n eine gerade Zahl. Dann kann man höchstens $(n : 2)$ viele ($\underline{2}$-ZC)-Münzen verwenden, da damit ja schon der ganze Betrag bezahlt ist. Also kann man $0, 1, 2, \ldots$ oder $(n : 2)$ viele ($\underline{2}$-ZC)-Münzen verwenden. Das sind genau $(n : 2) + 1$ Möglichkeiten.
Ist n ungerade, können wir höchstens $(n - 1) : 2$ viele ($\underline{2}$-ZC)-Münzen verwenden, da dann nur noch 1 ZC übrig bleibt. Also kann man $0, 1, 2, \ldots$ oder $(n - 1) : 2$ viele ($\underline{2}$-ZC)-Münzen verwenden. Das sind genau $((n - 1) : 2) + 1$ Möglichkeiten. Also gilt

$$A(n \mid \underline{1},2) = (n : 2) + 1 \qquad \text{für gerades } n \qquad (32.4)$$

$$A(n \mid \underline{1},2) = ((n - 1) : 2) + 1 \quad \text{für ungerades } n \qquad (32.5)$$

In d) und e) sollen die Schüler die gerade bewiesenen Formeln (32.4) und (32.5) anwenden, um damit vertraut zu werden. In d) werden die Ergebnisse aus a) und b) erneut berechnet, jedoch mit geringerem Aufwand.

d) Aus den Formeln (32.4) und (32.5) folgen $A(8 \mid \underline{1},2) = (8 : 2) + 1 = 4 + 1 = 5$, $A(13 \mid \underline{1},2) = ((13 - 1) : 2) + 1 = 6 + 1 = 7$ und $A(21 \mid \underline{1},2) = ((21 - 1) : 2) + 1 = 10 + 1 = 11$.

e) Wie in d) erhält man $A(72 \mid \underline{1},2) = (72 : 2) + 1 = 36 + 1 = 37$ und $A(53 \mid \underline{1},2) = (53 - 1) : 2 + 1 = 52 : 2 + 1 = 26 + 1 = 27$.

f) Die Aufgabe wird später in h) gelöst.

g) Wenn Clemens zwei ($\underline{5}$-ZC)-Münzen verwendet, bleiben noch 11 ZC übrig, die er mit ($\underline{1}$-ZC)- und ($\underline{2}$-ZC)-Münzen bezahlen kann. Wir wissen aber schon, dass es hierfür $A(11 \mid \underline{1},2) = ((11 - 1) : 2) + 1 = 6$ Möglichkeiten gibt. Verwendet Clemens drei ($\underline{5}$-ZC)-Münzen, bleiben noch 6 ZC übrig, wofür es $A(6 \mid \underline{1},2) = (6 : 2) + 1 = 4$ Möglichkeiten gibt.

32 Musterlösung zu Kap. 12

Ab hier wird dieses Kapitel mathematisch interessant.

h) Um 21 ZC zu bezahlen, kann Clemens 0, 1, 2, 3 oder 4 ($\underline{5}$-ZC)-Münzen verwenden. Dann bleiben noch 21 ZC, 16 ZC, 11 ZC, 6 ZC bzw. 1 ZC übrig, die mit ($\underline{1}$-ZC) und ($\underline{2}$-ZC)-Münzen bezahlt werden müssen. Die Summanden in der Rekursionsformel Gl. (12.1) geben an, auf wie viele Arten dies möglich ist. Mit den Formeln (32.4) und (32.5) erhält man

$$A(21 \mid \underline{1},\underline{2},\underline{5}) =$$
$$A(21 \mid \underline{1},\underline{2}) + A(16 \mid \underline{1},\underline{2}) + A(11 \mid \underline{1},\underline{2}) + A(6 \mid \underline{1},\underline{2}) + A(1 \mid \underline{1},\underline{2}) =$$
$$((21 - 1) : 2) + 1 + (16 : 2) + 1 + ((11 - 1) : 2) + 1 + (6 : 2) + 1 +$$
$$((1 - 1) : 2) + 1 = 10 + 1 + 8 + 1 + 5 + 1 + 3 + 1 + 0 + 1 = 31 \,. \tag{32.6}$$

Es gibt also genau 31 Möglichkeiten, 21 ZC mit ($\underline{1}$-ZC)-, ($\underline{2}$-ZC)- und ($\underline{5}$-ZC)-Münzen zu bezahlen. Um die Lesbarkeit zu erhöhen, wurden in Gl. (32.6) und auch in weiteren Gleichungen einige Klammern gesetzt, die eigentlich entbehrlich sind. Außerdem wird damit die Punkt-vor-Strich-Rechenregel umgangen, die die Grundschüler noch nicht kennen.

i) Um 19 ZC zu bezahlen, kann man 0, 1, 2 oder 3 ($\underline{5}$-ZC)-Münzen verwendet. Wie in h) erhält man

$$A(19 \mid \underline{1},\underline{2},\underline{5}) = A(19 \mid \underline{1},\underline{2}) + A(14 \mid \underline{1},\underline{2}) + A(9 \mid \underline{1},\underline{2}) + A(4 \mid \underline{1},\underline{2}) =$$
$$((19 - 1) : 2) + 1 + (14 : 2) + 1 + ((9 - 1) : 2) + 1 + (4 : 2) + 1 =$$
$$9 + 1 + 7 + 1 + 4 + 1 + 2 + 1 = 26 \,. \tag{32.7}$$

Es gibt also 26 Möglichkeiten, 19 ZC mit mit ($\underline{1}$-ZC)-, ($\underline{2}$-ZC)- und ($\underline{5}$-ZC)-Münzen zu bezahlen.

j) Diese Aufgabe ist noch einmal komplizierter als h) und i), weil jetzt mit vier anstatt nur mit drei unterschiedlichen Münzen bezahlt werden kann. Mit derselben Idee, mit der Clemens die Rekursionsformel Gl. (12.1) hergeleitet hat, erhält man die folgende Rekursionsformel

$$A(21 \mid \underline{1},\underline{2},\underline{5},\underline{10}) = A(21 \mid \underline{1},\underline{2},\underline{5}) + A(11 \mid \underline{1},\underline{2},\underline{5}) + A(1 \mid \underline{1},\underline{2},\underline{5}) \,, \tag{32.8}$$

weil man 0, 1 oder 2 ($\underline{10}$-ZC)-Münzen verwenden kann. Es bleiben dann noch 21 ZC, 11 ZC bzw. nur 1 ZC übrig, die mit ($\underline{1}$-ZC)-, ($\underline{2}$-ZC)- und ($\underline{5}$-ZC)-Münzen bezahlt werden müssen. Dies erklärt die Rekursionsformel (32.8). Aus h) wissen wir bereits, dass $A(21 \mid \underline{1},\underline{2},\underline{5}) = 31$ ist. Die noch unbekannten Terme $A(11 \mid \underline{1},\underline{2},\underline{5})$ und $A(1 \mid \underline{1},\underline{2},\underline{5})$ werden so vereinfacht, wie wir das aus h) und i) bereits kennen. Insgesamt erhält man

$$A(21 \mid \underline{1},\underline{2},\underline{5},\underline{10}) = 31 + A(11 \mid \underline{1},\underline{2}) + A(6 \mid \underline{1},\underline{2}) + A(1 \mid \underline{1},\underline{2}) + A(1 \mid \underline{1},\underline{2}) =$$
$$31 + (10:2) + 1 + (6:2) + 1 + (0:2) + 1 + (0:2) + 1 =$$
$$31 + 5 + 1 + 3 + 1 + 0 + 1 + 0 + 1 = 43. \tag{32.9}$$

Es gibt also 43 Möglichkeiten, 21 ZC mit ($\underline{1}$-ZC)-, ($\underline{2}$-ZC)-, ($\underline{5}$-ZC)- und ($\underline{10}$-ZC)-Münzen zu bezahlen.

Didaktische Anregung In Aufgabe n) kann jeder Schüler den Schwierigkeitsgrad selbst festlegen. Der Kursleiter kann dabei unterstützen. Leistungsschwächere Schüler sollten nur ($\underline{1}$–ZC) und ($\underline{2}$-ZC)-Münzen berücksichtigen. Je nach Leistungsfähigkeit der Kursteilnehmer kann der Kursleiter die Aufgaben j) bis m) weglassen.

k) Alle geraden Beträge können allein mit ($\underline{2}$-ZC)-Münzen bezahlt werden, und 5 ZC kann mit einer ($\underline{5}$-ZC)-Münze bezahlt werden. Es sei nun n ein ungerade Zahl, die größer 5 ist. Legt Clemens eine ($\underline{5}$-ZC)-Münze auf die Theke, bleiben noch $n - 5$ übrig. Dies ist aber eine gerade Zahl, und wie wir bereits wissen, können alle geraden Beträge ($\underline{2}$-ZC)-Münzen bezahlt werden. Nur die Beträge 1 ZC und 3 ZC können nicht bezahlt werden, jedenfalls nicht ohne Wechselgeld.

l) Das erste Gleichheitszeichen in (32.10) gilt, da man 0, 1, 2, 3 oder 4 ($\underline{5}$-ZC)-Münzen verwenden kann. Es ist $A(n \mid \underline{2}) = 1$ (für gerades n) und $= 0$ (für ungerades n). Man beachte, dass es ohne ($\underline{1}$-ZC)-Münzen viel weniger Bezahlmöglichkeiten gibt.

$$A(21 \mid \underline{2},\underline{5}) = A(21 \mid \underline{2}) + A(16 \mid \underline{2}) + A(11 \mid \underline{2}) + A(6 \mid \underline{2}) + A(1 \mid \underline{2}) =$$
$$0 + 1 + 0 + 1 + 0 = 2. \tag{32.10}$$

m) Mit Aufgabe l) folgt

$$A(21 \mid \underline{2},\underline{5},\underline{10}) = A(21 \mid \underline{2},\underline{5}) + A(11 \mid \underline{2},\underline{5}) + A(1 \mid \underline{2},\underline{5}) =$$
$$2 + A(11 \mid \underline{2}) + A(6 \mid \underline{2}) + A(1 \mid \underline{2}) + 0 = 2 + 0 + 1 + 0 + 0 = 3. \tag{32.11}$$

n) Hierfür kann es natürlich keine Musterlösung geben.

Mathematische Ziele und Ausblicke
Die Schüler lernen, wie man eine Rekursionsformel herleitet, um eine komplizierte mathematische Aufgabe auf mehrere einfachere Aufgaben zurückzuführen und schließlich zu lösen. Das Zurückführen auf einfachere Probleme haben die Schüler schon bei Spielen und Worträtseln kennengelernt. Rekursionsformeln treten in der Mathematik und Informatik in unterschiedlichen Kontexten auf. Wir kommen in den Folgebänden für höhere Jahrgangsstufen wieder auf Rekursionsformeln zurück.

Musterlösung zu Kap. 13

Kap. 13 und das nachfolgende Kap. 14 behandeln Aufgaben zu Primzahlen, Primfaktorzerlegungen und Teilern. Von der letzten Aufgabe abgesehen, sind die Aufgaben in Kap. 13 eher einfach. In Kap. 14 steigt der Schwierigkeitsgrad deutlich an.

Didaktische Anregung In diesem Kapitel werden mehrere Begriffe eingeführt (Teiler, Primzahl, Primfaktorzerlegung, Quadratzahl). Auch wenn zumindest „Teiler" und „Primzahlzerlegung" intuitiv sind und Primzahlen einem Teil der Schüler vermutlich schon bekannt sind, sollte den Schülern genügend Zeit eingeräumt werden, sich mit den Begriffen vertraut zu machen.

a) Der Aufgabenteil a) ist einfach zu verstehen. Er dient dazu, die Kinder mit der Definition eines Teilers vertraut zu machen.

Didaktische Anregung Um an dieser Stelle nicht zu viel Zeit zu benötigen und um keine Langeweile aufkommen zu lassen, können die Kinder in zwei oder drei Gruppen aufgeteilt werden, wobei jede Gruppe selbstständig die Teiler von einigen Zahlen zwischen 1 und 30 bestimmt; bei zwei Gruppen z. B. für den Zahlbereich 1 bis 15 oder für 16 bis 30; bei drei Gruppen z. B. für 1 bis 10, 11 bis 20 oder 21 bis 30. Dies schafft erste Erfolgserlebnisse. Anschließend können die Kinder ihre Lösungen an der Tafel präsentieren. Im Einzelunterricht übernimmt der Lehrende selbst einige Zahlen. Hier empfiehlt es sich, „interessantere" Zahlenmengen zu bilden, z. B. {1, 2, 6, 9, ..., 29} und die übrigen Zahlen, damit das gegenseitige Präsentieren der Lösungen für das Kind nicht zu langweilig wird. (Das ist natürlich auch eine Option für Schülergruppen).

Nachfolgend sind ohne weiteren Kommentar die Teiler der Zahlen 1 bis 30 angegeben. Um Schreibarbeit zu sparen, bezeichnet $T(n)$ die Menge aller Teiler von n. Die Mengenschreibweise kann umgangen werden, indem man die Teiler

z. B. in eine zweispaltige Tabelle einträgt, wobei in der linken Spalte die Zahl und in der rechten Spalte deren Teiler stehen.

$T(1) = \{1\}$, $T(2) = \{1, 2\}$, $T(3) = \{1, 3\}$, $T(4) = \{1, 2, 4\}$, $T(5) = \{1, 5\}$,

$T(6) = \{1, 2, 3, 6\}$, $T(7) = \{1, 7\}$, $T(8) = \{1, 2, 4, 8\}$, $T(9) = \{1, 3, 9\}$,

$T(10) = \{1, 2, 5, 10\}$, $T(11) = \{1, 11\}$, $T(12) = \{1, 2, 3, 4, 6, 12\}$,

$T(13) = \{1, 13\}$, $T(14) = \{1, 2, 7, 14\}$, $T(15) = \{1, 3, 5, 15\}$,

$T(16) = \{1, 2, 4, 8, 16\}$, $T(17) = \{1, 17\}$, $T(18) = \{1, 2, 3, 6, 9, 18\}$,

$T(19) = \{1, 19\}$, $T(20) = \{1, 2, 4, 5, 10, 20\}$, $T(21) = \{1, 3, 7, 21\}$,

$T(22) = \{1, 2, 11, 22\}$, $T(23) = \{1, 23\}$, $T(24) = \{1, 2, 3, 4, 6, 8, 12, 24\}$,

$T(25) = \{1, 5, 25\}$, $T(26) = \{1, 2, 13, 26\}$, $T(27) = \{1, 3, 9, 27\}$,

$T(28) = \{1, 2, 4, 7, 14, 28\}$, $T(29) = \{1, 29\}$,

$T(30) = \{1, 2, 3, 5, 6, 10, 15, 30\}$. (33.1)

b) Die Zahl 1 hat nur einen Teiler. Die Zahlen 24 und 30 besitzen die meisten Teiler, nämlich 8. Genau zwei Teiler haben die Zahlen 2, 3, 5, 7, 11, 13, 17, 19, 23, 29.

Didaktische Anregung Die Viertklässler sollten Primzahlen aus dem Schulunterricht kennen. Die Aufgaben c) und d) dienen dazu, Schülern Primzahlen wieder in Erinnerung zu rufen bzw. sie erstmals mit ihnen vertraut zu machen. Daher sollte den Aufgaben c) und d) durchaus einige Zeit eingeräumt werden. Eventuell können sich Schüler Zahlen ausdenken und die anderen fragen, ob dies Primzahlen sind.

c) Für c) kann es natürlich keine Musterlösung geben.

d) Primzahlen sind 7, 41 und 83. Die anderen Zahlen sind keine Primzahlen: $14 = 2 \cdot 7$, $51 = 3 \cdot 17$, $72 = 8 \cdot 9$ (oder $2 \cdot 36$ oder $3 \cdot 24$ usw.), $100 = 10 \cdot 10$. Anmerkung: Die Primzahlen zwischen 1 und 100 lauten: 2, 3, 5, 7, 11, 13, 17, 19, 23, 29, 31, 37, 41, 43, 47, 53, 59, 61, 67, 71, 73, 79, 83, 89, 97.

e) Nutzt man die Vorarbeiten aus a) und b), muss man nicht mehr rechnen: Die Zahlen 2, 3, 5, 7, 11, 13, 17, 19, 23 und 29 sind die Primzahlen zwischen 1 und 30. Aus der Definition einer Primzahl (nur durch 1 und sich selbst teilbar) folgt ja, dass die Primzahlen diejenigen Zahlen mit (genau) zwei Teilern sind.

Die Aufgaben f) und g) bieten den Schülern reichlich Übungsmaterial, um mit der Primfaktorzerlegung vertraut zu werden.

f) $2 = 2$, $3 = 3$, $4 = 2^2$, $5 = 5$, $6 = 2 \cdot 3$, $7 = 7$, $8 = 2^3$, $9 = 3^2$, $10 = 2 \cdot 5$, $11 = 11$, $12 = 2^2 \cdot 3$, $13 = 13$, $14 = 2 \cdot 7$, $15 = 3 \cdot 5$.

Hinweis (i) Natürlich ist $4 = 2 \cdot 2$ usw. ebenfalls korrekt. Die Potenzschreibweise wird im nächsten Kapitel erklärt, um dieses Kapitel nicht durch zu viele Erklärungen (Definitionen) zu überlasten. Selbstverständlich kann die Potenzschreibweise auch schon in diesem Kapitel verwendet werden.
(ii) Der Kursleiter sollte unbedingt darauf hinweisen, dass die Primfaktoren schrittweise bestimmt werden können.

Beispiel $12 = 2 \cdot 6 = 2 \cdot 2 \cdot 3$.

g) $16 = 2^4$, $17 = 17$, $18 = 2 \cdot 3^2$, $19 = 19$, $20 = 2^2 \cdot 5$, $21 = 3 \cdot 7$, $22 = 2 \cdot 11$, $23 = 23$, $24 = 2^3 \cdot 3$, $25 = 5^2$, $26 = 2 \cdot 13$, $27 = 3^3$, $28 = 2^2 \cdot 7$, $29 = 29$, $30 = 2 \cdot 3 \cdot 5$.

h) Von den Zahlen 1 bis 30 besitzen nur 1, 4, 9, 16 und 25 eine ungerade Anzahl von Teilern. Dies sind genau die Quadratzahlen, die nicht größer als 30 sind.

i) Aus h) ergibt sich die Vermutung, dass von den Zahlen bis 200 nur die Quadratzahlen, also 1, 4, 9, 16, 25, 36, 49, 64, 81, 100, 121, 144, 169 und 196, eine ungerade Anzahl von Teilern besitzen. Diese Vermutung kann von den Schülern für einzelne Zahlen stichprobenhaft überprüft werden (ggf. in Gruppenarbeit).

j) In dieser Aufgabe beweisen wir die Vermutung über die Quadratzahlen aus Aufgabe i). Der Beweis verwendet nur einfache mathematische Hilfsmittel, ist aber erfahrungsgemäß zumindest für Drittklässler nicht einfach zu verstehen. Der Kursleiter kann diese Aufgabe unter Berücksichtigung der Leistungsstärke des Kurses auch weglassen.
Vorbemerkung: Die Beweisidee erinnert an Kindergartenkinder, die sich (wie es zumindest früher üblich war) in Zweierreihen aufstellen, wobei die Kinder, die in derselben Reihe stehen, sich an die Hand nehmen. Ist die Anzahl der Kinder ungerade, steht in einer Reihe nur ein einzelnes Kind. Andernfalls sind alle Reihen mit jeweils zwei Kindern besetzt.
Beweis: Es sei n eine natürliche Zahl und a ein Teiler von n. Dann gibt es eine natürliche Zahl b, für die $n = a \cdot b$ gilt, und zwar ist $b = n : a$. (Beispiel: $n = 10$, $a = 2$. Hier ist $b = 10 : 2 = 5$).
Die Zahl b ist ebenfalls ein Teiler von n. Für den Moment bezeichnen wir die Zahl b als den „Partner" der Zahl a. Dann ist aber auch a der (einzige) „Partner" von b. (Gäbe es einen weiteren „Partner" c von b, müsste sowohl $n = a \cdot b$ als auch $n = c \cdot b$ gelten. Da b ungleich 0 ist, folgt daraus $a = c$). Wären a und b Kindergartenkinder, stünden sie in derselben Reihe. Auf diese Weise können wir jedem Teiler von n einen eindeutig bestimmten Partner zuordnen, und kein Teiler von n tritt in mehr als in einem solchen Paar auf. Einen Ausnahmefall gilt es allerdings zu beachten, nämlich wenn $a = b$, also $n = a \cdot a$ ist. Dies kann aber nur passieren, wenn n eine Quadratzahl ist, und auch dann nur für genau einen Teiler (die Wurzel von n, was hier aber nicht thematisiert werden muss). Die Paare bestehen also normalerweise aus zwei unterschiedlichen Zahlen; nur bei

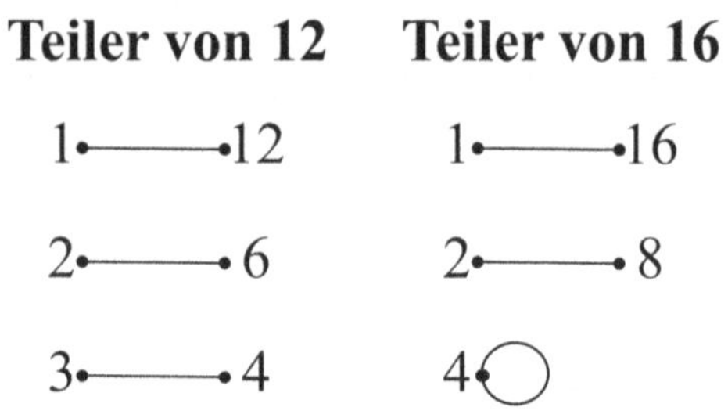

Abb. 33.1 Teiler von 12 und 16 in Zweierreihen. 16 ist eine Quadratzahl. Die 4 steht allein in einer Reihe

Teiler von 12

1•———•12

2•———•6

3•———•4

Teiler von 16

1•———•16

2•———•8

4•◯

Quadratzahlen gibt es eine Zahl, die sich gleichsam selbst die Hand gibt. Damit ist gezeigt, dass Quadratzahlen immer eine ungerade Anzahl von Teiler besitzen, während Nicht-Quadratzahlen eine gerade Anzahl von Teilern besitzen.

Didaktische Anregung Abb. 33.1 illustriert die Beweisidee für die Zahlen 12 und 16. Vor dem allgemeinen Beweis kann/sollte der Kursleiter die Beweisidee an den Zahlen 12 und 16 illustrieren.

Mathematische Ziele und Ausblicke
Primzahlen und die Teilbarkeit von natürlichen Zahlen spielen in der Mathematik eine wichtige Rolle. Teilweise werden solche Fragestellungen im Schulunterricht behandelt, etwa zur Bestimmung des größten gemeinsamen Teilers oder des kleinsten gemeinsamen Vielfachen von natürlichen Zahlen (üblicherweise in der Unterstufe). Mathematisch bezeichnet man die Erläuterungen unter „Dividus erklärt" übrigens als Definitionen. In der letzten Aufgabe wurde wieder ein mathematischer Beweis geführt.

Musterlösung zu Kap. 14

Kap. 14 ist außergewöhnlich umfangreich und gehört zweifellos zu den anspruchsvollsten Kapiteln. Für dieses mathematische Abenteuer sollten zwei oder noch besser drei Unterrichtseinheiten verwendet werden.

Didaktische Anregung Gerade für jüngere Schüler stellt dieses Kapitel eine große Herausforderung dar. Es steht dem Kursleiter frei, unter Berücksichtigung der Leistungsstärke der AG die Aufgaben f) und g) wegzulassen und den Schülern die Berechnungsformeln (34.6), (34.7) und (34.8) an Beispielen zu erklären, ohne diese herzuleiten.

Die beiden ersten Übungsaufgaben sind relativ einfach, und das Vorgehen ist schon aus dem letzten Kapitel bekannt. Daher sollten sie alle Kinder lösen können und Erfolgserlebnisse erzielen.

a) $63 = 3 \cdot 21 = 3 \cdot 3 \cdot 7$.
b) $125 = 5 \cdot 25 = 5 \cdot 5 \cdot 5$.
c) Dividus erklärt die Potenzschreibweise, auch wenn einige Kinder dies vielleicht schon aus dem Mathematikunterricht kennen. Möglicherweise haben die Schüler bereits bei den Aufgaben a) und b) die Potenzschreibweise verwendet. Dann ist Aufgabe c) bereits gelöst.
$63 = 3^2 \cdot 7$ und $125 = 5^3$.

Was sollte Clemens auffallen, wenn er die Primfaktorzerlegungvon 12 betrachtet?

Beobachtung In den Primfaktorzerlegungen der Teiler von 12 treten keine anderen Primfaktoren als bei der Primfaktorzerlegung von $12 = 2^2 \cdot 3^1$ auf (also 2 und 3). Kein Primfaktor tritt häufiger auf als in der Primfaktorzerlegung der 12. Genauer gesagt, ist jedes Produkt $2^s \cdot 3^t$ ein Teiler von 12, für das $s \in \{0, 1, 2\}$ und $t \in \{0, 1\}$ gilt.

Erklärung Angenommen, a ist ein Teiler von 12. Dann ist $n = a \cdot b$ für $b = 12 : a$. Ist $a = 1$ oder $a = 12$, besitzt a die obige Form. Andernfalls kann man die Primfaktorzerlegung von 12 schrittweise, also für a und b getrennt, bestimmen. Daher muss $a = 2^s \cdot 3^t$ sein, und die Exponenten s und t können nicht größer als 2 bzw. 1 sein. Andererseits ist jede Zahl $a = 2^s \cdot 3^t$ ein Teiler von 12, falls s und t nicht größer als 2 bzw. 1 sind; dann gilt nämlich $12 = a \cdot b$ für $b = 2^{2-s} \cdot 3^{1-t}$, da man beim Multiplizieren die Faktoren vertauschen darf:

$$a \cdot b = 2^s \cdot 3^t \cdot 2^{2-s} \cdot 3^{1-t} = 2^s \cdot 2^{2-s} \cdot 3^1 \cdot 3^{1-t} = 2^2 \cdot 3^1 = 12. \quad (34.1)$$

Die Zahl b ist also das Produkt der „übrig gebliebenen" Primfaktoren.

Ergänzung (für den Kursleiter) Mit den gleichen Überlegungen kann man zeigen, dass die obige Beobachtung allgemein für jede Zahl n gilt. Die Teiler von n kann man als Produkt von Potenzen der Primfaktoren darstellen, die in der Primfaktorzerlegung von n auftreten. Dabei dürfen die Exponenten nicht größer als in der Primfaktorzerlegung von n sein (0 ist möglich). Umgekehrt ergeben alle in dieser Hinsicht zulässigen Kombinationen von Exponenten Teiler von n. Das ist der Schlüssel zur Lösung.

Didaktische Anregung Gl. (14.1), (14.2), die Aufgaben d) und e) und später noch Gl. (14.3), sollen die Kinder zur Erkenntnis führen, wie man die Teiler einer Zahl als Produkt von Primzahlpotenzen beschreiben kann. Möglicherweise erkennen die Kinder (anders als Clemens) die Gesetzmäßigkeit bereits nach d) oder e). Dann kann der Kursleiter Aufgabe h) (zunächst ohne den Berechnungsanteil) vorziehen. Wichtig ist die Beschreibung der Teiler, während die Begründung ggf. kürzer behandelt werden kann.

d) Wie in Kap. 33 bezeichnet $T(n)$ die Menge aller Teiler der natürlichen Zahl n. Es bleibt dem Kursleiter überlassen, ob er diese Kurzschreibweise verwendet oder wie in der Aufgabenstellung etwas länger „Teiler von n" schreibt.
Es ist $20 = 2 \cdot 10 = 2 \cdot 2 \cdot 5 = 2^2 \cdot 5$. Also ist $T(20) = \{1, 2, 4, 5, 10, 20\} = \{1, 2, 2^2, 5, 2 \cdot 5, 2^2 \cdot 5\}$, und 20 hat 6 Teiler.

e) $35 = 5 \cdot 7$, $T(35) = \{1, 5, 7, 5 \cdot 7\}$, 4 Teiler.

In d) und e) haben wir die Teiler der Zahlen 20 und 35 in Potenzschreibweise aufgezählt. Wie wir noch sehen werden, hängt die Anzahl der Teiler einer Zahl n nicht von deren Primfaktoren selbst ab, sondern nur davon, wie viele Primfaktoren und in welcher Potenz diese Primfaktoren in der Primfaktorzerlegung von n auftreten. Man überzeugt sich leicht, dass z. B. sowohl $6 = 2 \cdot 3$ als auch $35 = 5 \cdot 7$ jeweils 4 Teiler besitzen. Die Aufgabe, die Anzahl der Teiler einer Zahl zu bestimmen, reduziert sich auf eine einfache kombinatorische Fragestellung. Als Vorbereitung dienen die Aufgaben f) und g), die in die elementare Kombinatorik einführen.

f) **Beobachtung** Das Outfit von Karl Nager wird durch die Auswahl des Hemdes $\{b, g, r\}$ und der Hose $\{st, pu\}$ beschrieben. Eine mögliche Kombination ist beispielsweise (g, st). Das bedeutet, dass Karl Nager sein gelbes Hemd und seine gestreifte Hose anzieht.
Gesucht ist die Anzahl aller möglichen Bekleidungskombinationen aus Hemd und Hose. Der Kursleiter sollte den Kindern zunächst die Möglichkeit geben, alle möglichen Kombinationen aufzuschreiben. Vielleicht erkennen einzelne Kinder bereits hier die gesuchte Gesetzmäßigkeit.
Wenden wir uns nun der systematischen Lösung zu: Karl kann aus drei Hemden und zwei Hosen auswählen. Zum blauen Hemd kann er entweder die gestreifte oder die gepunktete Hose anziehen. Das sind zwei Möglichkeiten. Dasselbe gilt natürlich auch für das gelbe und das rote Hemd, denn die Auswahl der Hose ist von der Hemdfarbe unabhängig. Insgesamt hat Karl Nager also $3 \cdot 2 = 6$ Möglichkeiten, seine Hemden mit den Hosen zu kombinieren.

g) **Beobachtung** In g) werden auch noch Karls Socken s,w,k,l berücksichtigt. Eine mögliche Kombination besteht jetzt nicht mehr aus zwei, sondern aus drei Kleidungsstücken. Beispielsweise bedeutet (b,pu,k), dass Karl Nager sein blaues Hemd, seine gepunktete Hose und seine karierten Socken anzieht.
Auch hier sollten die Kinder zunächst alle Kombinationen aufschreiben und sammeln, sofern die allgemeine Gesetzmäßigkeit nicht schon bei f) erkannt wurde. Offensichtlich kann Karl zu jeder Kombination aus Hemd und Hose (z. B. rotes Hemd mit gestreifter Hose) vier Paar Socken auswählen. Wir wissen aber schon aus f), dass es $3 \cdot 2 = 6$ Kombinationen aus Hemd und Hose gibt. Daraus folgt, dass Karl Nager insgesamt $3 \cdot 2 \cdot 4 = 24$ Kombinationen aus Hemd, Hose und Socken besitzt. Man beachte, dass 24 das Produkt aus der Anzahl der Hemden ($= 3$), der Anzahl der Hosen ($= 2$) und der Anzahl der Socken ($= 4$) ist. Karl Nager kann sich also an 24 aufeinanderfolgenden Tagen unterschiedlich kleiden!

Hinweis In der Kombinatorik werden solche Probleme oft durch Urnenmodelle beschrieben. Für g) bedeutet dies: Es gibt drei Urnen. In der ersten Urne befinden sich drei Kugeln, die mit „b", „g" und „r" beschriftet sind. In der zweiten Urne befinden sich zwei Kugeln („st" und „pu"), während in der dritten Urne vier Kugeln sind („s", „w", „k" und „l"). Zieht man aus jeder Urne eine Kugel, legt dies die Kleidung von Karl Nager fest. Die Gesamtanzahl der möglichen Kleiderkombinationen erhält man, indem man die Anzahl der Kugeln multipliziert, die sich in den einzelnen Urnen befinden (hier: $3 \cdot 2 \cdot 4 = 24$).

Diese Überlegungen benötigen wir, um die folgenden Aufgaben zu lösen.

h) Zur Erinnerung: $12 = 2^2 \cdot 3^1$. In Gleichung Gl. (14.3) tritt die gesuchte Gesetzmäßigkeit offen zutage (vgl. Beobachtung, Erklärung und Ergänzung). Die

Tab. 34.1 Die Teiler von 12 und 35: Korrespondenz zwischen Zahlenpaaren und Teilern

$12 = 2^2 \cdot 3^1$		$35 = 5^1 \cdot 7^1$	
Paare	Teiler	Paare	Teiler
(0, 0)	$2^0 \cdot 3^0$	(0, 0)	$5^0 \cdot 7^0$
(0, 1)	$2^0 \cdot 3^1$	(0, 1)	$5^0 \cdot 7^1$
(1, 0)	$2^1 \cdot 3^0$	(1, 0)	$5^1 \cdot 7^0$
(1, 1)	$2^1 \cdot 3^1$	(1, 1)	$5^1 \cdot 7^1$
(2, 0)	$2^2 \cdot 3^0$		
(2, 1)	$2^2 \cdot 3^1$		

Teiler von 12 werden stets als Produkt von 2er- und 3er-Potenzen dargestellt, auch wenn ein oder beide Exponenten 0 sind. (Es handelt sich dann nicht mehr um eine Primfaktorzerlegung, da „1" als Faktor auftritt, aber das ist hier nicht wichtig). Die Teiler von 12 kann man durch die sechs Paare (0, 0), (0, 1), (1, 0), (1, 1), (2, 0), (2, 1) beschreiben. Dabei entspricht die erste Zahl einer Klammer dem Exponenten des ersten Primfaktors in der Primfaktorzerlegung (hier: 2) und die zweite Zahl dieser Klammer dem Exponenten des zweiten Primfaktors (hier: 3). Tab. 34.1 illustriert die Korrespondenz zwischen Zahlenpaaren und den Teilern beispielhaft an den Zahlen 12 und 35.

Beobachtung Das verhält sich genauso wie mit Karl Nagers Hemden und Hosen in Aufgabe f): Dort standen Karl 3 Hemden (hier: 1. Exponent = 0, 1 oder 2) und 2 Hosen (hier: 2. Exponent = 0 oder 1) zum Kombinieren zur Verfügung. Also besitzt $12 = 2^2 \cdot 3^1$ genau $3 \cdot 2 = 6$ Teiler.

Oder anders ausgedrückt:

$$((\text{Exponent von } 2) + 1) \cdot ((\text{Exponent von } 3) + 1) = 6. \tag{34.2}$$

Oder im Urnenmodell: Es gibt zwei Urnen, wobei sich in der ersten Urne drei rote Kugeln mit der Aufschrift „0", „1" und „2" befinden und in einer zweiten Urne zwei grüne Kugeln mit der Aufschrift „0" und „1". Wie viele Möglichkeiten gibt es, wenn man aus jeder Urne genau eine Kugel zieht? Der Kursleiter kann nun direkt zu i) übergehen oder zur Übung zunächst mit den Kindern gemeinsam die Anzahl der Teiler von 20 und von 35 ausrechnen.
Lösung: $20 = 2^2 \cdot 5^1$ besitzt insgesamt $(2 + 1) \cdot (1 + 1) = 3 \cdot 2 = 6$ Teiler, aber $35 = 5^1 \cdot 7^1$ nur $(1 + 1) \cdot (1 + 1) = 2 \cdot 2 = 4$ Teiler.
i) Es ist $55 = 5^1 \cdot 11^1$. Daher besitzt 55 insgesamt $(1 + 1) \cdot (1 + 1) = 2 \cdot 2 = 4$ Teiler. (Es ist $T(55) = \{1, 5, 11, 55\} = \{5^0 \cdot 11^0, 5^1 \cdot 11^0, 5^0 \cdot 11^1, 5^1 \cdot 11^1\}$).

Beobachtung Es kommt also nicht auf die Primfaktoren selbst an, sondern nur darauf, wie viele verschiedene Primfaktoren wie oft in der Primfaktorzerlegung einer Zahl n auftreten. Betrachtet man deren Teiler, so kann jeder einzelne Primfaktor dort höchstens so oft auftreten wie in der Primfaktorzerlegung von n selbst (= Exponent dieser Primzahl in der Primfaktorzerlegung von n), und alles zwischen 0 und dieser Anzahl ist möglich!

Es folgen noch einige Übungsaufgaben, bei denen die Primfaktorzerlegung und der soeben gelernte Sachverhalt eingeübt werden können. Es bleibt dem Kursleiter überlassen, die Aufgaben auf Gruppen aufzuteilen oder einige wegzulassen.

j) $100 = 2^2 \cdot 5^2$. Daher besitzt 100 insgesamt $(2 + 1) \cdot (2 + 1) = 3 \cdot 3 = 9$ Teiler. Wie oben ausführlich erläutert, ergibt sich der Summand „$+ 1$" aus der Tatsache, dass jeweils die Exponenten 0, 1, und 2 möglich sind. Die übrigen Aufgaben löst man analog.

k) $99 = 3^2 \cdot 11^1$. Daher besitzt 99 insgesamt $(2 + 1) \cdot (1 + 1) = 3 \cdot 2 = 6$ Teiler.

l) $128 = 2^7$. Daher besitzt 128 insgesamt $(7 + 1) = 8$ Teiler.

m) $168 = 2^3 \cdot 3^1 \cdot 7^1$. Hier treten erstmals drei verschiedene Primfaktoren auf (Pendant zu g)). Daher besitzt 168 insgesamt

$$((\text{Exponent von } 2) + 1) \cdot ((\text{Exponent von } 3) + 1) \cdot ((\text{Exponent von } 7) + 1) =$$
$$(3 + 1) \cdot (1 + 1) \cdot (1 + 1) = 4 \cdot 2 \cdot 2 = 16 \text{ Teiler.} \qquad (34.3)$$

n) $525 = 3^1 \cdot 5^2 \cdot 7^1$. Daher besitzt 525 insgesamt $(1 + 1) \cdot (2 + 1) \cdot (1 + 1) = 2 \cdot 3 \cdot 2 = 12$ Teiler.

o) $529 = 23^2$. Da 23 eine Primzahl ist, besitzt 529 nur $2 + 1 = 3$ Teiler.

In den Aufgaben m) und n) treten jeweils drei verschiedene Primfaktoren auf. Wir können uns vorstellen, dass sich in einer dritten Urne blaue Kugeln befinden, die angeben, wie oft der Primfaktor 7 auftritt. Normalerweise haben große Zahlen viele Teiler, aber 529 zeigt, dass das nicht immer so ist.

Ergänzung (für den Kursleiter) Unsere Berechnungsformel kann man auf beliebige natürliche Zahlen n verallgemeinern:

$$\text{Es sei } n = p_1^{c_1} \cdot p_2^{c_2} \cdots p_k^{c_k} \quad \text{(Primfaktorzerlegung von n).} \qquad (34.4)$$

Dabei bezeichnen $p_1, p_2, \ldots, p_k$ unterschiedliche Primzahlen, und die Exponenten $c_1, c_2, \ldots, c_k$ sind größer oder gleich 1. Dann gilt (vgl. z. B. (Menzer und Althöfer 2014, Satz 4.2.1) [46]):

$$\text{Die Zahl } n = p_1^{c_1} \cdot p_2^{c_2} \cdots p_k^{c_k} \text{ besitzt } (c_1 + 1) \cdots (c_k + 1) \text{ Teiler.} \qquad (34.5)$$

Beispiel
(i) $12 = 2^2 \cdot 3$. Hier ist $k = 2$, $p_1 = 2$, $c_1 = 2$, $p_2 = 3$ und $c_2 = 1$.
(ii) $525 = 3^1 \cdot 5^2 \cdot 7^1$. Hier ist $k = 3$, $p_1 = 3$, $c_1 = 1$, $p_2 = 5$, $c_2 = 2$, $p_3 = 7$ und $c_3 = 1$.

Die Gl. (34.4) und (34.5) sind schon ziemlich „formellastig". Daher ist die allgemeine Formel Gl. (34.5) nur für den Kursleiter gedacht, um Fragen von Schülern beantworten zu können, wie es sich verhält, wenn die Primfaktorzerlegung von n mehr als drei unterschiedliche Primfaktoren enthält. Für die Schüler dürfte dies zu schwierig sein. Aus Gl. (34.5) ergeben sich insbesondere die Berechnungsformeln für die Spezialfälle, bei denen in der Primfaktorzerlegung von n ein, zwei bzw. drei unterschiedliche Primfaktoren auftreten. In Gl. (34.6), (34.7) und (34.8) wurde auf Indizes verzichtet. (Diese Spezialfälle haben die Schüler in Kap. 14 selbst hergeleitet.)

$$\text{Die Zahl } n = p^s \text{ besitzt } (s+1) \text{ Teiler.} \tag{34.6}$$

$$\text{Die Zahl } n = p^s \cdot q^t \text{ besitzt } (s+1) \cdot (t+1) \text{ Teiler.} \tag{34.7}$$

$$\text{Die Zahl } n = p^s \cdot q^t \cdot r^u \text{ besitzt } (s+1) \cdot (t+1) \cdot (u+1) \text{ Teiler.} \tag{34.8}$$

Dabei bezeichnen (p und q) bzw. (p, q und r) unterschiedliche Primfaktoren, und die Exponenten s, t und u sind größer oder gleich 1.

Mathematische Ziele und Ausblicke
Zunächst wird durch mehrere Übungsaufgaben nochmals die Primfaktorzerlegung geübt, die in der Mathematik eine wichtige Rolle spielt In diesem mathematischen Abenteuer werden die Kinder über ausgewählte Beispiele zur Lösung des Ausgangsproblems (Anzahl von Teilern) hingeführt, das auf den ersten Blick scheinbar nur wenig mit Primzahlen zu tun hat. Hierfür sind auch elementare kombinatorische Überlegungen notwendig, die auch in Aufgaben diverser Mathematikwettbewerbe für die Grundschule oder Unterstufe auftreten, z. B. in der Mathematikolympiade für die Grundschule [44], Aufgaben 470412, 500414, 520321, 520411 (Klassenstufen 3 und 4). Mit der allgemeinen Berechnungsformel (34.5) kann man z. B. (mit einer einfachen Zusatzüberlegung) die Aufgabe 561234 (Landesrunde, Klassenstufe 12/13) aus der 56. Mathematikolympiade [42] lösen.

Kombinatorik wird in Kap. 20 erneut aufgegriffen, und Kap. 19 behandelt algorithmische Überlegungen zu Primzahlen und der Berechnung von Primfaktorzerlegungen.

Musterlösung zu Kap. 15

Kap. 15 greift die Analyse von mathematischen Spielen wieder auf, was bereits in den Kap. 5 und 6 thematisiert wurde. Allerdings ist zumindest das Bohnenspiel deutlich komplizierter als das Drachenspiel und das Superdrachenspiel. Beim abschließenden Möhrenspiel lernen die Schüler eine weitere Strategie kennen.

Didaktische Anregung Dieses und das nächste Kapitel sind deutlich komplizierter als Kap. 5 und 6. Daher bieten sich Kap. 15 und 16 bzw. Teile hiervon als Zusatzaufgaben für besonders leistungsstarke Kursteilnehmer an.

Didaktische Anregung Ebenso wie das Drachenspiel und das Superdrachenspiel endet auch das Bohnenspiel nach endlich vielen Zügen, genauer gesagt, nach spätestens 10 Zügen, da jeder Zug die Gesamtanzahl der Bohnen um mindestens 1 reduziert. Es liegt auf der Hand, auch hier zunächst einfachere Spielvarianten mit weniger Bohnen zu analysieren, um die Analyse des Bohnenspiels auf die Lösung einfacherer Probleme zurückzuführen. Deshalb sollte mit den Schülern zunächst die Vorgehensweise aus dem Drachenspiel wiederholt werden.

a) Die Schüler werden mit den Regeln des Bohnenspiels vertraut. Vielleicht erkennen sie beim Spielen auch schon Zusammenhänge, die ihnen bei den folgenden Aufgaben nützlich sind.

Didaktische Anregung Die beiden nächsten Aufgaben sind relativ einfach und sollten von allen Schülern bewältigt werden können. Da die nächsten Schritte darauf aufbauen, sollte genügend Zeit eingeräumt werden, damit diese Aufgaben von allen Schülern zumindest verstanden werden. Noch besser ist es natürlich, wenn die Schüler diese Aufgaben eigenständig lösen.

b) Wenn Spieler 1 der Schale B zwei Bohnen entnimmt, kann Spieler 2 die Schale C leeren und hat das Spiel gewonnen. Nimmt Spieler 1 aus der Schale B nur eine Bohne, nimmt Spieler 2 aus der Schale C ebenfalls nur eine Bohne. Dann liegen in den Schalen B und C noch jeweils eine Bohne, und auch hier gewinnt Spieler 2. (Am Ausgang des Spiels ändert sich natürlich nichts, wenn Spieler 1 mit Schale C anstatt mit Schale B beginnt). Zusammengefasst: Bei Spielvariante 1 kann Spieler 2 den Gewinn erzwingen.

c) Sieht man einmal davon ab, dass in Aufgabe b) die Schale A leer ist und in Aufgabe c) die Schale C, so stellt Aufgabe b) ein Spezialfall von Aufgabe c) dar. Spieler 1 beginnt und nimmt aus einer nichtleeren Schale eine bestimmte Anzahl an Bohnen. Spieler 2 macht das gleiche in der anderen nichtleeren Schale. Hat Spieler 1 alle n Bohnen weggenommen, sind alle drei Schalen leer, und Spieler 2 hat das Spiel gewonnen. Andernfalls liegen nach dem Zug von Spieler 2 in den beiden nichtleeren Schalen dieselbe Anzahl an Bohnen. Spieler 2 ahmt die Züge von Spieler 1 jeweils in der anderen nichtleeren Schale nach, bis keine Bohne mehr übrig ist. Zusammengefasst: Auch bei Spielvariante 2 kann Spieler 2 den Gewinn erzwingen.

Es beginnt der interessantere Teil der Analyse. Zur Lösung der Aufgaben verwenden wir Erkenntnisse aus den Aufgaben b) und c).

d) Spieler 1 nimmt im ersten Zug alle 4 Bohnen aus Schale A. Danach ist die Schale A leer, und in den Schalen B und C befinden sich jeweils 2 Bohnen. Wir wissen aber bereits aus Aufgabe c), dass dies für den am Zug befindlichen Spieler ungünstig ist. Das ist Spieler 2. Also kann bei Spielvariante 3 Spieler 1 den Gewinn erzwingen.

Didaktische Anregung Nachdem Clemems Aufgabe d) gelöst hat, fasst er in Kap. 15 seine bisherigen Erkennnisse in Worten zusammen. Dies ist ein sehr wichtiger Schritt und sollte unbedingt auch in der AG durchgeführt werden. Ansonsten besteht die Gefahr, dass die Schüler „den Wald vor lauter Bäumen (Aufgaben)" nicht sehen.

e) In Aufgabe e) untersuchen wir systematisch alle Möglichkeiten von Spieler 1. Er kann aus Schale A 1 Bohne wegnehmen, aus Schale B 1, 2 oder 3 Bohnen oder aber 1 oder 2 Bohnen aus Schale C. In der ersten (linken) Spalte von Tab. 35.1 sind die möglichen Züge von Spieler 1 aufgeführt. Die Bedeutung der Kurzschreibweise ist intuitiv: So bedeutet „A: − 1" beispielsweise, dass Spieler 1 eine Bohne aus Schale A nimmt. Die zweite Spalte enthält den Spielstand, nachdem Spieler 1 seinen Zug ausgeführt hat. So bedeutet beispielsweise „$(A, B, C) = (0, 3, 2)$", dass in der Schale A 0 Bohnen liegen, in Schale B 3 Bohnen und in Schale C 2 Bohnen. Mit den Zügen aus der dritten Spalte erreicht Spieler 2 die neuen Spielzwischenstände, die in der vierten Spalte stehen. Nun ist Spieler 1 wieder an der Reihe. Aus Aufgabe c) wissen wir

Tab. 35.1 Möhrenspiel: Analyse von Spielvariante 4 (Aufgabe e)). Spieler 1 beginnt mit $(A, B, C) = (1, 3, 2)$

Spieler 1		Spieler 2	
Zug	neuer Spielstand	Zug	neuer Spielstand
A: -1	$(A, B, C) = (0, 3, 2)$	B: -1	$(A, B, C) = (0, 2, 2)$
B: -1	$(A, B, C) = (1, 2, 2)$	A: -1	$(A, B, C) = (0, 2, 2)$
B: -2	$(A, B, C) = (1, 1, 2)$	C: -2	$(A, B, C) = (1, 1, 0)$
B: -3	$(A, B, C) = (1, 0, 2)$	C: -1	$(A, B, C) = (1, 0, 1)$
C: -1	$(A, B, C) = (1, 3, 1)$	B: -3	$(A, B, C) = (1, 0, 1)$
C: -2	$(A, B, C) = (1, 3, 0)$	B: -2	$(A, B, C) = (1, 1, 0)$

schon, dass alle Spielzwischenstände aus der vierten Spalte für den am Zug befindlichen Spieler ungünstig sind. (Man beachte, dass Spieler 2 stets die besten Züge ausgeführt hat.) Zusammengefasst: Bei Spielvariante 4 kann Spieler 2 den Gewinn erzwingen.

Es sind alle Vorarbeiten erledigt. Aufgabe f), die Lösung des Bohnenspiels, ist jetzt nicht mehr allzu schwierig.

f) Die Aufgabe von Spieler 1 besteht darin, einen Spielzwischenstand herbeizuführen, der für den Spieler ungünstig ist, der am Zug ist (also Spieler 2). Dies erreicht Spieler 1, indem er 4 Bohnen aus Schale A wegnimmt, was zum Spielzwischenstand $(A, B, C) = (1, 3, 2)$ führt. Damit ist die Spielvariante 4 aus Aufgabe e) erreicht. Aus Aufgabe e) wissen wir, dass diese Variante für den am Zug befindlichen Spieler ungünstig ist.
Zusammengefasst: Beim Bohnenspiel kann Spieler 1 den Gewinn erzwingen.

Im zweiten Teil von Kap. 15 befassen sich die Schüler mit dem Möhrenspiel; zunächst wieder mit einfacheren Spielvarianten.

g) Die Schüler machen sich mit den Regeln des Möhrenspiels vertraut.
h) Wenn Spieler 2 die Möhren 3 und 4 wegnimmt, bleiben nur noch die Möhren 1 und 5 übrig. Da Spieler 1 nur eine Möhre ernten kann, erntet Spieler 2 die letzte Möhre und gewinnt das Spiel.
i) Wenn Spieler 1 die Möhre 3 erntet, dann bleiben zwei getrennte Mengen aus jeweils zwei Möhren übrig. Diese bestehen aus den Möhren 1 und 2 bzw. aus den Möhren 4 und 5. Erntet Spieler 2 aus einer der Mengen beide Möhren, macht ihm dies Spieler 1 in der anderen Menge nach und hat das Spiel gewonnen. Erntet Spieler 2 aus einer Menge nur eine Möhre, macht ihm dies Spieler 1 in der anderen Menge nach, wonach zwei einzelne Möhren übrigbleiben. Wie in Aufgabe h) gewinnt Spieler 1. Zusammengefasst: Bei Spielvariante 1 (Möhrenspiel) kann Spieler 1 den Gewinn erzwingen.

j) Hier sollte Spieler 1 zuerst die Möhren 3 und 4 ernten, so dass wie in Aufgabe i) zwei getrennte Gruppen von jeweils zwei Möhren übrigbleiben. Also kann Spieler 1 auch bei Spielvariante 2 (Möhrenspiel) den Gewinn erzwingen.

Didaktische Anregung Nach den Vorarbeiten in den Aufgaben i) und j) gilt es nun, das Wesentliche der beiden Gewinnstrategien zu erkennen und auf das (vollständige) Möhrenspiel zu verallgemeinern. Die Schüler lernen dabei eine wichtige Strategie kennen, die bei Wegnehmspielen häufig anzutreffen ist, wenn derjenige Spieler gewinnt, der den letzten Gegenstand wegnimmt.

Hierzu wird ein in gewisser Hinsicht symmetrischer Spielstand herbeigeführt. Ein solcher Spielstand besteht aus zwei Mengen von Gegenständen, wobei jeder verbliebene Gegenstand nur einer Menge gehört. Es ist ferner nur möglich, Gegenstände aus einer Menge wegzunehmen, und beide Mengen sind im Hinblick auf die Spielregeln gleich. In den Aufgaben i) und j) bestand der „symmetrische Spielstand" in den beiden Zweiergruppen von Möhren (i): 1, 2 und 4, 5 bzw. j): 1, 2 und 5, 6. Bei einem solchen „symmetrischen Spielstand" kann der Spieler den Gewinn erzwingen, der nicht am Zug ist. Dazu ahmt er einfach die Züge des anderen Spielers nach, bis er den letzten Gegenstand wegnehmen kann. In den Aufgaben i) und j) wurde dies ausführlich erklärt. Man spricht in diesem Zusammenhang auch von einem *Symmetrieprinzip*.

Übrigens hat das Symmetrieprinzip bereits in den Aufgaben b) und c) (Bohnenspiel) Anwendung gefunden. Wegen seiner vielfältigen Anwendbarkeit sollte der Kursleiter darauf achten, dass möglichst alle Schüler das allgemeine Prinzip verstehen.

k) Spieler 1 kann den Gewinn im Möhrenspiel erzwingen. Im ersten Zug erntet Spieler 1 die Möhre 7, wonach die übrigen Möhren in zwei gleich großen Teilmengen enthalten sind (Möhren 1–6 und Möhren 8–13, jeweils 6 Möhren), die jeweils ohne Zwischenräume nebeneinander stehen. In einem Zug kann ein Spieler zwar zwei Möhren aus einer Menge ernten, aber nicht gleichzeitig Möhren aus beiden Mengen. Mit anderen Worten: Es ist Spieler 1 gelungen, einen symmetrischen Spielstand zu erreichen, bei dem Spieler 2 am Zug ist. In diesem Beweis nennen wir diese Mengen „korrespondierend"; vgl. auch Abb. 35.1. Spieler 2 erntet aus einer der beiden Mengen eine oder zwei Möhren, und Spieler 1 erntet die entsprechenden Möhren in der anderen Menge. Dann existieren entweder zwei Mengen, wenn Randmöhren geerntet wurden; ansonsten gibt es jetzt vier Mengen. Abb. 35.2 illustriert beispielhaft den Spielstand, wenn Spieler 2 Möhre 10 (dritte Möhre von links in der rechten Menge) und danach Spieler 1 Möhre 3 (dritte Möhre von links in der links Menge) geerntet hat. Die Mengen mit durchgezogener und mit gestrichelter Umrandung korrespondieren miteinander. Das geht so weiter: Spieler 1 ahmt den Zug von Spieler 2 in der jeweils korrespondierenden Menge nach, bis er die letzte Möhre geerntet hat. Dann hat Spieler 1 gewonnen.

35 Musterlösung zu Kap. 15

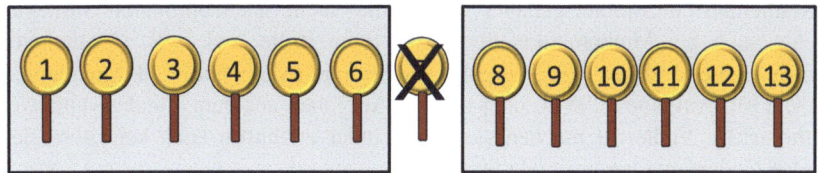

Abb. 35.1 Möhrenspiel nach dem ersten Zug von Spieler 1. Der Übersichtlichkeit halber zeigt die Graphik nur die Schilder mit den Nummern

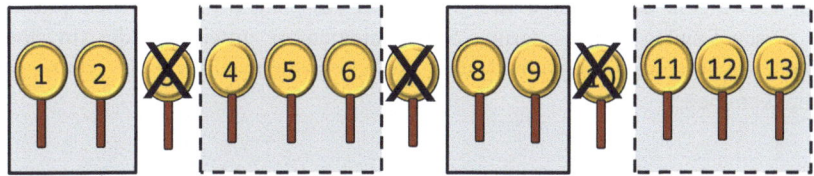

Abb. 35.2 Möhrenspiel nach dem zweiten Zug von Spieler 1 (Beispiel). Die Mengen mit durchgezogener und mit gestrichelter Umrandung korrespondieren jeweils

Die letzte Aufgabe ist eine geringfügige Modifikation des Möhrenspiels. Dies sollte aber keine größeren Schwierigkeiten bereiten.

1) Die Situation ist zunächst anders als beim Möhrenspiel, da die Möhren kreisförmig angeordnet sind und deshalb keine „Randmöhren" existieren. Spieler 1 erntet eine oder zwei Möhren, wonach noch 18 oder 17 Möhren übrig sind. Dann ist der Kreis aber „aufgebrochen", und wir finden dieselbe Situation wie beim Möhrenspiel vor, wenn man einmal davon absieht, dass die Möhren nicht in einer Reihe nebeneinander, sondern auf einem Kreis stehen. Sind noch 18 Möhren übrig, erntet Spieler 2 die beiden mittleren Möhren. Sind nach dem ersten Zug von Spieler 1 nur noch 17 Möhren übrig, erntet Spieler 2 nur die mittlere Möhre. In beiden Fällen bleiben zwei korrespondierende Teilmengen von jeweils 8 Möhren übrig. Das ist (von der Anzahl der Möhren einmal abgesehen) dieselbe Situation wie beim Möhrenspiel, nur dass jetzt Spieler 1 und nicht Spieler 2 am Zug ist. Daher kann Spieler 2 den Gewinn erzwingen, wenn die Möhren kreisförmig angeordnet sind.

Mathematische Ziele und Ausblicke

In Kap. 5 und 6 wurden zwei einfache mathematische Spiele systematisch untersucht. Kap. 15 und 16 setzen dies mit komplizierteren Spielen fort. Von übergeordneter Bedeutung ist das Symmetrieprinzip, das für die Lösung des Möhrenspiels von zentraler Bedeutung ist.

Mathematische Spiele, genauer gesagt, die Suche nach optimalen Strategien, spielen auch bei Mathematikwettbewerben eine Rolle (vgl. z. B. (Mathematik-Olympiaden e.V. 2009) [29], Aufgabe 480941 und (Mathematik-Olympiaden e.V. 2013) [30], Aufgabe 520514, oder diverse Aufgaben aus dem Bundeswettbewerb Mathematik). Vielleicht machen sich die Kinder zukünftig auch bei „normalen" Spielen Gedanken über optimale Strategien.

Die Kap. 5, 6, 15 und 16 führen in die mathematische Spieltheorie ein. Die Spieltheorie stellt einen Zweig der Mathematik dar, der zahlreiche Anwendungen besitzt, u. a. in den Wirtschaftswissenschaften. Anders als bei den Spielen, die in diesem Buch behandelt werden, kann ein Spieler dort den Gewinn normalerweise nicht erzwingen, da zufällige Ereignisse den Ausgang des Spiels beeinflussen. Bei diesen Spielen geht es darum, Spielstrategien zu entwickeln, die (in einem zu präzisierendem Sinn) optimal sind. Im Oberstufenband werden wir hierauf zurückkommen.

Musterlösung zu Kap. 16   36

In Kap. 16 werden die Spielregeln des Bohnenspiels aus Kap. 15 verändert, woraus sich das umgekehrte Bohnenspiel ergibt. Die Analysetechniken aus Kap. 15 werden wiederholt und vertieft.

Didaktische Anregung Liegt Zeitmangel vor, kann dieses Kapitel weggelassen werden. Wie Kap. 15 bietet es sich als Ergänzungskapitel für leistungsstarke Schüler an.

a) Die Schüler werden mit den Regeln des umgelehrten Bohnenspiels vertraut.

Die Aufgaben b) und c) sind relativ einfach und sollten von allen Schülern bewältigt werden können. Die Lösung von Aufgabe d) nutzt die Ergebnisse aus b) und c). Spieler 1 bezeichnet wieder den Spieler, der am Zug ist.

b) Spieler 1 lässt nur eine Bohne in Schale A. Er überführt also den Spielstand $(A, B, C) = (n, 0, 0)$ in $(A, B, C) = (1, 0, 0)$. Diese Spielsituation ist für Spieler 2 (welcher sich am Zug befindet) offensichtlich verloren. Also kann Spieler 1 bei Spielvariante 1 den Gewinn erzwingen.

c) Spieler 1 nimmt alle Bohnen aus Schale A. Er überführt also den Spielstand $(A, B, C) = (n, 1, 0)$ in $(A, B, C) = (0, 1, 0)$. Spieler 2 muss die letzte Bohne wegnehmen und verliert das Spiel. Somit kann Spieler 1 auch bei Spielvariante 2 den Gewinn erzwingen.

d) Wenn Spieler 1 beide Bohnen aus Schale B wegnimmt, entsteht die Spielsituation $(A, B, C) = (2, 0, 0)$, die für den Spieler, der jetzt am Zug ist, gewonnen ist (= Spielvariante 1). Wenn Spieler 1 nur eine Bohne aus Schale B wegnimmt, entsteht die Spielsituation $(A, B, C) = (2, 1, 0)$, die für den Spieler, der jetzt am Zug ist, gewonnen ist (= Spielvariante 2). (Am Ausgang des Spiels ändert sich nichts, wenn Spieler 2 Bohnen aus Schale A entnimmt). Bei Spielvariante 3 kann Spieler 2 den Gewinn erzwingen.

Es folgt der interessanteste Teil der Analyse.

e) Spieler 1 nimmt im ersten Zug alle bis auf 2 Bohnen aus Schale A. Damit überführt er den Spielstand $(A, B, C) = (n, 2, 0)$ zu $(A, B, C) = (2, 2, 0)$ (Spielvariante 3). Aus Aufgabe d) wissen wir, dass dies für Spieler 2, der ja jetzt am Zug ist, verloren ist. Also kann bei Spielvariante 4 Spieler 1 den Gewinn erzwingen.

f) Aufgabe f) ist das Pendant zu Kap. 15, e). In Tab. 36.1 gehen wir alle Möglichkeiten von Spieler 1 durch. In der ersten (linken) Spalte von Tab. 36.1 sind die möglichen Züge von Spieler 1 aufgeführt. Dabei bedeutet „A: − 1", dass Spieler 1 eine Bohne von Schale A nimmt. Die zweite Spalte enthält den neuen Spielstand, nachdem Spieler 1 seinen Zug ausgeführt hat. So bedeutet beispielsweise „$(A, B, C) = (0, 3, 2)$", dass in den Schalen A, B, und C 0 Bohnen, 3 Bohnen bzw. 2 Bohnen liegen. Mit den Zügen aus der dritten Spalte erreicht Spieler 2 die neuen Spielzwischenstände, die in der vierten Spalte stehen. Nun ist Spieler 1 wieder an der Reihe. Aus Aufgabe d) und Clemens Vorüberlegungen wissen wir bereits, dass alle Spielstände aus der vierten Spalte für den am Zug befindlichen Spieler ungünstig sind. Bei Spielvariante 5 kann Spieler 2 den Gewinn erzwingen.

Die Lösung des umgekehrten Bohnenspiels ist jetzt nicht mehr schwierig.

g) Aus Aufgabe f) wissen wir, dass der Spielstand $(A, B, C) = (1, 3, 2)$ (bei beidseitig bestem Spiel) für den Spieler verloren ist, der sich am Zug befindet. Daher kann Spieler 1 den Gewinn erzwingen, indem er in seinem ersten Zug 4 Bohnen aus Schale A entnimmt und damit den Spielstand $(A, B, C) = (1, 3, 2)$ herstellt. Seine weiteren Züge auf die möglichen Antworten von Spieler 2

Tab. 36.1 umgekehrtes Bohnenspiel: Analyse von Spielvariante 5 (Aufgabe f)). Spieler 1 beginnt mit $(A, B, C) = (1, 3, 2)$

Spieler 1		Spieler 2	
Zug	neuer Spielstand	Zug	neuer Spielstand
A: −1	$(A, B, C) = (0, 3, 2)$	B: −1	$(A, B, C) = (0, 2, 2)$
B: −1	$(A, B, C) = (1, 2, 2)$	A: −1	$(A, B, C) = (0, 2, 2)$
B: −2	$(A, B, C) = (1, 1, 2)$	C: −1	$(A, B, C) = (1, 1, 1)$
B: −3	$(A, B, C) = (1, 0, 2)$	C: −2	$(A, B, C) = (1, 0, 0)$
C: −1	$(A, B, C) = (1, 3, 1)$	B: −2	$(A, B, C) = (1, 1, 1)$
C: −2	$(A, B, C) = (1, 3, 0)$	B: −3	$(A, B, C) = (0, 1, 0)$

ergeben sich aus Tab. 36.1, indem man die Rollen von Spieler 1 und Spieler 2 vertauscht. Zusammengefasst: Beim umgekehrten Bohnenspiel kann Spieler 1 den Gewinn erzwingen.

Mathematische Ziele und Ausblicke
vgl. Kap. 35

Musterlösung zu Kap. 17

Nach mehreren, doch sehr anspruchsvollen Kapiteln ist Kap. 17 wieder etwas einfacher. Die Schüler werden in die Modulo-Rechnung eingeführt. Das nachfolgende Kap. 18 schließt an dieses Kapitel an und vertieft die Kenntnisse.

a) Die Aufgaben a) und b) sind sehr einfach und sollten keine Schwierigkeiten bereiten.

$$16 : 7 = 2 \text{ Rest } 2, \quad 9 : 7 = 1 \text{ Rest } 2, \quad 2 : 7 = 0 \text{ Rest } 2,$$
$$70 : 7 = 10 \text{ Rest } 0. \tag{37.1}$$

b) $\quad 16 : 5 = 3 \text{ Rest } 1, \quad 11 : 5 = 2 \text{ Rest } 1, \quad 9 : 5 = 1 \text{ Rest } 4. \tag{37.2}$

Anmerkung zur Definition von $a \equiv b \bmod n$ Es sind a und b ganze Zahlen, können also Werte in der Menge $Z = \{\ldots, -3, -2, -1, 0, 1, 2, \ldots\}$ annehmen. In unseren Aufgaben sind a und b jedoch nie negativ, da die Grundschüler noch keine negativen Zahlen kennen.

Didaktische Anregung Wie Zwerg Modulus in Kap. 17 kann der Kursleiter den Schülern kurz erklären, dass es neben den nichtnegativen ganzen Zahlen 0, 1, 2, … weitere ganze Zahlen gibt, in der AG jedoch nur nichtnegative (ganze) Zahlen vorkommen. Mit denen sind die Schüler ja vertraut. Alternativ könnte der Kursleiter die Nichtnegativität von a und b in die Definition der Modulo-Rechnung hinzunehmen. Davon wird abgeraten, da dies dies nicht der üblichen Definition entspräche und spätestens im Unterstufenband korrigiert werden müsste; vgl. auch die „Ergänzenden Bemerkungen" in Kap. 38.

Die Modulo-Rechnung orientiert sich am Teilen mit Rest, welches in der Grundschule gelehrt wird. Allerdings interessiert man sich bei der Modulo-Rechnung nur für den Divisionsrest.

c) $\qquad 22 \equiv 2 \bmod 10, \quad 17 \equiv 1 \bmod 2, \quad 22 \equiv 7 \bmod 15,$

$\qquad 52 \equiv 2 \bmod 25, \quad 17 \equiv 3 \bmod 7, \quad 22 \equiv 22 \bmod 28.$ \hfill (37.3)

Natürlich ist auch $22 \equiv 12 \bmod 10$ richtig, aber 12 ist nicht die kleinste nichtnegative ganze Zahl, die diese Kongruenz erfüllt. Meistens sind die kleinsten nichtnegativen Lösungen von besonderem Interesse, wie wir im Folgenden (z. B. im Kontext von Uhrzeitaufgaben) noch sehen werden. In d) wird die Anforderung fallengelassen, dass nur die kleinste nichtnegative Lösung gesucht wird. Dann besitzen die Teilaufgaben aus c) unendlich viele Lösungen.

d) Die Musterlösung bestimmt alle nichtnegativen Lösungen. Aus Aufgabe c) wissen wir bereits, dass die kleinste nichtnegative Lösung der ersten Teilaufgabe die 2 ist. Also lösen alle Zahlen die Kongruenz, die den 10er-Rest 2 besitzen. Das sind 2, 12, 22, 32, ... Ebenso wissen wir, dass $17 \equiv 1 \bmod 2$ ist. Also lösen alle Zahlen die Kongruenz, die den 2er-Rest 1 haben. Das sind alle ungeraden Zahlen.

Bei den Aufgaben zu den Wochentagen spielt die Zahl 7 die zentrale Rolle, weil es 7 Wochentage gibt, die sich wiederholen. Bei der Uhrzeit übernimmt die Zahl 24 die Rolle der 7, weil der Tag 24 h hat und deshalb nach 24 h dieselbe Uhrzeit ist wie gerade jetzt. Verwendet man nur die Bezeichnungen 1 bis 12 Uhr (vormittags wie nachmittags), so ist die Zahl 12 relevant.

e) Es ist $26 \equiv 2 \bmod 24$. Daher ist es in 26 h genauso spät wie in 2 h. Da es jetzt 18 Uhr ist, ist es dann 20 Uhr.

f) Es ist $52 \equiv 4 \bmod 24$. Daher ist es in 52 h genauso spät wie in 4 h. Da es jetzt 10 Uhr ist, ist es dann 14 Uhr.

g) Es ist $27 \equiv 3 \bmod 24$. Daher ist es in 27 h genauso spät wie in 3 h. Da es jetzt 23 Uhr ist, ist es dann 2 Uhr.

h) $\qquad 29 \equiv 5 \bmod 24, \quad 241 \equiv 1 \bmod 24, \quad 59 \equiv 11 \bmod 24.$ \hfill (37.4)

i) Wir wollen auch hierfür die Modulo-Rechnung verwenden. Zwischen dem 1. Januar 2026 und dem 1. Januar 2027 liegt genau ein Jahr. Das Jahr 2026 ist kein Schaltjahr und hat daher 365 Tage. Nun ist $365 : 7 = 52$ Rest 1, also $365 \equiv 1 \bmod 7$. Also ist der 1. Januar 2027 ein Freitag.

j) Zwischen dem 1. Januar 2027 und dem 1. Januar 2031 liegen genau vier Jahre, wobei 2028 ein Schaltjahr ist und daher 366 Tage besitzt. Insgesamt vergehen also $365 + 366 + 365 + 365 = 1461$ Tage. Nun ist $1461 : 7 = 208$ Rest 5. Also ist $1461 \equiv 5 \mod 7$, und der 1. Januar 2031 ist ein Mittwoch. Velox hatte bei seiner Antwort nicht bedacht, dass 2028 ein Schaltjahr ist.

Mathematische Ziele und Ausblicke
vgl. Kap. 38

Musterlösung zu Kap. 18   38

Kap. 18 vertieft die Modulo-Rechnung, die in Kap. 17 eingeführt wurde. Die ersten Übungsaufgaben sind wieder relativ einfach, aber es ist sehr wichtig, dass die Kinder die Rechenregeln verinnerlichen.

Hinweis Die Nummerierung der Modulo-Rechenregeln ist nicht in der Literatur üblich, sondern dient hier lediglich der kürzeren Bezeichnung in diesem Buch.

a) Mit Rechenregel 1 erhält man

$$22 + 17 \equiv 2 + 7 \equiv 9 \bmod 10, \qquad 100 + 17 \equiv 0 + 7 \equiv 7 \bmod 10,$$
$$31 + 17 \equiv 1 + 2 \equiv 3 \equiv 0 \bmod 3, \qquad 7 + 2 \equiv 3 + 2 \equiv 5 \equiv 1 \bmod 4,$$
$$12 + 2 + 3 \equiv 0 + 0 + 1 \equiv 1 \bmod 2. \tag{38.1}$$

b) Das einzige Schaltjahr in diesem Zeitraum ist 2028. Aus der Aufgabe h) aus Kap. 17 wissen wir bereits, dass $365 \equiv 1 \bmod 7$ gilt. Daraus folgt nun ohne größere Rechnung:

$$365 + 366 + 365 + 365 \equiv 1 + 2 + 1 + 1 \equiv 5 \bmod 7. \tag{38.2}$$

Der 1. Januar 2031 ist also ein Mittwoch.

c) Mit Rechenregel 2 (Multiplikation) folgt unmittelbar

$$2 \cdot 22 \equiv 2 \cdot 1 \equiv 2 \bmod 7, \qquad 10 \cdot 17 \equiv 1 \cdot 2 \equiv 2 \bmod 3,$$
$$31 \cdot 17 \equiv 0 \cdot 17 \equiv 0 \bmod 31. \tag{38.3}$$

d) Es ist $10 \equiv 1 \bmod 3$. Nutzt man dieses Ergebnis, erhält man mit Rechenregel 2 die Kongruenz $100 \equiv 10 \cdot 10 \equiv 1 \cdot 1 \equiv 1 \bmod 3$. Genauso berechnet man $1000 \equiv 10 \cdot 100 \equiv 1 \cdot 1 \equiv 1 \bmod 3$. Dies folgt wieder aus Rechenregl 2 (Multiplikation), indem man die bereits bekannten Ergebnisse ($100 \equiv 1 \bmod 3$ und $10 \equiv 1 \bmod 3$) einsetzt. Genauso zeigt man

$$10 \equiv 1 \bmod 9, \quad 100 \equiv 10 \cdot 10 \equiv 1 \cdot 1 \equiv 1 \bmod 9,$$
$$1000 \equiv 10 \cdot 100 \equiv 1 \cdot 1 \equiv 1 \bmod 9. \tag{38.4}$$

e) Mit Rechenregel 2 und den Ergebnissen aus d) berechnet man leicht

$$3000 \equiv 3 \cdot 1000 \equiv 3 \cdot 1 \equiv 3 \bmod 9, \quad 200 \equiv 2 \cdot 100 \equiv 2 \cdot 1 \equiv 2 \bmod 9,$$
$$40 \equiv 4 \cdot 10 \equiv 4 \cdot 1 \equiv 4 \quad \bmod 9. \tag{38.5}$$

f) Mit Rechenregel 1 und Aufgabe e) folgt sofort

$$3246 = 3000 + 200 + 40 + 6 \equiv 3 + 2 + 4 + 6 \equiv 15 \equiv 6 \bmod 9. \tag{38.6}$$

In (18.10) sind die Klammern überflüssig. Allerdings sei an dieser Stelle nochmals daran erinnert, dass Grundschüler die Punkt-vor-Strichrechnung noch nicht kennen.

g) Wie Zwerg Modulus dies an der Zahl 593 erklärt hat, berechnet man

$$3564 = 3000 + 500 + 60 + 4 \equiv 3 \cdot 1000 + 5 \cdot 100 + 6 \cdot 10 + 4$$
$$\equiv 3 + 5 + 6 + 4 \equiv 18 \equiv 0 \bmod 9. \tag{38.7}$$

Hier wurden die Ergebnisse aus Aufgabe d) ausgenutzt, dass 1000, 100 und 10 kongruent 1 modulo 9 sind. Aus Gl. (38.7) folgt, dass die Zahl 3564 durch 9 teilbar ist.

Das Ziel der Aufgaben a) bis g) bestand zum einen darin, die Schüler mit der Anwendung der Rechenregeln der Modulo-Rechnung vertraut zu machen. Die Aufgaben f) und g) bestätigen die Teilbarkeitsregel für 9er-Reste für zwei konkrete vierstellige Zahlen, 3246 und 3564, die Zwerg Modulus gegen Ende von Kap. 18 erklärt hat. In den Aufgaben h) und i) werden die Teilbarkeitsregeln für die Zahlen 3 und 9 angewandt. Das Vorgehen in Aufgabe i) ist auch als „Neunerprobe" bekannt und war vor der Entwicklung und Verbreitung der Taschenrechner ein probates Verfahren, um Rechenfehler beim schriftlichen Multiplizieren zu entdecken.

h) Mit der Teilbarkeitsregel für 3er-Reste wird die notwendige Rechnung sehr einfach.

$$8423 \equiv 8+4+2+3 \equiv 2+1+2+0 \equiv 5 \equiv 2 \bmod 3. \tag{38.8}$$

Im zweiten Schritt wurde in (38.8) Rechenregel 1 (Addition) angewandt. Natürlich hätte man stattdessen auch direkt $8+4+2+3 = 17$ ausrechnen und dessen 3er-Rest bestimmen können.

i) 1. Multiplikationsaufgabe: Mit der Teilbarkeitsregel für 9er-Reste werden die notwendigen Rechnungen sehr einfach.

$$34 \cdot 54 \equiv 7 \cdot 0 \equiv 0 \bmod 9, \quad \text{aber } 1736 \equiv 1+7+3+6 \equiv 17 \equiv 8 \bmod 9. \tag{38.9}$$

Wäre das Ergebnis der Multiplikation richtig, müssten natürlich beide Seiten der Multiplikationsaufgabe denselben 9er-Rest haben. (Tatsächlich ist $34 \cdot 54 = 1836$. Es liegt also ein Fehler in der Hunderterziffer vor).

2. Multiplikationsaufgabe: Ebenso gilt

$$27 \cdot 44 \equiv 0 \cdot 8 \equiv 0 \bmod 9, \quad \text{aber } 1178 \equiv 1+1+7+8 \equiv 17 \equiv 8 \bmod 9. \tag{38.10}$$

Also ist auch diese Multiplikationsaufgabe falsch. (Tatsächlich ist $27 \cdot 44 = 1188$).

3. Multiplikationsaufgabe: Es ist

$$24 \cdot 19 \equiv 6 \cdot 1 \equiv 6 \bmod 9 \quad \text{und } 456 \equiv 4+5+6 \equiv 6 \bmod 9. \tag{38.11}$$

4. Multiplikationsaufgabe: Es ist

$$37 \cdot 41 \equiv 1 \cdot 5 \equiv 5 \bmod 9 \quad \text{und } 1508 \equiv 1+5+0+8 \equiv 14 \equiv 5 \bmod 9. \tag{38.12}$$

Das dritte und das vierte Ergebnis *könnten* also richtig sein. Tatsächlich ist aber nur das dritte Ergebnis richtig, während $37 \cdot 41 = 1517$ ist.

Didaktische Anregung Der Kursleiter sollte deutlich herausarbeiten, dass man mit der 9er-Probe (mit Sicherheit) nur feststellen kann, dass ein Rechenergebnis falsch ist, aber nicht, dass es richtig ist. Stimmt das Produkt der 9er-Reste der Faktoren mit dem 9er-Rest des errechneten Ergebnisses überein (wie bei der dritten und vierten Multiplikationsaufgabe), *kann* das Ergebnis richtig sein (dritte Multiplikationsaufgabe), *muss es aber nicht sein* (vierte Multiplikationsaufgabe).

Ergänzende Anmerkungen
In Kap. 17 wurde bereits darauf hingewiesen, dass die Modulo-Rechnung nicht nur für nichtnegative ganze Zahlen gilt, sondern auch die negativen ganzen Zahlen einschließt. Da dieses Buch auf Grundschüler ausgerichtet ist, spielen negative Zahlen keine Rolle. Die folgenden Überlegungen sind als Hintergrundinformation für den Kursleiter gedacht und nicht für die Kursteilnehmer. In Analogie zu den Rechenregeln für die Addition und Multiplikation gilt

Rechenregel 3 zur Modulo-Rechnung (Subtraktion):
Aus $a \equiv a' \mod n$ und $b \equiv b' \mod n$ folgt $a - b \equiv a' - b' \mod n$.

Beispiel Es ist $19 \equiv 9 \mod 10$ und $12 \equiv 2 \mod 10$. Aus der Rechenregel 3 folgt $19 - 12 \equiv 9 - 2 \equiv 7 \mod 10$.

Beim Subtrahieren kann die zusätzliche Schwierigkeit auftreten, dass Zwischenergebnisse negativ sind. Dann kann man einfach solange den Modul addieren, bis das Ergebnis größer oder gleich 0 ist.

Beispiel Es ist $22 \equiv 2 \mod 10$ und $19 \equiv 9 \mod 10$. Aus der Rechenregel 3 folgt dann $22 - 19 \equiv 2 - 9 \equiv -7 \equiv -7 + 10 \equiv 3 \mod 10$.

Mit der Rechenregel 3 kann man interessante Aufgaben lösen. Beispielsweise können die Schüler ausrechnen, an welchem Wochentag sie geboren sind. Dazu genügt es zu wissen, auf welchen Wochentag ihr diesjähriger Geburtstag fällt. Das funktioniert letztlich wie in Kap. 17, Aufgaben i), j), nur dass man nicht in die Zukunft rechnet, sondern in die Vergangenheit. Falls Schüler aus der Unterstufe teilnehmen, kann der Kursleiter diesen die Rechenregel 3 erläutern und Aufgaben stellen.

Mathematische Ziele und Ausblicke
In Kap. 17 wurde die Modulo-Rechnung eingeführt und an Wochentags- und Uhrzeitproblemen motiviert. In diesem mathematischen Abenteuer wird die Modulo-Rechnung weiter vertieft. Es werden nützliche Rechenregeln für die Addition und Multiplikation eingeführt, die die Anwendungsgebiete der Modulo-Rechnung deutlich erweitern.

Die Modulo-Rechnung spielt in der Zahlentheorie eine wichtige Rolle. Mit ihrer Hilfe kann man beispielsweise Fragen zu Teilbarkeiten lösen, Teilbarkeitsregeln herleiten und beweisen, und manchmal kann man die Nichtexistenz von Lösungen nachweisen. Solche Aufgabenstellungen werden im Unterstufenband behandelt. Auch in den Folgebänden für die Mittelstufe und Oberstufe spielt die Modulo-Rechnung eine wichtige Rolle.

Die Modulo-Rechnung ist auch für viele Aufgaben in fortgeschrittenen Mathematikwettbewerben äußerst nützlich, etwa für die Mathematikolympiade oder dem Bundeswettbewerb Mathematik. Dennoch wird die Modulo-Rechnung in der Schule kaum behandelt. Eine Einführung für (ältere) Schüler in die Modulo-Rechnung samt Übungsaufgaben findet man z. B. in (Meier 2003, Kap. 3) [45].

Musterlösung zu Kap. 19

In Kap. 13 und 14 haben die Schüler Primzahlen im Kontext von Primfaktorzerlegungen und der Frage kennengelernt, wie viele Teiler eine natürliche Zahl n besitzt. Kap. 19 greift die Themen Primzahlen und Primfaktorzerlegungen erneut auf. Allerdings treten deutlich größere Zahlen auf als in Kap. 13 und 14. Während dort „theoretische" Überlegungen im Vordergrund stehen, lernen die Schüler in Kap. 19 Algorithmen kennen. Neben der Korrektheit spielt auch deren Effizienz eine Rolle, die sich in der Anzahl der erforderlichen Divisionen ausdrückt.

Didaktische Anregung Algorithmen und Fragestellungen zur Effizienz von Algorithmen sind für die Schüler neu. Kap. 19 benötigt nur wenige Erkenntnisse aus Kap. 13 und 14, sieht man von der Definition einer Primzahl oder der Primfaktorzerlegung einmal ab. Daher kann dieses Kapitel auch für Schüler eine Chance sein, die in den beiden anderen Kapiteln gewisse Schwierigkeiten hatten.

Die beiden ersten Aufgaben sind relativ einfach und sollten von allen Schülern erfolgreich bearbeitet werden können.

a) Wie das Sieb des Eratosthenes funktioniert, wurde in Kap. 19 ausführlich beschrieben und durch zwei Abbildungen illustriert. Daher werden hier zur Kontrolle die Primzahlen bis 100 nur angegeben:
2, 3, 5, 7, 11, 13, 17, 19, 23, 29, 31, 37, 41, 43, 47, 53, 59, 61, 67, 71, 73, 79, 83, 89, 97.

b) Eine durchgestrichene Zahl kann keine Primzahl sein, weil sie durch eine Zahl teilbar ist, die größer als 1 und kleiner als sie selbst ist. Es bleibt zu zeigen, dass alle eingekreisten Zahlen tatsächlich Primzahlen sind. Die erste eingekreiste Zahl, die 2, ist eine Primzahl. Für jede andere Zahl k, die irgendwann eingekreist wird, gilt das Folgende. Wäre k keine Primzahl, wäre k das Vielfache einer kleineren Zahl ℓ. Ist ℓ eingekreist, müsste k bereits gestrichen worden sein.

Dasselbe gilt, wenn ℓ selbst gestrichen wurde. Dann wäre ℓ selbst Vielfaches einer noch kleineren Zahl (Primzahl) m. Dasselbe gälte dann aber auch für k. Dann wäre k schon gestrichen worden. Daher muss k eine Primzahl sein.

Aufgabe c) verlangt etwas Fleissarbeit, während Aufgabe d) eine Verbindung zu Kap. 18 herstellt. Die Schüler benötigen die richtige Idee (Anwenden der Teilbarkeitsregel durch 3). Eventuell muss der Kursleiter mit einem Tipp weiterhelfen. Außerdem muss eventuell wiederholt werden, was eine Quersumme ist. Das hat Zwerg Modulus bereits in Kap. 18 erklärt.

c) Vorüberlegung: Damit eine Zahl die Quersumme 2 besitzt, darf sie außer Nullen nur entweder einmal die Ziffer 2 oder zwei Mal die Ziffer 1 aufweisen.
Durch eine systematische Suche erhält man alle Zahlen zwischen 1 und 9999 mit Quersumme 2. Dies sind: 2, 11, 20, 101, 110, 200, 1001, 1010, 1100 und 2000. Die Zahlen 20, 110, 200, 1010, 1100 und 2000 sind durch 10 teilbar und sind deshalb keine Primzahlen. Ferner ist $1001 = 7 \cdot 11 \cdot 13$, und daher ist auch 1001 keine Primzahl. Die gesuchten Primzahlen sind 2, 11 und 101.

d) Es sei n eine Zahl, deren Quersumme 12 ist. Es ist 12 durch 3 teilbar, d. h., 12 besitzt den 3er-Rest 0. Wegen der Teilbarkeitsregel für die Zahl 3 aus Kap. 18 gilt dies auch für n. Die einzige Primzahl, die durch 3 teilbar ist, ist die 3 selbst. Daher gibt es keine Primzahlen, die kleiner als 10000 sind und die Quersumme 12 besitzen.
Anmerkung: Diese Aussage gilt auch ohne die Einschränkung, dass die Zahl kleiner 10000 ist.

In den Aufgaben e) und g) werden zwei Algorithmen beschrieben, mit denen man feststellen kann, ob eine Zahl eine Primzahl ist oder nicht. In e) und g) wird deren Korrektheit nachgewiesen. In den Aufgaben f), h) und i) werden die beiden Algorithmen angewandt, und es wird deren Effizienz untersucht.

e) Ist n keine Primzahl, gibt es eine Zahl a zwischen 2 und $n - 1$, die n teilt, d. h. für die $b = n : a$ eine ganze Zahl ist. Oder anders ausgedrückt: $n = a \cdot b$. Wären beide Teiler a und b größer als m, so wäre $a \cdot b$ größer als $m \cdot m$ und damit auch größer als n, was zu einem Widerspruch führt. Also ist a oder b kleiner oder gleich m und wird durch Henriettes Verfahren entdeckt. Ist n eine Primzahl, ist n durch keine Zahl zwischen 2 und m teilbar. Zusammengefasst: Henriette hat Recht.

f) 101 ist eine Primzahl. Verwendet man Henriettes Algorithmus, muss man nur durch die Zahlen 2, ..., 11 dividieren, weil $11 \cdot 11 = 121$ größer als 101 ist. Das sind 10 Divisionen. Mit dem Standardverfahren müsste man durch die Zahlen 2, ..., 100 dividieren. Das sind 99 Divisionen. Henriettes Algorithmus ist also viel effizienter als das Standardverfahren.

g) Aus dem Beweis von Henriettes Algorithmus wissen wir bereits: Ist n keine Primzahl, existiert eine Zahl k zwischen 2 und m, die n teilt. Entweder ist k selbst eine Primzahl, oder es existiert eine Primzahl q, die k teilt. (Letzteres folgt aus der Primfaktorzerlegung von k). Dann wird k bzw. q von Gerhards Algorithmus entdeckt. Ist m^2 größer als n und m ein Teiler von n, so ist $b = n : m$ kleiner als m. Dann wurde b oder ein Primfaktor von b bereits beim Teilen durch die Primzahlen von 2 bis $m-1$ entdeckt. Daher muss man n nicht durch m dividieren, falls m^2 größer als n ist.

Es ist an der Zeit, Gerhards Algorithmus anzuwenden, um ihn zu verfestigen.

h) Verwendet man Gerhards Algorithmus mit $m = 11$ (wie in Aufgabe f)), muss man nur durch die Primzahlen 2, 3, 5 und 7 teilen. Das sind nur 4 Divisionen gegenüber 10 Divisionen (Heneriettes Algorithmus) und 99 Divisionen (Standardverfahren).

i) Hier kann man $m = 18$ wählen, da $18 \cdot 18 = 324$ ist. Die Zahl 323 ist nicht durch die Primzahlen 2, 3, 5, 7, 11, 13 teilbar, aber es ist $323 : 17 = 19$, d. h. $323 = 17 \cdot 19$. Die Zahl 323 ist also keine Primzahl.

Die nächste Aufgabe befasst sich mit der Wahl der Zahl m.

j) Korrektheit: In den Algorithmenbeschreibungen und den Korrektheitsbeweisen in den Aufgaben e) und g) wird nicht gefordert, dass m minimal gewählt werden muss. Daher liefern beide Algorithmen für jedes m (sofern m^2 größer oder gleich n ist und m kleiner als n) das richtige Ergebnis.
Nachteil: Es bezeichne m_0 die kleinstmögliche Zahl, deren Quadrat größer oder gleich n ist. Ist n keine Primzahl, gibt es eine Primzahl p, die n teilt und die kleiner oder gleich m_0 ist (vgl. Beweis von Aufgabe h)). Ist n also *keine* Primzahl, enden Henriettes und Gerhards Algorithmus spätestens nach der Division durch m_0, und es hat keine Auswirkung, ob m größer als m_0 gewählt wird. Ist n jedoch eine Primzahl werden eventuell einige Divisionen unnötigerweise durchgeführt, wenn m größer als m_0 gewählt wird. Bei Henriettes Algorithmus sind das die Divisionen durch die Zahlen $m_0 + 1, \ldots, m$, bei Gerhards Algorithmus die Divisionen durch die Primzahlen zwischen $m_0 + 1$ und $m - 1$.
Vorteil: Für große Zahlen n kann es im Einzelfall sinnvoll sein, eine etwas größere Schranke für m zu wählen, wenn man diese einfacher bestimmen kann. Beispiele hierfür findet man in den Aufgaben k)–o).

Didaktische Anregung Die Aufgaben k)–r) verwenden Gerhards Algorithmus, um die Primfaktorzerlegung drei- und vierstelliger Zahlen effizient zu berechnen. Dies ist ein Beispiel dafür, dass Algorithmen „Bausteine" für komplexere Algorithmen sein können. Dies kann der Kursleiter thematisieren und den Algorithmus zur Primfaktorzerlegung formal beschreiben. Letzteres kann insbesondere sinnvoll sein, falls ältere Schüler aus der Unterstufe ebenfalls am Kurs teilnehmen.

Der in Aufgabe k) beschriebene Algorithmus wird in mehreren Beispielen angewandt. Dies sollte aller Schüler in die Lage versetzen, den Algorithmus sicher anwenden zu können.

k) Der Einfachheit halber wählen wir $m = 60$, weil $60 \cdot 60 = 3600$ ist. (Das kleinstmögliche m wäre 56, da $\sqrt{3059} \approx 55{,}31$ ist. Da die Kinder noch nicht Wurzelziehen können, wird dies hier nicht thematisiert). Nachdem die Divisionen von 3059 durch 2, 3 und 5 (von 0 verschiedene) Reste ergeben haben, erhält man $3059 : 7 = 437$, d. h. $3059 = 7 \cdot 437$. Also ist 7 ein Primfaktor von 3059, und wir müssen nur noch 437 in Primfaktoren zerlegen. Hierfür reduzieren wir zunächst m von 60 auf $m = 21$, da $21 \cdot 21 = 441$ ist. Es genügt, die Divisionen mit der Primzahl 7 zu beginnen, da 2, 3 und 5 keine Teiler von 3059 sind und damit auch keine Teiler von 437 sein können. Es ist aber notwendig, 437 durch 7 zu teilen, da die 7 in der Primfaktorzerlegung von 3059 in einer höheren als der ersten Potenz auftreten könnte. (Die Division von 437 durch 7 zeigt, dass dies nicht der Fall ist). Schließlich erhalten wir $437 : 19 = 23$. Daraus folgt die gesuchte Primfaktorzerlegung $3059 = 7 \cdot 19 \cdot 23$.

l) Wir setzen $m = 35$, weil $35 \cdot 35 = 1225$ ist. Es ist $1092 : 2 = 546$ und $546 : 2 = 273$. Also ist $1092 = 2^2 \cdot 273$. Wir reduzieren m zu 17, da $17 \cdot 17 = 289$ ist. Es ist $273 : 3 = 91$. Die Primfaktorzerlegung $91 = 7 \cdot 13$ folgt durch Kopfrechnen. Insgesamt erhalten wir die Primfaktorzerlegung $1092 = 2^2 \cdot 3 \cdot 7 \cdot 13$.

Bemerkung: Folgt man strikt dem in k) beschriebenen Vorgehen, müsste man schon nach der ersten Division durch 2 den Wert von m reduzieren, z. B. zu $m = 25$. Da 546 gerade ist, weiß man, dass auch 546 durch 2 teilbar ist und kann die Reduktion von m verschieben, bis nach einer Division durch 2 eine ungerade Zahl auftritt. Anstatt die Primfaktorzerlegung von 91 im Kopf zu bestimmen, könnte man natürlich auch den Algorithmus mit $m = 10$ fortsetzen.

m) Wir setzen $m = 40$, weil $40 \cdot 40 = 1600$ ist. Divisionen von 1237 durch alle Primzahlen bis einschließlich 37 ergeben, dass 1237 eine Primzahl ist.

n) Wir setzen $m = 50$, weil $50 \cdot 50 = 2500$ ist. Die Divisionen von 2491 durch alle Primzahlen bis einschließlich 43 ergeben (von 0 verschiedene) Reste. Schließlich erhält man $2491 : 47 = 53$. Es ist $2491 = 47 \cdot 53$ die gesuchte Primfaktorzerlegung von 2491.

o) Wir setzen $m = 100$, weil $100 \cdot 100 = 10000$ ist. Dividiert man 8303 nacheinander durch die Primzahlen 2, 3, 5, 11 13 und 17, bleiben stets Reste. Es ist $8303 : 19 = 437$. Damit ist der erste Primfaktor (19) gefunden. Jetzt setzt man den Algorithmus für 437 fort. Zunächst reduzieren wir m von 100 auf (z. B.) 22, weil $22 \cdot 22 = 484$ ist ($m = 21$ wäre natürlich auch möglich). Die nochmalige Division durch 19 ergibt $437 : 19 = 23$. Damit ist die Primfaktorzerlegung von 8303 gefunden: $8303 = 19^2 \cdot 23$.

Didaktische Anregung In den bisherigen Aufgaben stand die Korrektheit der Algorithmen und deren Anwendung im Vordergrund. Die Aufgaben p)–r) greifen noch einmal die Frage nach der Effizienz auf, die bereits in den Aufgaben f) und h) exemplarisch für die Zahl 101 untersucht wurden. Während sich Aufgabe p) auf eine konkrete Zahl konzentriert, betrachten die Aufgaben q) und r) den ungünstigsten Fall, der bei vierstelligen Zahlen auftreten kann. Die Aufgaben q) und r) bieten sich als Zusatzaufgaben für die leistungsfähigeren Kursteilnehmer an.

p) Zunächst setzt man (z. B.) $m = 90$, da $90 \cdot 90 = 8100$ ist. Nach Divisionen durch 2, 3, 5, 7 und 11 (also 5 Divisionen) findet man den ersten Primfaktor 11. Es ist $8041 = 11 \cdot 731$. Dann reduziert man m (z. B.) zu $m = 30$, da $30 \cdot 30 = 900$ ist. Dividiert man 731 durch 11, 13, 17 (noch einmal 3 Divisionen), findet man den zweiten Primfaktor 17. Also ist $8041 = 11 \cdot 17 \cdot 43$. Bekanntlich ist 43 eine Primzahl, womit die Primfaktorzerlegung von 8041 abgeschlossen ist. (Formal könnte man auch m auf 7 reduzieren, woraus ebenfalls folgt, dass 43 eine Primzahl ist). Insgesamt benötigt man nur $5 + 3 = 8$ Divisionen.

q) Es ist $100 \cdot 100 = 10000$. Also können wir für vierstellige Zahlen stets $m = 100$ wählen. Aus Aufgabe a) wissen wir, dass es 25 Primzahlen gibt, die nicht größer als 100 sind (2, 3, ..., 97). Daher reichen 25 Divisionen immer aus, um zu entscheiden, ob eine vierstellige Zahl eine Primzahl ist oder nicht.

r) Für die zusammengesetzten Zahlen $97 \cdot 101 = 9797$ und $97 \cdot 103 = 9991$ benötigt man 25 Divisionen, da erst die Division durch 97 einen Teiler der Zahl liefert. Für alle Primzahlen, die größer als $97 \cdot 97 = 9409$ sind, sind ebenfalls 25 Divisionen notwendig. Mit einem Computerprogramm rechnet man leicht nach, dass es 66 Primzahlen zwischen 9409 und 9999 gibt. Die kleinste ist 9413, und die größte ist 9973.

Anmerkung: Ist n kleiner als 9409, kann man m kleiner als 97 wählen. Insbesondere muss man nicht durch 97 dividieren.

Mathematische Ziele und Ausblicke

Eratosthenes von Kyrene (um 273–192 v. Chr.) war ein vielseitig interessierter griechischer Gelehrter. Er war nicht nur Mathematiker, sondern auch Geograph, Chronologe und Bibliothekar. Eine herausragende Leistung war eine ziemlich genaue Berechnung des Erdumfangs. Seine bekannteste mathematische Errungenschaft ist die Entwicklung des Primzahlsiebs, das seinen Namen trägt („Sieb des Eratosthenes") (Herrmann 2024) [29].

In Kap. 19 lernen die Schüler einfache Algorithmen kennen. Algorithmen und deren Analyse spielen in der Mathematik und vor allem in der Informatik eine wichtige Rolle. Kap. 19 behandelt zwei Problemstellungen, nämlich effizient zu entscheiden, ob eine Zahl eine Primzahl ist und die Primfaktorzerlegung von größeren Zahlen effizient zu berechnen. Beides spielt beispielsweise in der Kryptographie eine wichtige Rolle, wenngleich mit sehr großen Zahlen, die viele Hundert Dezimalstellen umfassen. Wegen der Größe der Zahlen sind die Algorithmen aus Kap. 19 hierfür allerdings unbrauchbar. Stattdessen finden viel kompliziertere Algorithmen Anwendung. Im Oberstufenband wird ein einfacher probabilistischer Primzahltest behandelt.

Musterlösung zu Kap. 20

Ebenso wie Kap. 12 (und teilweise Kap. 14) befasst sich Kap. 20 mit Kombinatorik. Auch hier lernen die Schüler eine Rekursionsformel kennen.

Didaktische Anregung Die Aufgaben a)–e) sind relativ einfach. Sie führen in die Thematik ein und sollten von allen Schülern erfolgreich bearbeitet werden können. Da die Aufgaben immer schwieriger werden, bietet es sich an, die ersten Aufgaben von leistungsschwächeren Schülern vorrechnen zu lassen.

a) Die Quersumme von 9310 ist $9+3+1+0 = 13$, und die Quersumme von 7216 ist $7+2+1+6 = 16$.
b) Die Zahl 100 besitzt die Quersumme 1. Das ist offensichtlich die kleinste Quersumme, die möglich ist. Die Zahl 999 besitzt die Quersumme $9+9+9 = 27$. Dreistellige Zahlen können keine größere Quersumme besitzen.
c) Zuerst bestimmen wir alle Kombinationen von drei, nicht notwendigerweise unterschiedlichen Ziffern, deren Summe 25 ergibt. Das sind $9 + 9 + 7 = 25$ und $9 + 8 + 8 = 25$. Also gibt es sechs Zahlen zwischen 1 und 999 mit der Quersumme 25, und zwar 799, 979, 997, 889, 898 und 988.
d) Die gesuchten Zahlen lauten: 123, 132, 213, 231, 312 und 321. Das sind sechs Zahlen.
e) Die in Frage kommenden Seitenzahlen sind dreistellig.
   (i) Die gesuchten Seitenzahlen lauten: 138, 183, 318, 381, 813 und 831.
   (ii) Hier gibt es nur vier solche Seitenzahlen 138, 183, 318 und 381, weil 813 und 831 größer als 652 sind.

Die Lösung von Aufgabe f) erfordert mehrere Schritte.

f) Es sei $n = abcd$ eine vierstellige Zahl, wobei a, b, c und d deren Tausenderziffer, Hunderterziffer, Zehnerziffer und Einerziffer bezeichnen. Wir nehmen an, dass n die Anforderungen (i)–(iv) erfüllt. Clemens hat bereits daran erinnert, dass eine Zahl genau dann durch 10 teilbar ist, wenn ihre Einerziffer 0 ist. Daher ist $d = 0$. Aus Bedingung (ii) folgt, dass n von der Form $abb0$ sein muss, wobei b eine Ziffer zwischen 0 und 9 ist. Wegen Bedingung (iii) kann a nur die Werte 2, 3, 5 oder 7 annehmen. Aus Kap. 18 wissen wir, dass eine Zahl genau dann durch 9 teilbar ist, wenn ihre Quersumme durch 9 teilbar ist. Die Quersumme von n ist $a + b + b + 0$. Es geht also darum, alle Möglichkeiten für a und b zu bestimmen, für die die Quersumme von n entweder 9, 18 oder 27 beträgt. Dazu setzt man für b nacheinander alle Zahlen zwischen 0 und 9 ein und prüft, ob eine Ziffer a (Primzahl!) existiert, so dass die Quersumme 9, 18 oder 27 ist. Auf diese Weise erhält man fünf Zahlen der Form $abb0$, die auch (iv) erfüllen: 7110, 5220, 3330, 2880 und 9990. Aufgrund der Vorüberlegungen erfüllen diese Zahlen alle Bedingungen (i)–(iv).

g) vgl. die Musterlösung von Aufgabe k).

h) Um Schreibarbeit zu sparen schreiben wir kurz 'b' für die blaue Kugel, 'g' für die grüne Kugel, 'r' für die rote Kugel, und 's' für die schwarze Kugel. So bedeutet beispielsweise 'bgrs', dass die blaue Kugel ganz links liegt, rechts daneben die grüne Kugel, rechts davon die rote Kugel und ganz rechts die schwarze Kugel.

$$\text{bgrs, bgsr, brgs, brsg, bsgr, bsrg,}$$
$$\text{gbrs, gbsr, grbs, grsb, gsbr, gsrb,}$$
$$\text{rgbs, rgsb, rbgs, rbsg, rsgb, rsbg,}$$
$$\text{sgrb, sgbr, srgb, srbg, sbgr, sbrg.} \tag{40.1}$$

Es gibt also 24 Möglichkeiten, eine blaue, eine grüne, eine rote und eine schwarze Kugel nebeneinanderzulegen.

Anmerkung: In der Musterlösung wird schon die Lösung der Aufgabe j) vorbereitet, indem die gesuchten Permutationen systematisch aufgelistet werden. Zuerst wurden alle Permutationen berücksichtigt, bei denen 'b' an erster Stelle steht, danach alle Permutationen mit 'g' an der ersten Stelle, danach wiederum alle Permutationen mit 'r' an der ersten Stelle und zum Schluss alle Permutationen, bei denen sich 's' an der ersten Stelle befindet.

Aufgabe i) ist relativ einfach, aber danach werden die Aufgaben deutlich schwieriger. Aufgabe i) ist für die Rekursionsformeln in den Aufgaben j) und k) wichtig.

i) Offensichtlich ist $B(1) = 1$ und $B(2) = 2$. Aus Aufgabe d) wissen wir bereits, dass $B(3) = 6$ ist, und aus Aufgabe h) $B(4) = 24$.

j) Wir nehmen an, dass die anzuordnenden Objekte die Zahlen 1, 2, 3, 4 und 5 sind. Wenn wir die 1 an die erste Stelle setzen, haben wir $B(4)$ viele Möglichkeiten, die Zahlen 2, 3, 4, 5 rechts daneben anzuordnen. Wenn wir die 2 an die erste Stelle setzen, haben wir $B(4)$ viele Möglichkeiten, die Zahlen 1, 3, 4, 5 rechts daneben anzuordnen. Natürlich kann man auch die 3, die 4 oder die 5 an die erste Stelle setzen, und jedes Mal bleiben $B(4)$ Möglichkeiten, die übrigen Ziffern rechts daneben anzuordnen. Nach diesen Überlegungen ist es nicht mehr schwierig, die Rekursionsformel (40.2) herzuleiten.

$$B(5) = B(4) + B(4) + B(4) + B(4) + B(4)$$
$$= 5 \cdot B(4) = 5 \cdot 24 = 120. \tag{40.2}$$

Didaktische Anregung Im Beweis der Rekursionsformel in Aufgabe j) führt man die Aufgabe von 5 Objekten auf 4 Objekte zurück. Es ist wichtig, dass die Schüler dieses Vorgehen verstehen. An dieser Stelle kann der Kursleiter noch einmal zu Aufgabe h) zurückgehen, um das Prinzip mit 4 Objekten noch einmal zu erklären und eine Rekursionsformel für $B(4)$ herzuleiten, nämlich $B(4) = B(3) + B(3) + B(3) + B(3)$. In Aufgabe k) wird diese Schlussweise noch einmal benötigt.

k) Die Lösungsweg ist der gleiche wie in Aufgabe j). Als anzuordnende Objekte wählen wir die Zahlen $1, 2, 3, 4, 5, 6$. Jede dieser Zahlen kann an die erste Stelle gesetzt werden, und in jedem Fall bleiben $B(5)$ Möglichkeiten, die übrigen 5 Zahlen rechts daneben anzuordnen. Wie für Aufgabe j) erhält man die Rekursionsformel

$$B(6) = B(5) + B(5) + B(5) + B(5) + B(5) + B(5)$$
$$= 6 \cdot B(5) = 6 \cdot 120 = 720. \tag{40.3}$$

Es gibt also 720 Permutationen von 6 unterscheidbaren Objekten.

l) Um alle Sitzpositionen auszuprobieren, bräuchten die sechs kleinen Trolle $720 : 180 = 4$ Troll-Schuljahre!

Didaktische Anregung In den Aufgaben j) und k) werden die Rekursionsformeln (40.2) für $B(5)$ und (40.3) für $B(6)$ hergeleitet. Natürlich ließe sich das leicht verallgemeinern, und zwar ist

$$B(n + 1) = (n + 1) \cdot B(n), \quad \text{und damit}$$
$$B(n) = 1 \cdot 2 \cdot \ldots \cdot n \quad \text{für alle natürlichen Zahlen } n. \tag{40.4}$$

Wir haben diese Verallgemeinerung bewusst weggelassen, um die Schüler an dieser Stelle nicht zu überfordern.

Der Kursleiter kann Aufgabe m) weglassen oder sie nur besonders leistungsstarken Schülern geben. In Aufgabe m) ist es entscheidend, dass die Schüler die richtige Idee finden. Vermutlich sind starke Hilfestellungen durch den Kursleiter notwendig.

m) Auf den ersten Blick scheint diese Aufgabe ganz anders (und viel schwieriger) zu sein als die vorhergehenden Aufgaben. Allerdings kann man dieses Problem auf schon Bekanntes zurückführen. Wir schreiben die Namen der vier Mädchen nebeneinander und vereinbaren, dass das erste Mädchen Quizpartnerin von Arne, das zweite Mädchen Quizpartnerin von Bernd, das dritte Mädchen Quizpartnerin von Christian und das vierte Mädchen Quizpartnerin von Detlev ist. Auf diese Weise können wir alle Kombinationen von Quizmannschaften erreichen, und unterschiedliche Permutationen der Mädchen ergeben unterschiedliche Kombinationen von Quizmannschaften. Daher gibt es genauso viele Kombinationen von Quizmannschaften wie es Permutationen von 4 Objekten gibt. Aus Aufgabe h) wissen wir bereits, dass dies $B(4) = 24$ sind.

Mathematische Ziele und Ausblicke
In Kap. 14 und 20 machen die Schüler erste Erfahrungen mit einfachen kombinatorischen Fragestellungen. Auch wenn in der Schule die Kombinatorik oft erst in der Oberstufe behandelt wird, kommen Anwendungen der Kombinatorik in Mathematikwettbewerben deutlich früher vor; vgl. hierzu auch die „Mathematische Ziele und Ausblicke" in Kap. 14. Bei den Mathematik-Olympiaden (Mathematik-Olympiaden e.V. 1996–2023) [42, 43] stehen auch für die Klassenstufen 5 bis 7 regelmäßig Aufgaben aus der Kombinatorik auf dem Programm. Für den interessierten Leser sei exemplarisch auf die Aufgaben 600522, 590622, 580631, 570735, 450931, 440534, 440614, 440722, 360736, 350532, 350622 verwiesen. Die Folgebände (Unterstufe, Mittelstufe, Oberstufe) behandeln kompliziertere kombinatorische Fragestellungen. Der Oberstufenband behandelt zudem ausgewählte Themen aus der Stochastik.

Musterlösung zu Kap. 21

In Kap. 21 lernen die Schüler keine neuen mathematischen Techniken kennen. Stattdessen gilt es, Aufgaben aus vielen verschiedenen Themengebieten zu bearbeiten, um den bereits erlernten Stoff zu vertiefen.

Didaktische Anregung Kap. 21 ist sehr lang. Sollen die Schüler alle Aufgaben bearbeiten, sind vermutlich vier Sitzungen notwendig. Natürlich kann sich der Kursleiter auf eine Auswahl von Aufgaben beschränken, aber auch zusätzliche Aufgaben stellen.

Im letzten Kapitel dieses Buches, also zum Ende der Mathematik-AG, sollten die Schüler möglichst Erfolgserlebnisse haben. Daher sollte der Kursleiter vor allem leistungsschwächeren Schülern (unter Berücksichtigung der vergangenen Kurstreffen) individuell ausgesuchte Aufgaben bearbeiten lassen. Dies kann vorbereitet werden, indem Schülern am Ende eines Kurstreffens aufgegeben wird, für das nächste Treffen bestimmte Kapitel zu wiederholen.

Die Musterlösungen der Aufgaben a)–c) verwenden mathematische Techniken aus Kap. 13, 14 und 19. Aufgabe c) ist am schwierigsten. Der Kursleiter kann Aufgabe c) den Schülern als Zusatzaufgabe stellen, die bereits a) und b) gelöst haben.

a) Wir bestimmen zunächst die Primfaktorzerlegungen von 52 und 112. Es ist $52 = 2^2 \cdot 13^1$ und $112 = 2^4 \cdot 7$. Einsetzen in die Formel (34.7) ergibt die gesuchten Lösungen. Die Zahl 52 besitzt $(2+1) \cdot (1+1) = 3 \cdot 2 = 6$ Teiler, und 112 besitzt $(4+1) \cdot (1+1) = 5 \cdot 2 = 10$ Teiler.

b) Zunächst bestimmen wir die Primfaktorzerlegung von 9559. Wegen der Größe der Zahl ist dies deutlich schwieriger als in Aufgabe a). Daher verwenden wir den Algorithmus aus Kap. 19 (vgl. hierfür die Aufgaben k)–o)). Wir beginnen mit $m = 100$. Der erste Primfaktor von 9559 ist 11, und zwar ist $9559 = 11 \cdot 869$. Wir reduzieren m auf 30, und eine weitere Division durch 11 ergibt $869 : 11 = 79$. Da 79 eine Primzahl ist, lautet die gesuchte Primfaktorzerlegung $9559 = 11^2 \cdot 79$. Mit (34.7) folgt, dass 9559 insgesamt $(2 + 1) \cdot (1 + 1) = 3 \cdot 2 = 6$ Teiler besitzt.

c) Wir nehmen an, dass die Zahl n die Voraussetzungen (i) und (ii) erfüllt. Wir unterscheiden zwei Fälle:
Fall 1 (n besitzt nur einen Primfaktor p): Eine Zahl, in deren Primfaktorzerlegung nur eine Primzahl auftritt, ist z. B. $9 = 3^2$. Allgemein besitzt eine solche Zahl n die Form $n = p^s$, wobei p eine Primzahl ist und s eine positive ganze Zahl. Aus (34.6) folgt, dass n insgesamt $(s + 1)$ Teiler besitzt. Aus der Bedingung $s + 1 = 8$ folgt $s = 7$. Es ist $2^7 = 128$, aber bereits $3^7 = 2187$ ist größer als 135. Ist p größer als 3, dann ist p^7 noch größer als 2187. Daher ist 128 die einzige Lösung.
Fall 2 (n besitzt genau zwei unterschiedliche Primfaktoren p und q): Ein Beispiel für eine Zahl, in deren Primfaktorzerlegung genau zwei unterschiedliche Primfaktoren vorkommen, ist $12 = 2^2 \cdot 3$. Allgemein besitzt eine solche Zahl n die Form $n = p^s \cdot q^t$ mit unterschiedlichen Primzahlen p und q, und s und t sind positive ganze Zahlen. Aus (34.7) folgt, dass n insgesamt $(s + 1) \cdot (t + 1)$ Teiler besitzt. Aus $(s + 1) \cdot (t + 1) = 8$ folgt $s + 1 = 4$ und $t + 1 = 2$, oder es ist $s + 1 = 2$ und $t + 1 = 4$. (Die Fälle $s + 1 = 1$ bzw. $t + 1 = 1$ implizieren $s = 0$ bzw. $t = 0$, was bereits in Fall 1 berücksichtigt wurde). Also ist entweder $s = 3$ und $t = 1$, oder es ist $s = 1$ und $t = 3$. Da p und q beides Primzahlen sind, führen beide Möglichkeiten zu denselben Lösungen. Daher können wir uns auf den Fall $s = 3$ und $t = 1$ beschränken. Die verbleibende Aufgabe besteht darin, alle Primzahlen p und q zu bestimmen, für die $p^3 \cdot q$ kleiner oder gleich 135 ist. Ist $p = 2$, so ist $p^3 = 8$, und jede Primzahl q, die kleiner als 17 (und ungleich 2) ist, liefert eine Lösung, weil $8 \cdot 17 = 136$ ist. Das sind die Zahlen $8 \cdot 3 = 24$, $8 \cdot 5 = 40$, $8 \cdot 7 = 56$, $8 \cdot 11 = 88$ und $8 \cdot 13 = 104$.
Ist $p = 3$, so ist $p^3 = 27$, und jede Primzahl q, die kleiner als 6 (und ungleich 3) ist, liefert eine Lösung. Das sind die Zahlen $27 \cdot 2 = 54$ und $27 \cdot 5 = 135$.
Ist p größer oder gleich 5, ist p^3 mindestens $5^3 = 125$, so dass keine weiteren Lösungen hinzukommen.
Zusammengefasst: Die gesuchten Zahlen sind 24, 40, 54, 56, 88, 104, 128 und 135.
Anmerkung: In Fall 2 ist es alternativ möglich, in der Gleichung $n = p^s \cdot q^t$ anzunehmen, dass p kleiner als q ist. Dann müssen aber *beide Fälle*, d. h. ($s = 3, t = 1$) und ($s = 1, t = 3$), betrachtet werden. Selbstverständlich führt dies zur gleichen Lösung, wovon man sich leicht überzeugen kann.

In Kap. 3 und 4 haben die Schüler verschiedene Färbebeweise kennengelernt. In Aufgabe d) (iii) findet ein Färbebeweis Anwendung.

d) Die Teilaufgaben (i) und (ii) sind einfach und sollten von allen Kursteilnehmern bewältigt werden können. Abb. 41.1(a) und (b) zeigen mögliche Mosaike.
Teilaufgabe (iii) ist am schwierigsten. Zunächst färbt man die Grundfläche wie in Abb. 41.1(c) schachbrettartig ein. Wir stellen fest, dass 13 Quadrate schwarz und

41 Musterlösung zu Kap. 21

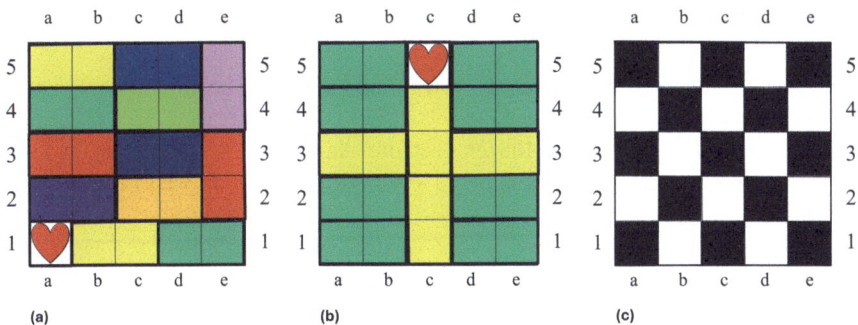

Abb. 41.1 (**a**) Musterlösung zu Teilaufgabe d) (i), (**b**) Musterlösung zu Teilaufgabe d) (ii), (**c**) schachbrettartige Färbung der Grundfläche

12 Quadrate weiß gefärbt sind. Alle Quadrate, die in Teilaufgabe (iii) angegeben sind, sind in dieser Färbung weiß. Gäbe es zu einem dieser fehlenden Quadrate ein Mosaik, müssten die 12 Rechtecke 13 schwarze Felder und 11 weiße Felder überdecken. Das ist aber nicht möglich, da jedes Rechteck ein schwarzes und ein weißes Quadrat überdeckt. Also hat Zwerg Pfiffikus mit seiner Behauptung Recht.

Bemerkung: Teilaufgabe (iii) ähnelt sehr Aufgabe f) in Kap. 4. Der Kursleiter sollte die Analogien herausarbeiten. Das ist zum einen die schachbrettartige Färbung, die hier als zusätzliche Schwierigkeit selbst gefunden werden muss. Wie in Kap. 4, Aufgabe f), überdecken die Zaubertücher stets ein weißes und ein schwarzes Feld.

Für Aufgabe e) werden keine besonderen Vorkenntnisse benötigt. Es geht vielmehr darum, die vorgegebenen Bedingungen geschickt zu nutzen, um die Anzahl der möglichen Lösungen einzuschränken. Die Aufgabe g) dürfte den Schüler schwerer fallen. Wie in Kap. 12 wird eine Rekursionsformel erarbeitet. Aufgabe f) liefert die Vorüberlegungen.

e) (i) Um die Lösung übersichtlicher zu gestalten, bezeichnen die Hunderterziffer mit a, die Zehnerziffer mit b und die Einerziffer mit c. Aus Eigenschaft (2) folgt $a > b > c$. Wir gehen alle möglichen Ziffern durch, die a annehmen kann. Ist $a = 9$, muss wegen der Eigenschaften (2) und (3) $b = 3$ oder $b = 1$ sein. Wegen Eigenschaft (2) scheidet die Möglichkeit $b = 1$ aus, so dass $b = 3$ und $c = 1$ übrigbleibt. Mit anderen Worten: Die Zahl 931 erfüllt die Eigenschaften (1)–(3). Mit derselben Begründung erfüllen für $a = 8$ nur die Zahlen 842, 841 und 821 Eigenschaften (1)–(3). Ferner besitzen 631, 621 und 421 die geforderten Eigenschaften. Für die Hunderterziffern $a = 7, 5, 3, 2$ müsste $b = 1$ sein, was wegen Eigenschaft (2) nicht möglich ist. Mit derselben Begründung kann es für $a = 1$ keine Zahl geben, die die Eigenschaften (1)–(3)

besitzt. Insgesamt erfüllen sieben Zahlen die Eigenschaften (1)–(3), und zwar 931, 842, 841, 821, 631, 621, 421.

(ii) Die Geheimzahl ist auch durch (1)–(4) nicht eindeutig bestimmt, da 931 und 841 die Quersumme 13 besitzen.

f) (i) Die Anzahl der ($\underline{3}$-ET)-Münzen legt die Anzahl der ($\underline{1}$-ET)-Münzen fest. (41.1) gibt alle 4 Möglichkeiten an, 11 ET mit ($\underline{1}$-ET)- und ($\underline{3}$-ET)-Münzen zu bezahlen:

$$0 \cdot (\underline{3}\text{-ET}) + 11 \cdot (\underline{1}\text{-ET}), \quad 1 \cdot (\underline{3}\text{-ET}) + 8 \cdot (\underline{1}\text{-ET}),$$
$$2 \cdot (\underline{3}\text{-ET}) + 5 \cdot (\underline{1}\text{-ET}), \quad 3 \cdot (\underline{3}\text{-ET}) + 2 \cdot (\underline{1}\text{-ET}). \tag{41.1}$$

(ii) Es gibt 6 Möglichkeiten, 15 ET mit ($\underline{1}$-ET)- und ($\underline{3}$-ET)-Münzen zu bezahlen:

$$0 \cdot (\underline{3}\text{-ET}) + 15 \cdot (\underline{1}\text{-ET}), \quad 1 \cdot (\underline{3}\text{-ET}) + 12 \cdot (\underline{1}\text{-ET}),$$
$$2 \cdot (\underline{3}\text{-ET}) + 9 \cdot (\underline{1}\text{-ET}), \quad 3 \cdot (\underline{3}\text{-ET}) + 6 \cdot (\underline{1}\text{-ET}),$$
$$4 \cdot (\underline{3}\text{-ET}) + 3 \cdot (\underline{1}\text{-ET}), \quad 5 \cdot (\underline{3}\text{-ET}) + 0 \cdot (\underline{1}\text{-ET}). \tag{41.2}$$

Es gibt 4 Möglichkeiten, 10 ET mit ($\underline{1}$-ET)- und ($\underline{3}$-ET)-Münzen zu bezahlen:

$$0 \cdot (\underline{3}\text{-ET}) + 10 \cdot (\underline{1}\text{-ET}), \quad 1 \cdot (\underline{3}\text{-ET}) + 7 \cdot (\underline{1}\text{-ET}),$$
$$2 \cdot (\underline{3}\text{-ET}) + 4 \cdot (\underline{1}\text{-ET}), \quad 3 \cdot (\underline{3}\text{-ET}) + 1 \cdot (\underline{1}\text{-ET}). \tag{41.3}$$

(iii) Die Anzahl der ($\underline{3}$-ET)-Münzen bestimmt die Anzahl der ($\underline{1}$-ET)-Münzen. Analog zu Aufgabe c) in Kap. 12 bestimmt man zunächst die maximale Anzahl an ($\underline{3}$-ET)-Münzen, die man zur Bezahlung von n ET verwenden kann. Die gesuchte Anzahl erhält man, indem man den Zahlbetrag n mit Rest durch 3 teilt. Da auch eine Bezahlung ohne ($\underline{3}$-ET)-Münzen möglich ist, muss noch 1 addiert werden. (In Kap. 12, Aufgabe c) war die maximale Anzahl an ($\underline{2}$-ZC)-Münzen relevant). Formel (41.4) unterscheidet drei Fälle. Das hat den Vorteil, dass die Divisionen aufgehen. Die Bezeichnungen A($n|1, 3$) und A($27|\underline{1},\underline{3},\underline{6}$) sind analog zu Kap. 12 definiert. So bezeichnet A($n|1, 3$) die Anzahl der Möglichkeiten, n ET mit ($\underline{1}$-ET)-Münzen und ($\underline{3}$-ET)-Münzen zu bezahlen. Ebenso gibt A($27 \mid \underline{1},\underline{3},\underline{6}$) an, wie viele unterschiedliche Möglichkeiten es gibt, 27 ET zu bezahlen, wenn ($\underline{1}$-ET)-Münzen, ($\underline{3}$-ET)-Münzen und ($\underline{6}$-ET)-Münzen zur Verfügung stehen.

$$A(n|1, 3) = \begin{cases} (n : 3) + 1 & \text{falls } n \equiv 0 \bmod 3 \\ (n - 1) : 3 + 1 & \text{falls } n \equiv 1 \bmod 3 \\ (n - 2) : 3 + 1 & \text{falls } n \equiv 2 \bmod 3 \end{cases} \tag{41.4}$$

g) Wir stellen zunächst fest, dass man zur Bezahlung von 27 ET null bis vier ($\underline{6}$-ET)-Münzen verwenden kann; dann bleiben 27 ET, 21 ET, 15 ET, 9 ET oder 3 ET übrig. Wie in Kap. 12 erhält man aus dieser Überlegung eine Rekursionsformel, welche zum Ziel führt.

Abb. 41.2 Würfelturm mit Beschriftung

$$A(27 \mid \underline{1},\underline{3},\underline{6}) =$$
$$A(27 \mid \underline{1},\underline{3}) + A(21 \mid \underline{1},\underline{3}) + A(15 \mid \underline{1},\underline{3}) + A(9 \mid \underline{1},\underline{3}) + A(3 \mid \underline{1},\underline{3})$$
$$= (27 : 3) + 1 + (21 : 3) + 1 + (15 : 3) + 1 + (9 : 3) + 1 + (3 : 3) + 1$$
$$= 9 + 1 + 7 + 1 + 5 + 1 + 3 + 1 + 1 + 1 = 30. \tag{41.5}$$

h) Wie in der Musterlösung von Aufgabe e) in Kap. 28 beschriften wir in Abb. 41.2 die drei Würfel mit „W1", „W2" und „W3", um die Lösung einfacher beschreiben zu können. Wir verwenden die gleiche Notation wie dort.

Nach Voraussetzung ist W3u = W2o und W2u = W1o, und außerdem gilt natürlich W2u + W2o = 7. Es bezeichnen V und S wieder die Summe aller Augenzahlen der verdeckten Würfelflächen bzw. die Summe aller Augenzahlen der sichtbaren Würfelflächen. Dann gilt

$$V = W3u + W2o + W2u + W1o = W2o + W2o + W2u + W2u$$
$$= 2 \cdot (W2o + W2u) = 2 \cdot 7 = 14. \tag{41.6}$$

Dabei haben wir W3u durch W2o und W1o durch W2u ersetzt. Addiert man die Augenzahlen eines Würfels, erhält man $1 + 2 + 3 + 4 + 5 + 6 = 21$ Augen. Drei Würfel besitzen zusammen $3 \cdot 21 = 63$ Augen. Nach diesen Vorüberlegungen ist der Rest nicht mehr schwierig.

$$S = 63 - V = 63 - 14 = 49. \tag{41.7}$$

Anmerkung: Interessanterweise kann man diese Aufgabe sogar ohne die Kenntnis aller Seitenflächen lösen. Das liegt daran, dass in V die Augenzahlen der oberen und der unteren Fläche des Würfels W2 zwei Mal auftreten. Bei einem Turm der Höhe 2 ist dies nicht der Fall, wie man leicht sieht. (Es existieren mehrere Lösungen).

Didaktische Anregung Eine mögliche Zusatzaufgabe zu Aufgabe h) besteht darin, weitere Würfeltürme zu finden, bei denen die Lösung auch bei überklebten Seitenflächen möglich ist.

i) Der Hinweis „Rechne geschickt" bezieht sich auf die Gaußsche Summenformel. Setzt man $n = 13$ in die Gaußsche Summenformel (11.1) ergibt

$$1 + 2 + \cdots + 13 = 13 \cdot (13 + 1) : 2 = 13 \cdot 14 : 2 = 182 : 2 = 91. \qquad (41.8)$$

Da die Band Albatros 97 verschiedene Songs in ihrem Repertoire hat, kann Peter nicht sicher sein, dass er die Texte aller Songs gelesen hat, die beim Festival tatsächlich gespielt werden.

j) Anders als in Aufgabe i) kann man die Gaußsche Summenformel nicht direkt anwenden. Daher wenden wir zunächst einen Trick an, den die Schüler bereits in Kap. 11 in den Aufgaben n) und o) kennengelernt haben. Dabei werden einige Summanden hinzugefügt, die aber gleichzeitig wieder abgezogen werden. Wie in Kap. 11, Aufgabe o), rechnet man

$$\begin{aligned}
& 17 + 18 + \cdots + 43 + 44 \\
&= 1 + 2 + \cdots + 16 + 17 + 18 + \cdots + 43 + 44 - 1 - 2 - \cdots - 16 \\
&= (1 + 2 + \cdots + 44) - (1 + 2 + \cdots + 16) \\
&= (44 \cdot (44 + 1) : 2) - (16 \cdot (16 + 1) : 2) \\
&= (44 \cdot 45 : 2) - (16 \cdot 17 : 2) \\
&= (1980 : 2) - (272 : 2) = 990 - 136 = 854.
\end{aligned} \qquad (41.9)$$

In den Kap. 5, 6, 15 und 16 wurden mathematische Spiele intensiv behandelt.

k) Die Spielregel von Simons Ausmalspiel kombiniert Spielregeln, die wir aus den Kap. 5 und 6 kennen. Unser Vorgehen ist das gleiche wie dort. Wir behandeln die beiden Fälle („Wer das letzte Kästchen ausmalt, gewinnt" (Spielregel 1)) und („Wer das letzte Kästchen ausmalt, verliert" (Spielregel 2)) getrennt. Tab. 41.1 und 41.2 untersuchen zunächst kleine Kästchenanzahlen.

Die Tabellen geben an, welcher Spieler bei bestem Spiel den Gewinn erzwingen kann. Wie in Kap. 5 und 6 werden die Tabellen wieder schrittweise gefüllt,

Tab. 41.1 Simons Ausmalspiel: Wer kann den Gewinn erzwingen, wenn Spieler 1 beginnt? Spielregel 1: Wer das letzte Kästchen ausmalt, gewinnt

Kästchen	Spieler 1 (am Zug)	Spieler 2
1	(G)	
2	(G)	
3		(G)
4	(G)	
5	(G)	
6		(G)
7	(G)	

41 Musterlösung zu Kap. 21

Tab. 41.2 Simons Ausmalspiel: Wer kann den Gewinn erzwingen, wenn Spieler 1 beginnt? Spielregel 2: Wer das letzte Kästchen ausmalt, verliert

Kästchen	Spieler 1 (am Zug)	Spieler 2
1		(G)
2	(G)	
3	(G)	
4		(G)
5	(G)	
6	(G)	
7		(G)

beginnend mit der Kästchenanzahl 1. Die ersten drei Zeilen in Tab. 41.1 sind offensichtlich. Spieler 1 kann für 4 Kästchen den Gewinn erzwingen, indem er ein Kästchen ausmalt. Für 3 Kästchen verliert nämlich der Spieler, der am Zug ist. Die entscheidende Beobachtung ist die folgende: Der Spieler, der nicht am Zug ist, kann stets erreichen, dass in den beiden nächsten Zügen der andere Spieler und er zusammen 3 Kästchen ausmalen. (In Kap. 5 und 6 waren dies $4(=3+1)$ Spielsteine bzw. $5(=4+1)$ Spielsteine). Mit der Spielregel „Wer das letzte Kästchen ausmalt, gewinnt" kann Bert den Gewinn erzwingen, wenn er im ersten Zug soviele Kästchen ausmalen kann, dass die Anzahl der übriggebliebenen Kästchen ein Vielfaches von 3 ist (3, 6, 9, 12, 15, 18, 21 oder 24) Danach kann Bert immer erreichen, dass 3 Kästchen weniger übrig sind, wenn Simon wieder am Zug ist. Und wir wissen ja bereits, dass Simon verliert, wenn er am Zug ist und nur 3 Kästchen übrig sind. Also kann Bert den Gewinn mit der Spielregel „Wer das letzte Kästchen ausmalt, gewinnt" erzwingen, falls Simon eine Kästchenanzahl aus der Menge

$$A = \{1, 2, 4, 5, 7, 8, 10, 11, 13, 14, 16, 17, 19, 20, 22, 23, 25\} \qquad (41.10)$$

umrandet hat. (Für die übrigen Kästchenzahlen kann Simon den Gewinn erzwingen, wenn Bert die Spielregel 1 wählt). Die Spielregel „Wer das letzte Kästchen ausmalt, verliert", behandelt man genauso. Hier gewinnt Bert, falls er mit seinem ersten Zug erreichen kann, dass 1, 4, 7, 10, 13, 16, 19 oder 22 Kästchen übrig bleiben. Das ist genau dann der Fall, falls Simon eine Kästchenanzahl aus der Menge

$$B = \{2, 3, 5, 6, 8, 9, 11, 12, 14, 15, 17, 18, 20, 21, 23, 24\} \qquad (41.11)$$

(Für die übrigen Kästchenzahlen kann Simon den Gewinn erzwingen, wenn Bert die Spielregel 2 wählt). Da jede Zahl zwischen 1 und 25 in mindestens einer der beiden Mengen A und B vorkommt, kann Bert immer gewinnen, wenn er eine für ihn günstige Spielregel auswählt. Das Spiel, das sich Simon ausgedacht hat, ist für ihn also äußerst ungünstig!

Anmerkung: Hat Simon 2, 5, 8, 11, 14, 17, 20 oder 23 Kästchen umrandet, kann Bert sogar mit beiden Spielregeln den Gewinn erzwingen.

l) Zur Lösung des veränderten Ausmalspiels kann man viele Erkenntnisse aus der Lösung von Aufgabe k) verwenden. Ist die umrandete Kästchenanzahl nicht in der Menge A enthalten (vgl. (41.10)), kann Bert den Gewinn erzwingen, wenn er sich für die Spielregel 1 entscheidet. Dies sind die Kästchenanzahlen 3, 6, 9, 12, 15, 18, 21 und 24. Ist die umrandete Kästchenanzahl nicht in der Menge B enthalten (vgl. (41.11)), kann Bert den Gewinn erzwingen, wenn er sich für die Spielregel 2 entscheidet. Dies sind die Kästchenanzahlen 1, 4, 7, 10, 13, 16, 19, 22 und 25. Zusammengefasst: Falls Simon eine Kästchenanzahl aus der Menge

$$C = \{1, 3, 4, 6, 7, 9, 10, 12, 13, 15, 16, 18, 19, 21, 22, 24, 25\} \qquad (41.12)$$

umrandet, kann Bert beim veränderten Ausmalspiel den Gewinn erzwingen. Andernfalls kann Simon den Gewinn erzwingen.

In Kap. 17 und 18 wurde die Modulo-Rechnung eingeführt und ausführlich geübt. Die Modulo-Rechnung findet bei den Aufgaben m) und n) Anwendung.

m) Aus Kap. 18 („Modulus erklärt") wissen wir, dass der 9er-Rest einer Zahl gleich dem Neunerrest ihrer Quersumme ist. Damit wird diese Aufgabe sehr einfach.

$$3488 \equiv 3 + 4 + 8 + 8 \equiv 23 \equiv 5 \mod 9,$$
$$7184 \equiv 7 + 1 + 8 + 4 \equiv 20 \equiv 2 \mod 9,$$
$$4560 \equiv 4 + 5 + 6 + 0 \equiv 15 \equiv 6 \mod 9,$$
$$743 \equiv 7 + 4 + 3 \equiv 14 \equiv 5 \mod 9. \qquad (41.13)$$

Aus (41.13) folgt, dass die Zahlen 3488 und 743 denselben 9er-Rest besitzen. Bemerkung: Alternativ kann man die Zahlen 3488, 7184, 4560 und 743 natürlich auch mit Rest durch 9 teilen. Das ist allerdings aufwändiger.

n) Gesucht ist der 8er-Rest, den man erhält, wenn man die Gesamtanzahl der Sticker ($= 23 \cdot 33$) durch 8 teilt. Mit der Rechenregel 2 aus Kap. 18 erhält man ohne größere Rechnung

$$23 \cdot 33 \equiv 7 \cdot 1 \equiv 7 \mod 8. \qquad (41.14)$$

Also befinden sich auf der letzten Seite 7 Sticker.

Das Worträtsel in der letzten Aufgabe sollte keine besondere Schwierigkeit darstellen. Das Lösungsverfahren wurde in Kap. 9 und 10 ausführlich geübt. Aufgabe o) sollte daher allen Schüler ein Erfolgserlebnis bescheren.

o) Das Vorgehen ist das gleiche wie in Kap. 29 und 30. Zunächst stellen wir die „CBJMM"-Wabe als gerichteten Graph dar (vgl. Abb. 41.3). Als Besonderheit tritt der Buchstabe M in CBJMM zwei Mal auf. Dies bereitet aber keine Probleme. Um die Ecken des gerichteten Graphen unterscheiden zu können, beginnen wir die Nummerierung des zweiten M mit dem Index 3. Ansonsten bleibt der Lösungsweg gleich. In Abb. 41.4 wurde die letzte Spalte (M_3, M_4, M_5, M_6) durch die Restpfad-Anzahlen ersetzt. Zur Erinnerung: Der Eintrag „[2]" hinter M_1 bedeutet, dass jeder „CBJM"-Pfad, der in M_1 endet, auf 2 Arten zu einem „CBJMM"-Pfad fortgesetzt werden kann. Das gleiche gilt jeden „CBJM"-Pfad, der in M_2 endet. Die Abbildungen Abb. 41.5 und 41.6 illustrieren die nächsten Schritte, bei denen eine Spalte von Buchstaben durch die Restpfad-Anzahlen ersetzt werden. Zu deren Berechnung werden die vorhergehenden Restpfad-Anzahlen berücksichtigt. Der rechte Teilgraph in Abb. 41.6 schließt die Lösung ab. Es gibt $4 + 4 + 4 + 4 = 16$ CBJMM-Pfade. Dass in jeder Spalte dieselben Restpfad-Anzahlen auftreten, liegt an der Symmetrie der CBJMM-Wabe.

Didaktische Anregung Es bleibt dem Kursleiter überlassen, ob er den Teilnehmern der AG zum Abschluss Mitgliedsausweise für den CBJMM ausstellen möchte.

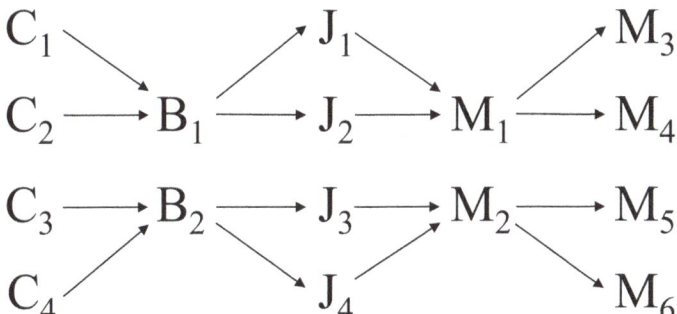

Abb. 41.3 Darstellung der Wabe „CBJMM" als gerichteter Graph

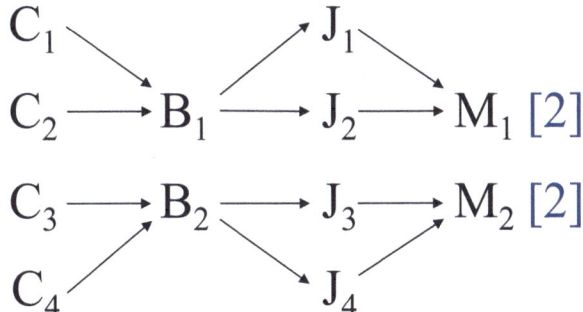

Abb. 41.4 Worträtsel „CBJMM": Teilgraph mit Restpfad-Anzahlen

Abb. 41.5 Worträtsel „CBJMM": Teilgraph mit Restpfad-Anzahlen (2)

Abb. 41.6 Worträtsel „CBJMM": Teilgraph mit Restpfad-Anzahlen (3)

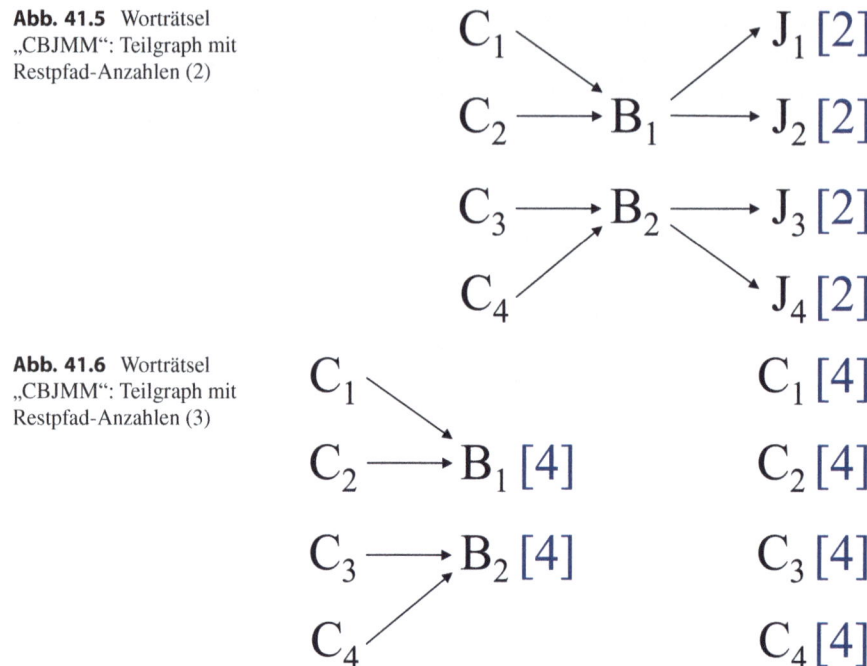

Mathematische Ziele und Ausblicke

Kap. 21 dient der Wiederholung und Vertiefung. Neuer Stoff wird nicht eingeführt.

Literaturverzeichnis

1. Amann, F. (1993). Mathematik im Wettbewerb. Beispiele aus der Praxis. Stuttgart: Klett.
2. Amann, F. (2017). Mathematikaufgaben zur Binnendifferenzierung und Begabtenförderung. 300 Beispiele aus der Sekundarstufe I. Wiesbaden: Springer Spektrum.
3. Andrews, L., Faulhaber, A., Hell, B., Jainta, P., Streib, C. (2023). Aufgaben und Lösungen der Fürther Mathematik-Olympiade 2017-2022. Für Begabtenförderung, AGs und zur Vorbereitung auf Wettbewerbe. Springer Spektrum 2023.
4. Bardy, P. (2007). Mathematisch begabte Grundschulkinder – Diagnostik und Förderung. Wiesbaden: Springer Spektrum.
5. Bardy, P. & Hrzán, J. (2010). Aufgaben für kleine Mathematiker mit ausführlichen Lösungen und didaktischen Hinweisen (3. Aufl.). Köln: Aulis.
6. Bardy, T. & Bardy, P. (2020). Mathematisch begabte Kinder und Jugendliche. Theorie und (Förder-)Praxis. Berlin: Springer Spektrum.
7. Bauersfeld, H. & Kießwetter, K. (Hrsg.) (2006). Wie fördert man mathematisch besonders befähigte Kinder? - Ein Buch aus der Praxis für die Praxis. Offenburg: Mildenberger.
8. Behrends, E. (2013). 5 Minuten Mathematik (3. Aufl.). Wiesbaden: Springer Spektrum.
9. Benz, C., Peter-Koop, A. & Grüßing, M. (2015). Frühe mathematische Bildung: Mathematiklernen der Drei- bis Achtjährigen. Wiesbaden: Springer Spektrum.
10. Beutelspacher, A. (2005). Christian und die Zahlenkünstler – Eine Reise in die wundersame Welt der Mathematik. München: Beck.
11. Beutelspacher, A. (2020). Null, unendlich und die wilde 13. Die wichtigsten Zahlen und ihre Geschichten (2. Aufl.). München: Beck.
12. Beutelspacher, A. & Wagner, M. (2010). Wie man durch eine Postkarte steigt ... und andere mathematische Experimente (2. Aufl.). Freiburg im Breisgau: Herder.
13. Brater, J. (2023). Mathe Magic. Spannendes und Kurioses aus der Welt der Zahlen (2. Aufl.). München: Yes Publishing.
14. Bruder, R., Hefendehl-Hebeker, L., Schmidt-Thieme, B., Weigand, H.-G. (Hrsg.) (2015). Handbuch der Mathematikdidaktik. Berlin: Springer Spektrum.
15. Dangerfield, J., Davis, H., Farndon, J., Griffith, J., Jackson, J., Patel, M. & Pope, S. (2020). Big Ideas. Das Mathematik – Buch. München: Dorling Kindersley.
16. Devendran, T. (1990). Das Beste aus dem Mathematischen Kabinett. Stuttgart: Deutsche Verlags-Anstalt.
17. https://www.mathematik.de/schuelerwettbewerbe Webseite der Deutschen Mathematiker-Vereinigung. Aufgerufen am 19.10.2024.
18. Düll, S. (2024). Mehr Mut zur Leistung. In: Die Politische Meinung 24/II, Nr. 585, S. 39–43. Osnabrück: Fromm + Rasch GmbH&Co.KG. Sankt Augustin
19. Engel, A. (1998). Problem-Solving Strategies. New York: Springer.

20. Enzensberger, H. M. (2018). Der Zahlenteufel. Ein Kopfkissenbuch für alle, die Angst vor der Mathematik haben (3. Aufl.). München: dtv.
21. Fizmat Elementary Math Olympiad (FEMO). https://femo.kz/en/about-us.
22. Franke, M., Reinhold, S. (2016). Didaktik der Geometrie in der Grundschule (3. Aufl.). Wiesbaden: Springer Spektrum.
23. Fritzlar, T. (2013). Mathematische Begabungen im Grundschulalter - Ein Überblick zu aktuellen Fachdidaktischen Forschungsarbeiten. Mathematica didacta 36, 5-27.
24. Fritzlar, T., Rodeck, K. & Käpnick, F. (Hrsg.) (2006). Mathe für kleine Asse. Empfehlungen zur Förderung mathematisch begabter Schülerinnen und Schüler im 5. und 6. Schuljahr. Berlin: Cornelsen.
25. Glaeser, G., Polthier, K. (2014). Bilder der Mathematik (2. Aufl.). Berlin: Springer Spektrum.
26. Goldsmith, M. (2013). So wirst du ein Mathe-Genie. München: Dorling Kindersley.
27. Gritzmann, P., Brandenberg, R. (2005). Das Geheimnis des kürzesten Weges. Ein mathematisches Abenteuer. (3. Aufl.). Berlin: Springer.
28. Grüßing, M. & Peter-Koop, A. (2006). Die Entwicklung mathematischen Denkens in Kindergarten und Grundschule: Beobachten – Fördern – Dokumentieren. Offenburg: Mildenberger.
29. Herrmann, D. (2024). Die antike Mathematik. Geschichte der Mathematik in Alt-Griechenland und im Hellenismus (3. Aufl.). Wiesbaden: Springer Spektrum.
30. Institut für Mathematik der Johannes-Gutenberg-Universität Mainz, Monoid-Redaktion (Hrsg.) (1981–2025). Monoid – Mathematikblatt für Mitdenker. Mainz: Institut für Mathematik der Johannes-Gutenberg-Universität Mainz, Monoid-Redaktion.
31. Jainta, P., Andrews, L., Faulhaber, A., Hell, B., Rinsdorf & E., Streib, C. (2018). Mathe ist noch mehr. Aufgaben und Lösungen der Fürther Mathematik-Olympiade 2012–2017. Wiesbaden: Springer Spektrum.
32. Jainta, P. & Andrews, L. (2020). Mathe ist noch viel mehr. Aufgaben und Lösungen der Fürther Mathematik-Olympiade 1992-1999. Berlin: Springer Spektrum.
33. Jainta, P. & Andrews, L. (2020). Mathe ist wirklich noch viel mehr. Aufgaben und Lösungen der Fürther Mathematik-Olympiade 1999-2006. Berlin: Springer Spektrum.
34. Käpnick, F. (2014). Mathematiklernen in der Grundschule. Wiesbaden: Springer Spektrum.
35. Kopf, Y. (2009). Mathematik für hochbegabte Kinder: Vertiefende Aufgaben für die 3. Klasse: Kopiervorlagen mit Lösungen. Augsburg: Brigg.
36. Kopf, Y. (2010). Mathematik für hochbegabte Kinder: Vertiefende Aufgaben für die 4. Klasse: Kopiervorlagen mit Lösungen. Augsburg: Brigg.
37. Krauthausen, G. (2018). Einführung in die Mathematikdidaktik – Grundschule (4. Aufl.). Wiesbaden: Springer Spektrum.
38. Krutetskii, V. A. (1976). The Psychology of Mathematical Abilities in Schoolchildren (Englische Übersetzung aus dem Russischen). Chicago: Chicago Press.
39. Leiken, R., Koichu, B. & Berman, A. (2009). Mathematical giftedness as a quality of problem solving acts. In Leiken, R. et al. (Hrsg.). Creativity in mathematics and the education of gifted students (S. 115-227). Rotterdam, Boston, Taipei: Sense Publishers.
40. Leppmeier, M. (2019). Mathematische Begabungsförderung am Gymnasium. Konzepte für Unterricht und Schulentwicklung. Wiesbaden: Springer Spektrum.
41. Löh, C., Krauss, S. & Kilbertus, N. (Hrsg.) (2019). Quod erat knobelandum. Themen, Aufgaben und Lösungen des Schülerzirkels Mathematik der Universität Regensburg (2. Aufl.). Berlin: Springer Spektrum.
42. Mathematik-Olympiaden e.V. Rostock (Hrsg.) (1996–2016). Die 35. Mathematik-Olympiade 1995 / 1996 - die 55. Mathematik-Olympiade 2015 / 2016. Glinde: Hereus.
43. Mathematik-Olympiaden e.V. Rostock (Hrsg.) (2017–2024). Die 56. Mathematik-Olympiade 2016 / 2017 - die 63. Mathematik-Olympiade 2023 / 2024. Adiant Druck, Rostock.
44. Mathematik-Olympiaden e.V. Rostock (Hrsg.). (2013). Die Mathematik-Olympiade in der Grundschule. Aufgaben und Lösungen 2005-2013 (2. Aufl.). Hamburg: Hereus.
45. Meier, F. (Hrsg.) (2003). Mathe ist cool! Junior. Eine Sammlung mathematischer Probleme. Berlin: Cornelsen.

Literaturverzeichnis

46. Menzer, H. & Althöfer, I. (2014). Zahlentheorie und Zahlenspiele: Sieben ausgewählte Themenstellungen (2. Aufl.). München: De Gruyter Oldenbourg.
47. Noack, M, Unger, A., Geretschläger, R. & Stocker, H. (Hrsg.) (2014). Mathe mit dem Känguru 4. Die schönsten Aufgaben von 2012 bis 2014. München: Hanser.
48. Nolte, M. (2006). Waben, Sechsecke und Palindrome – Erprobung eines Problemfeldes in unterschiedlichen Aufgabenformaten. In: [7], 2006, 93–112.
49. Oswald, F. (2002). Begabtenförderung in der Schule. Entwicklung einer begabtenfreundlichen Schule. Wien: Facultas Universitätsverlag.
50. Padberg, F. & Benz C. (2011). Didaktik der Arithmetik – für Lehrerausbildung und Lehrerfortbildung. Wiesbaden: Springer Spektrum.
51. Rott, D. & Laudenberg, B. (Hrsg.). (2024). MINT-Begabungen fördern mit fiktionaler Literatur. Münster: Waxmann.
52. Ruwisch, S. & Peter-Koop, A. (Hrsg.). (2003). Gute Aufgaben im Mathematikunterricht der Grundschule. Offenburg: Mildenberger.
53. Samrowski, T. S. (2022). Matherätsel (nicht nur) für Begabte der Klassen 4 bis 6. Erst wiegen, dann wägen, dann wagen! (2. Aufl.). Berlin, Heidelberg: Springer Spektrum.
54. Schiemann, S. (geb. Wichtmann) (Hrsg.) (2009). Talentförderung Mathematik: ein Tagungsband anlässlich des 25-jährigen Jubiläums der Schülerförderung. Münster: LIT Verlag.
55. Schiemann, St. & Wöstenfeld, R. (2017). Die Mathe-Wichtel. Band 1. Humorvolle Aufgaben mit Lösungen für mathematisches Entdecken ab der Grundschule (2. Aufl.). Wiesbaden: Springer Spektrum.
56. Schiemann, St. & Wöstenfeld, R. (2018). Die Mathe-Wichtel. Band 2. Humorvolle Aufgaben mit Lösungen für mathematisches Entdecken ab der Grundschule (2. Aufl.). Wiesbaden: Springer Spektrum.
57. Schmitz, P. (2017). Denken wie ein Computer. c't – Magazin für Computertechnik 17, 132-136.
58. Schindler-Tschirner, S. & Schindler, W. (2019a). Mathematische Geschichten I – Graphen, Spiele und Beweise. Für begabte Schülerinnen und Schüler in der Grundschule. Wiesbaden: Springer Spektrum.
59. Schindler-Tschirner, S. & Schindler, W. (2019b). Mathematische Geschichten II – Rekursion, Teilbarkeit und Beweise. Für begabte Schülerinnen und Schüler in der Grundschule. Wiesbaden: Springer Spektrum.
60. Schindler-Tschirner, S. & Schindler, W. (2021). Mathematical Stories I - Graphs, Games and Proofs: For Gifted Students in Primary School. Englische Übersetzung von [58]. Wiesbaden: Springer Spektrum.
61. Schindler-Tschirner, S. & Schindler, W. (2023a). Mathematical Stories II - Recursion, Divisibility and Proofs: For Gifted Students in Primary School. Englische Übersetzung von [59]. Wiesbaden: Springer Spektrum.
62. Schindler-Tschirner, S. & Schindler, W. (2021a). Mathematische Geschichten III – Eulerscher Polyedersatz, Schubfachprinzip und Beweise. Für begabte Schülerinnen und Schüler in der Unterstufe. Wiesbaden: Springer Spektrum.
63. Schindler-Tschirner, S. & Schindler, W. (2021b). Mathematische Geschichten IV – Euklidischer Algorithmus, Modulo-Rechnung und Beweise. Für begabte Schülerinnen und Schüler in der Unterstufe. Wiesbaden: Springer Spektrum.
64. Schindler-Tschirner, S. & Schindler, W. (2022a). Mathematische Geschichten V – Binome, Ungleichungen und Beweise. Für begabte Schülerinnen und Schüler in der Mittelstufe. Wiesbaden: Springer Spektrum.
65. Schindler-Tschirner, S. & Schindler, W. (2022b). Mathematische Geschichten VI – Kombinatorik, Polynome und Beweise. Für begabte Schülerinnen und Schüler in der Mittelstufe. Wiesbaden: Springer Spektrum.
66. Schindler-Tschirner, S. & Schindler, W. (2023b). Mathematische Geschichten VII – Extremwerte, Modulo und Beweise. Für begabte Schülerinnen und Schüler in der Oberstufe. Wiesbaden: Springer Spektrum.

67. Schindler-Tschirner, S. & Schindler, W. (2023c). Mathematische Geschichten VIII – Stochastik, trigonometrische Funktionen und Beweise. Für begabte Schülerinnen und Schüler in der Oberstufe. Wiesbaden: Springer Spektrum.
68. Schwippert, K., Kasper, D., Köller, O., McElvany, N., Selter, C., Steffensky, M. & Wendt, H. (Hrsg.) (2020). TIMSS 2019. Mathematische und naturwissenschaftliche Kompetenzen von Grundschulkindern in Deutschland im internationalen Vergleich. Münster: Waymann.
69. Schülerduden Mathematik I – Das Fachlexikon von A-Z für die 5. bis 10. Klasse (2011) (9. Aufl.). Mannheim: Dudenverlag.
70. Singh, S. (2001). Fermats letzter Satz. Eine abenteuerliche Geschichte eines mathematischen Rätsels (6. Aufl.). München: dtv.
71. Specht, E. & Stricht, R. (2009). Geometria – scientiae atlantis 1. 440+ mathematische Probleme mit Lösungen (2. Aufl.). Halberstadt: Koch-Druck.
72. Steinweg, A. S. (2013). Algebra in der Grundschule – Muster und Strukturen – Gleichungen - funktionale Beziehungen. Wiesbaden: Springer Spektrum.
73. Strick, H. K. (2017). Mathematik ist schön: Anregungen zum Anschauen und Erforschen für Menschen zwischen 9 und 99 Jahren. Heidelberg: Springer Spektrum.
74. Strick, H. K. (2018). Mathematik ist wunderschön: Noch mehr Anregungen zum Anschauen und Erforschen für Menschen zwischen 9 und 99 Jahren. Berlin: Springer Spektrum.
75. Strick, H.K. (2020). Mathematik ist wunderwunderschön. Berlin: Springer Spektrum.
76. Strick, H.K. (2020). Mathematik – einfach genial! Bemerkenswerte Ideen und Geschichten von Pythagoras bis Cantor. Berlin: Springer Spektrum.
77. Stewart, I. (2020). Größen der Mathematik. 25 Denker, die Geschichte schrieben (2. Aufl.). Reinbek: Rowohlt Verlag GmbH.
78. Unger, A., Noack, M., Geretschläger, R., Akveld, M. (Hrsg.) (2020). Mathe mit dem Känguru 5. 25 Jahre Känguru-Wettbewerb: Die interessantesten und schönsten Aufgaben von 2015 bis 2019. München: Hanser.
79. Unger, A., Noack, M., Geretschläger, R., Akveld, M. (Hrsg.) (2024). Mathe mit dem Känguru 6: Die schönsten Aufgaben von 2020 bis 2024. München: Hanser.
80. Verein Fürther Mathematik-Olympiade e.V. (Hrsg.) (2013). Mathe ist mehr. Aufgaben aus der Fürther Mathematik-Olympiade 2007–2012. Hallbergmoos: Aulis.
81. Weitz, E., & Stephan, H. (2022). Gesichter der Mathematik: 111 Porträts und biographische Miniaturen. Berlin, Heidelberg: Springer.
82. Zehnder, M. (2022). Mathematische Begabung in den Jahrgangsstufen 9 und 10. Ein theoretischer und empirischer Beitrag zur Modellierung und Diagnostik. Wiesbaden: Springer Spektrum.

Sachverzeichnis

A
Algorithmus 7, 75–77, 169–173
  Primfaktorzerlegung 76, 83, 90, 179
  Primzahl 74, 75, 90, 170

B
Basis 56
Beweis 5, 11, 18–20, 22–24, 43, 54, 71, 72, 74, 76, 81, 84, 87, 89, 90, 95, 96, 99, 100, 102–104, 107, 120, 132–134, 143, 144, 154, 168, 177
  Färbebeweis 5, 22, 24, 83, 90, 100, 104, 180
beweisen *siehe* Beweis
Bezahlaufgabe 6, 50, 51

D
Dreieck 35, 120
  gleichseitiges 35, 120

E
Eratosthenes von Kyrene 173
Exponent 56, 146, 148–150

F
Färbeproblem 19, 22, 24, 103

G
Gauß, Carl Friedrich 134
Gaußsche Summenformel 6, 47, 48, 88, 90, 131–135, 184

Graph 5
  gefärbter 19, 90, 98, 100, 102
  gerichteter 6, 38, 39, 41, 90, 121, 122, 124–129, 187
    Ecke 39, 122, 128, 129
    Kante 38, 122, 128
  Teilgraph 123, 124, 129, 130, 187
  ungerichteter 5, 19, 20, 38, 83, 90, 96
    Ecke 19, 96, 98
    Kante 19, 96

H
Hexomino 6, 29–32, 90, 111–113, 115, 116

K
Kombinatorik 7, 90, 147, 175, 178
Kongruenz 67, 70, 71
Kryptogramm 5, 13, 15, 16, 90–92, 94

M
Mathematisches Spiel *siehe* Spiel
Modul 72, 168
modulo 66, 68
Modulo-Rechnung 6, 67–72, 86, 90, 161, 162, 165–168, 186
  Rechenregel 6, 69–72, 90, 165, 166, 168, 186

N
Neunerprobe 6, 90, 166

© Der/die Herausgeber bzw. der/die Autor(en), exklusiv lizenziert an Springer Fachmedien Wiesbaden GmbH, ein Teil von Springer Nature 2025
S. Schindler-Tschirner, W. Schindler, *Mathematische Geschichten für begabte Grundschülerinnen und Grundschüler*,
https://doi.org/10.1007/978-3-658-47380-8

P

Permutation 81, 176, 178
Potenz 56, 146, 148, 172
Potenzschreibweise 56, 143, 145, 146
Primfaktor 54, 56–58, 143, 145, 146, 148–150, 171–173, 179, 180
Primfaktorzerlegung 6, 7, 54, 56, 58, 76, 77, 83, 90, 141, 142, 145, 146, 148–150, 169, 171–173, 179, 180
Primzahl 6, 7, 53, 54, 56, 73–76, 83, 141, 142, 144, 149, 150, 169–173, 180
Pyramide 35

Q

Quadratzahl 54, 141, 143, 144
Quersumme 71, 72, 74, 79, 84, 170, 175, 176, 186

R

Rekursionsformel 6, 7, 51, 79–82, 90, 139, 140, 175–177, 181
Restpfad-Anzahl 123, 124, 126–130, 187
Riemann, Bernhard 13, 94

S

Sieb des Eratosthenes 73, 74, 77, 90, 169
Spiel 6, 26, 59, 64, 90, 105, 107, 151, 155
    Ausmalspiel 86, 184
    Bohnenspiel 59–62, 64, 151, 153, 154, 157
    Drachenspiel 25, 26, 60, 62, 105, 107, 151
    Möhrenspiel 61, 62, 151, 153–155
Strategie 25, 26, 105, 107, 109
Superdrachenspiel 27, 28, 60, 62, 109, 110, 151
Symmetrieprinzip 62, 90, 154, 155
umgekehrtes Bohnenspiel 63, 64, 157, 159
verändertes Ausmalspiel 86, 186

T

Teilbarkeitsregel 6, 71, 72, 90, 166, 170
Teiler 6, 53–58, 83, 90, 141–144, 146, 148–150, 169–173, 179, 180
Tetraeder 35, 90, 120
Tetraedernetz 90, 120

U

Urnenmodell 147

W

Wegeproblem 5
Worträtsel 6, 86, 87, 90, 124, 186, 187
Würfel 29, 30, 32–34, 85, 90, 111–115, 118, 119, 183
Würfelnetz 6, 29–33, 90, 111–118, 120

Z

Zahl
    ganze 66, 180
    natürliche 6, 53, 54, 56, 66, 144, 146, 169
    nichtnegative ganze 66–68, 70, 71, 161, 162, 167

The manufacturer's authorised representative in the EU is Springer Nature Customer Service Centre GmbH, Europaplatz 3, 69115 Heidelberg, Germany. If you have any concerns regarding our products, please contact ProductSafety@springernature.com

Printed and bound by CPI Group (UK) Ltd, Croydon, CR0 4YY

26/03/2026

02078943-0008